普通高等学校艺术设计专业“十三五”规划教材

设计营销与管理

主　编　王　琨
副主编　宋　扬　刘玉宝　熊芳芳
　　　　魏超玉　黄钰茸

镇　江

图书在版编目(CIP)数据

设计营销与管理 / 王琨主编. — 镇江 ：江苏大学出版社，2018.6
ISBN 978-7-5684-0858-5

Ⅰ. ①设… Ⅱ. ①王… Ⅲ. ①产品设计—市场营销 Ⅳ. ①TB472②F713.3

中国版本图书馆 CIP 数据核字(2018)第 146564 号

设计营销与管理
Sheji Yingxiao yu Guanli

主　　编/王　琨
责任编辑/徐　婷
出版发行/江苏大学出版社
地　　址/江苏省镇江市梦溪园巷 30 号(邮编：212003)
电　　话/0511-84446464(传真)
网　　址/http://press.ujs.edu.cn
排　　版/镇江华翔票证印务有限公司
印　　刷/南京孚嘉印刷有限公司
开　　本/787 mm×1 092 mm　1/16
印　　张/13.75
字　　数/340 千字
版　　次/2018 年 6 月第 1 版　2018 年 6 月第 1 次印刷
书　　号/ISBN 978-7-5684-0858-5
定　　价/59.80 元

如有印装质量问题请与本社营销部联系(电话:0511-84440882)

内容简介

编者依据多年的理论经验、实践经验、学习经验等，不断探索以提高设计类学生及设计类专业人员营销策划与管理综合职业能力为目标的教学内容和教学方法，在吸收了大量业内前辈与许多同行的理论研究和实践成果的基础上，逐步形成了一定的教学体系。本书注重理论和实践的结合、注重新观念与新思维方式的导入、强调新媒介及新技术的运用阐释。

本书适合于产品设计、视传设计、环艺设计、数字媒体等设计类专业学生学习及相关行业工作人员实际工作参考需要，也适合于不同层次设计人员提升专业综合素养需要。

作者简介

王琨，男，现为江西理工大学广告学副教授/设计基础教研室主任。2006年毕业于江西理工大学，获工学硕士。现主要从事设计营销与管理、设计史、计算机辅助图形设计（3Ds Max、VRAY技术）、设计心理学等方面的教学科研工作。

前言 Foreword

设计营销与管理是人类社会生产生活活动的一种，贯彻于艺术设计产品从规划、生产到流通的社会再生产的全过程。这同时显著地表明设计营销的原理、方法、战略与策略来源于实践，依附于实践，又必须服务于实践。设计营销管理应以消费者需要为中心，以经济学、管理学为基础，以及应广泛吸收其他理论，从艺术设计自身的角度不断满足和创造消费者对艺术设计及其产品的需要。

设计营销与管理根本上是为了巩固设计工作者及其设计对象（产品）的生存和发展。设计营销与管理研究的意义具体表现为有利于更好地满足人类社会的需要，有利于解决设计、产品与市场的结合问题，有利于增强设计的市场竞争力，有利于进一步开拓设计的国内和国际市场。

本书编者依据多年的理论经验、实践经验、学习经验等，不断探索以提高设计类学生及设计类专业人员营销策划与管理综合职业能力为目标的教学内容和教学方法，在吸收了大量业内前辈与许多同行的理论研究和实践成果的基础上，逐步形成了一定的教学体系，并希望与更多的人分享和探讨，欢迎各位同行及专业人士的批评指正，以期不断地完善。

王　琨

目录 Contents

第一章　设计营销与管理理论基础

第一节　设计学基本内涵

一、设计学基本概念

设计学是一门理、工、文相结合，融机电工程、艺术学、人机工效学和计算机辅助设计于一体的科技与艺术相融合的新型交叉学科。设计学人才是既有扎实科学技术基础又有艺术创新能力的复合型高级专业技术人才。

设计学正创造和引导人类健康工作与生活，促进社会变革与发展，在充分满足产品使用功能和人的个体审美需求的前提下，实现人—机—环境的和谐统一。设计学强调工程与艺术的结合，与国家当前倡导的创新教育、人类舒适的生活方式、社会的发展、制造大国向设计大国的转变等国策紧密相连，具有良好的发展前景和众多的研究内容。这些研究领域为设计学高层次人才的培养，提供了广阔的空间和平台。

作为一门新兴学科，设计学的产生是20世纪以来的事件；作为一门专门的学科，它毫无疑问有着自己的研究对象。设计与特定的物质生产和科学技术的关系，使得设计学本身具有自然科学的客观性特征；而设计与特定社会的政治、文化、艺术之间所存在的显而易见的关系，又使得设计学在另一方面有着特殊的意识形态色彩。

二、设计学基本内涵

设计是一种解决问题的方法，是有目的地策划，是人们建立的一种与世界关联的方式。设计师通过“设计”这种手段，运用设计的元素来传播设想和计划，透过空间造型、材料、图、形、色彩等把图形传给大众，让人们通过这些设计元素了解设计师的设想和计划。人们对自己的生活环境有物质需求、审美需求和精神需求，设计正是用来改造人们的生活环境，使之符合人们种种要求的一种手段。它旨在令人们的生活环境变得更加人性化，更加美丽，更加和谐。

三、设计学教育的问题及特性

（1） 设计专业需要有美感训练，而不是美学训练。

现在许多高校里的设计课，往往都会教很多所谓的美学原理，如平衡定律、比例、对比。许多老师与学生往往将这些原理作为范例，特别是对外国作品的案例学习，而忽略了三点：一是忽略了学生作业练习时基本以应付为主，缺少感动设计元素；二是忽略了学生从日常生活中的常见事物中去发现美感；三是忽略了如何完成从美术生向设计生的思维转变。

如果在学生设计学习过程中，只以日常少见认识不多的外国作品为案例，并养成我们美感的训练，那么这种美感训练是不可能成熟，也不可能有生命，更不可能有创意的。因此，如何建立学生个人的设计风格是非常关键的环节。

（2）设计能力培养需要创意训练，而不只是设计程序、工序训练。

如果说只是设计程序、工序训练，那么培养出来的学生就不是设计师，而只是一名学徒，一名绘图员，一名只会依葫芦画瓢的设计模仿师。

（3）各个分科设计之间是相通的。

所有的设计专业，如服装设计、产品设计、美术工作、广告设计、空间设计、建筑设计、景观设计、插花设计、美容设计等，可以说基本都是以造型美感的形成为基础的。在设计学科或术科上，这些细分的设计其实是相通的，并没有所谓建筑设计专属的基本设计或产品设计专属的基本设计这样的说法。

（4）设计与日常生活中的美感不能分离。

如果设计学习过程中，学生所学的“技术、观念、知识”与自身日常生活无关，或是无法应用到日常生活中，也不想用到日常生活中，那么这种设计技术、观念、知识对学生今后在设计界的求职发展也不会产生影响作用。

（5）学习设计会练好脑筋，但更重要的是学习一种敬业的态度。

四、设计学的基本作用

1. 能够满足人们的物质需求

再好的设计，如果妨碍了人们的正常生活，也不会有人有心情去欣赏它的美。一切的设计创作必须满足使用上的基本要求。要想提高设计思维能力，首先要以人性化作为基本的设计理念，在满足了人们的物质需求的基础上再进行设计创作。

2. 能够满足人们的审美需求

当基本要求满足后，便会有更高层次的追求，设计师可通过自己的设计，让人们感受到美。对于设计师而言，要想设计出美的作品，首先要有好的审美水平，要不断地在生活中发现美，再将这些美结合自己的想法一同表现出来。

3. 能够满足人们的精神需求

设计师通过自己的设计创造出符合一定文化内涵和特定精神需求的环境，以之激荡人的心灵和感觉，激发心灵上的震撼。通过设计作品在潜移默化中使人获得教益，提高人们的审美情趣和精神素养，给人以精神上的享受。

五、实例说明

三星手机产品设计案例分析

1. 案例背景

酷是一种生活态度，更是年轻人生活当中的时尚坐标，与炫酷的时尚装备如影随形已经成为时下年轻人的一种生活方式，酷就是年轻人身上最醒目的标签。年轻人追求个性，崇尚自我，对一切新鲜事物充满兴趣。在他们眼中，手机不仅仅是一种通信工具，更是彰显独特个性、体现生活品位、释放青春激情的最佳拍档！

在手机行业，三星用智慧成为时尚手机的引领者。为了保持手机行业时尚王者的地位，三星不断吸纳“新新人类”融入手机设计团队，推出多款年轻人喜爱的炫酷手机，其产品一直引领时尚手机的发展潮流。想当年，三星再次向时尚手机市场发力，推出两款年轻人期待已久的三星酷毕 S3650C（GSM）、F339（CDMA2000）手机，以别出心裁的外形设计、时尚强大的联网功能及轻松随意的触控体验向年轻一族大声宣布：酷毕，就是这么简单！

对于三星而言，酷就是要追寻一抹与众不同的独特色彩，因此，三星酷毕手机极大地突破了以往触控手机的设计模式，并且融入了摩登新潮的波普风格及曲线形的机身设计，轻巧灵便却不落俗套。在色彩运用上，牙买加黄、亮粉红、简约白和鲜橙色四种夸张大胆的机身颜色更是前所未有，每种颜色都具有一种神奇的魔力，或明亮，或浪漫，或高贵，或轻快……让生活时刻充满惊喜，绚丽多彩。正如酷毕所提倡的“生活色彩你触吗?”一样，丰富的颜色映照着年轻一族彩虹般绚烂的多彩人生。

为了更加彰显年轻人的时尚个性，酷毕还额外提供两个可随意互换的手机背壳，迎合了时尚年轻一族对于色彩搭配的个性偏好。一个是具有独特的印花图案设计，另一个是标准黑色背壳，绝对适合不按常理出牌的个性用户。谁说颜色搭配一定要中规中矩？只要我喜欢，怎么搭都可以！特别值得一提的是，酷毕机身还预置了三星酷毕独有的卡通界面。手绘式的图标卡及逼真的动画效果，为酷酷的手机外形增添了一抹未泯的童趣。

酷就是要肆意张扬多彩心情。年轻一族当然时刻“online”，随时与友人分享斑斓生活。更新自己的空间、加入新的圈子、发起新的话题讨论、与朋友一起轻松地在线游戏。酷毕不仅外型时尚抢眼，同时融入了便捷的 SNS 社交网络服务和强大的联网应用功能。同时，还针对不同的网络需求，预置了校内网、移动 QQ、电子书、天气预报、新浪新闻、百度搜索或 Google 搜索等多种在线灵动桌面组件。另外，使用 S3650C 访问三星乐园 WAP 主页，即可有近百种专属免费软件和精品游戏任由选择。一机在手，随心掌握时尚网络新生活。

酷就是能在简单的生活中感悟别样色彩。酷毕采用了当时最新的 Touchwiz 触摸操作界面，轻点在线灵动桌面组件即可开启相应功能，可以带领手机用户享受魔术般的华丽触控新体验。作为专为年轻人设计的手机，酷毕还添加了卡通用户界面，让年轻消费者更容易接受，风格也更活泼。在浏览图片和文档时，单指就可以进行缩放操作。此外 S3650C 还具有智能解锁功能，可设置独特的字符作为开启手机的神秘密码。当屏幕锁定时，只要在屏幕上书写独一无二的“密码”就能顺利开锁，进入相应操作。酷毕在手，简单操作即可妙趣横生，指尖生辉！

炫酷的生活当然离不开色彩和音乐。三星酷毕的多媒体表现同样出色。手机搭载了 200 万像素数码相机，最大可拍摄 1 600×1 200 分辨率的照片。支持笑脸模式和全景照片拍摄。在影音功能上，S3650C 支持 MPEG4/3GP/H.264 视频格式，可以播放最大为 QVGA 分辨率、30 帧/秒的视频文件；而 F339 支持 MPEG4/3GP/H.263 视频格式，可以播放最大为 QCIF 分辨率、15 帧/秒的视频文件。此外，两款三星酷毕还分别支持 MP3/AAC/AAC+/e-AAC+/WMA 等多种格式的音乐文件，具备音乐识别功能。热情似红色火焰的摇滚，舒缓忧郁的蓝调，浪漫天真如粉红色的小情歌……当音乐遇上色彩，生活也会变得动感缤纷起来。

作为世界移动通信领域的知名厂商，三星一向致力于推出符合消费者需求的手机产品。酷毕延续了三星一贯的技术优势，不仅满足了年轻一族崇尚个性、追求多彩生活的需求，更代表了年轻态的生活理念。Corby，玩儿的就是酷毕！

2. 设计思路

想当年，三星一直在引领着全球的手机行业向前发展，每推出一款手机都受到广大消费者的青睐，其成功的秘诀来自于三星综合而强大的手机设计部门的设计新思路。三星通过对手机消费者的深度调查，对时尚产业的深度探究，将功能强大的手机与前沿时尚相融合。

在三星“酷毕”手机上市之日，三星（中国）投资有限公司移动通信部高级副总裁卢基学首次同广大消费者讲述了时尚手机背后的设计真相，三星所打造出的手机流行时尚并非一日之功。

在给年轻人设计手机之前，三星会参考一系列的综合数据。首先，三星将全面调查时下年轻人对手机的真正需求，而这个需求将成为三星未来设计手机的主框架。在设计酷毕手机之前，三星发现，如今的年轻手机用户使用手机基本具有三大特点：首先，希望自己的手机要极具个性，用别具风格的设计产生出来的差异化是最酷的；其次，年轻人在注重手机外观的同时也非常注重功能的舒适性，期待今后能够有操作界面简单且功能强大的手机面市，而且还要操作起来得心应手；另外，年轻人对于手机也有性格的追求，期待手机厂商能够设计出与年轻人强调自我性格相一致的个性化手机。

当找到年轻人时尚手机设计的主框架后，三星开始针对主框架各个环节量身定制出各种完美的搭配。

为了满足年轻人对手机各个环节的苛刻要求，三星酷毕采用了非常大胆的颜色，外形是流线型的，可以随意地放在自己的包里，也不会像金属机身那样易划伤，并且酷毕有各种色彩的外壳选择，甚至外壳上的花纹也可以有变化，年轻人可以不断地为自己创造一个有崭新感觉的手机；其次，三星为有效提高手机使用的舒适程度，特意采用了最新的 Touchwiz 触摸操作界面；为了满足年轻人对手机网络的需求，三星在互联网应用方面内置了 SNS 社交网、移动 QQ、电子书、新浪新闻、百度搜索等功能，Touchwiz 界面的使用恰恰有效地提高了这些网络功能的可操作性。

卢基学表示：酷毕是完全按照年轻人的需求开发的，所以今后年轻人要求什么样的手机，我们就在功能方面、设计方面考虑什么。年轻人的手机市场是三星的一个关键环节，三星会继续深度挖掘手机的时尚元素，以更好地引领和打造出年轻人手机时尚文化。为了更快地将这股手机行业的时尚旋风吹遍大江南北，三星将这些时尚手机的价格定位在 2 000 元以下，以求让更多的年轻人可以充分享受酷时尚的乐趣。

“设计”正成为中国最热门的词汇之一。企业界人士向外寻找学习的标杆，他们发现，韩国三星通过设计改变了其低廉产品的品牌形象。时尚产业早已经把一切都称为设计，一件设计品会被标上是其实际价值几十倍甚至更离谱的价格，这样的策略也似乎可能在市场上获得成功。在基本的功能需求被满足之后，中国消费者开始想要更好的产品，那些紧跟潮流的人已被像苹果 iPod 这样的酷产品所吸引，ALESSI 这样的家居设计品也成为时尚话题。

第二节　市场营销学及管理学基本内涵

一、市场营销基本内涵及定义

市场营销是一门综合性、边缘性、交叉性学科。市场营销学是社会学、广告学、心理学、管理学、经济学、哲学等学科共同交叉渗透而形成的。这些学科在方法论、理论基础等诸方面推动了市场营销学的形成和发展，它们也形成了市场营销学理论体系的外延部分。当然，形成基础理论的不仅仅是相对独立的学科，也包括这些理论学科各自交叉渗透所形成的学科，如广告心理学、经济哲学等。

市场营销学的外延在不断地扩展。随着社会经济的发展，市场营销环境更加复杂，企业在经营过程中仅靠传统的营销理论和技能是远远不够的，必须关注更多的知识，市场营销学也必须把更多学科内容纳入自己的理论框架，如设计学、电子商务、CIS 系统等，这在工业经济时代向知识经济时代转化过程中尤为重要。

E. J. McCarthy 把市场营销定义为一种社会经济活动过程，其目的在于满足社会或人类需要，实现社会目标。Philop Kotler 指出，“市场营销是与市场有关的人类活动。市场营销意味着和市场打交道，为了满足人类需要和欲望，去实现潜在的交换”。还有些定义是从微观角度来表述的。例如，美国市场营销协会（AHA）于 1960 年对市场营销下的定义：市场营销是“引导产品或劳务从生产者流向消费者的企业营销活动”。E. J. McCarthy 于 1960 年也对微观市场营销下了定义：市场营销“是企业经营活动的职责，它将产品及劳务从生产者直接引向消费者或使用者以便满足顾客需求及实现公司利润”。这一定义虽比美国市场营销协会的定义前进了一步，指出了满足顾客需求及实现企业赢利成为公司的经营目标，但这两种定义都说明，市场营销活动是在产品生产活动结束时开始的，中间经过一系列经营销售活动，当商品转到用户手中就结束了，因而把企业营销活动仅局限于流通领域的狭窄范围，而不是视为企业整个经营销售的全过程，即包括市场营销调研、产品开发、定价、分销广告、宣传报道、销售促进、人员推销、售后服务等。Philop Kotler 于 1984 年对市场营销又下了定义：市场营销是指企业的这种职能，“认识目前未满足的需要和欲望，估量和确定需求量大小，选择和决定企业能最好地为其服务的目标市场，并决定适当的产品、劳务和计划（或方案），以便为目标市场服务”。美国市场营销协会于 1985 年对市场营销下了更完整和全面的定义：市场营销“是对思想、产品及劳务进行设计、定价、促销及分销的计划和实施的过程，从而产生满足个人和组织目标的交换”。这一定义比前面的诸多定义更为全面和完善，主要表现在以下方面：① 产品概念扩大了，它不仅包括产品或劳务，还包括思想；② 市场营销概念扩大了，市场营销活动不仅包括赢利性的经营活动，还包括非营利组织的活动；③ 强调了交换过程；

④ 突出了市场营销计划的制订与实施。

市场营销学的研究对象是市场营销活动及其规律，即研究企业如何识别、分析评价、选择和利用市场机会，从满足目标市场顾客需求出发，有计划地组织企业的整体活动，通过交换，将产品从生产者手中转向消费者。

针对市场营销学，美国市场营销协会下的定义：营销是创造、沟通与传送价值给顾客及经营顾客关系以便让组织与其利益关系人（stakeholder）受益的一种组织功能与程序。

Philop Kotler 下的定义强调了营销的价值导向：市场营销是个人和集体通过创造产品和价值，并同别人进行交换，以获得其所需所欲之物的一种社会和管理过程。

E. J. McCarthy 于 1960 年也对微观市场营销下了定义：市场营销是企业经营活动的职责，它将产品及劳务从生产者直接引向消费者或使用者以便满足顾客需求及实现公司利润，同时也是一种社会经济活动过程，其目的在于满足社会或人类需要，实现社会目标。

Christian Gronroos 给的定义强调了营销的目的：营销是在一种利益之上下，通过相互交换和承诺，建立、维持、巩固与消费者及其他参与者的关系，实现各方的目的。

目前国内比较通用的对市场营销学的定义：市场营销学是在一定的营销环境下，买卖双方按照约定好或双方均能接受的条件进行市场交易的一种市场行为，并在此基础上制定的对所有市场交易行为进行市场管理、市场监督与约束的市场管理过程。

二、市场营销理论发展阶段

1. 第一阶段：初创阶段

市场营销于 19 世纪末至 20 世纪 20 年代在美国创立，源于工业的发展。此时市场营销学的研究特点：① 着重推销术和广告术，没有出现现代市场营销的理论、概念和原则；② 营销理论还没有得到社会和企业界的重视。

2. 第二阶段：应用阶段

20 世纪 20 年代至二战结束为应用阶段，此阶段市场营销的发展表现在应用上。市场营销理论研究开始走向社会，被广大企业界所重视。

3. 第三阶段：形成发展时期

20 世纪 50 年代至 80 年代为市场营销学的发展阶段，市场开始出现供过于求的状态。

4. 第四阶段：成熟阶段

20 世纪 80 年代至今，为市场营销学的成熟阶段，表现在以下方面：① 与其他学科关联；② 开始形成自身的理论体系。80 年代是市场营销学的革命时期，开始进入现代营销领域，使市场营销学的面貌焕然一新。

三、影响市场营销策略的因素

1. 宏观环境因素

主要指企业运行的外部大环境，它对于企业来说，既不可控制，又不可影响，而且它对企业营销的成功与否起着十分重要的作用。

（1）人文环境。① 人口因素：人口数量与市场构成的关系；人口城市化与市场的关系；世界人口年龄结构变化与市场的关系。② 人口的地理迁移因素：客流的移动特点和规律与地理环境的关系；购买动机与地理环境的关系。③ 社会因素：家庭；社会地位阶层；影响细分市场。

（2）经济环境。国民生产总值；个人收入，反映购买力高低；外贸收支。

（3）自然环境。自然资源的短缺和保护；环境的恶化；疾病的影响。

（4）技术环境。技术对企业竞争的影响；技术对消费者的影响。

（5）政治－法律环境。政治格局稳定和国家政治法律环境都直接影响营销策略。

（6）社会－文化环境。教育水平；宗教信仰；传统习惯。

2. 微观环境因素

主要指存在于企业周围并密切影响其营销活动的各种因素和条件，包括供应者、竞争者、公众及企业自身等。

（1）供应者。资源的保证，成本的控制。

（2）购买者。① 私人购买者：人多面广，需求差异大，多属小型购买；购买频率较高，多属非专家购买；购买流动性较大。② 集团购买者：集团购买者数量较小，但购买者的规模较大；属于派生需求；集团购买需求弹性较小。

（3）中间商。其购买产品和服务主要是为了转卖，以取得利润；通常由专家购买；购买次数较少、单批量大。

（4）竞争者。竞争者及其数量和规模；消费者需求量与竞争供应量的关系。

（5）公众。金融公众、政府公众、市民公众、地方公众、企业公众、一般群众。

（6）企业内部协作。决策；指挥；开发；执行与反馈；监督保证；参谋机构。

四、管理学基本内涵

1. 管理的含义

管理是指在特定的环境下，管理者通过执行计划、组织、领导、控制等职能，整合组织的各项资源，实现组织既定目标的活动过程。它有三层含义：

（1）管理是一种有意识、有目的的活动，它服务并服从于组织目标。

（2）管理是一个连续进行的活动过程。实现组织目标的过程，就是管理者执行计划、组织、领导、控制等职能的过程。由于这一系列职能之间是相互关联的，从而使得管理过程体现为一个连续进行的活动过程。

（3）管理活动是在一定的环境中进行的，在开放的条件下，任何组织都处于千变万化的环境之中，复杂的环境成为决定组织生存与发展的重要因素。

2. 管理的基本职能

管理的基本职能包括四个方面：计划、组织、领导、控制。

（1）计划。计划工作表现为确立目标和明确达到目标的必要步骤之过程，包括估量机会、建立目标、制订实现目标的战略方案、形成协调各种资源和活动的具体行动方案等。简单来说，计划工作就是要解决两个基本问题：一是干什么；二是怎么干。组织等其他一切工作都要围绕着计划所确定的目标和方案展开，所以说计划是管理的首要职能。

（2）组织。组织工作是为了有效地实现计划所确定的目标而在组织中进行部门划分、权利分配和工作协调的过程。它是计划工作的自然延伸，包括组织结构的设计、组织关系的确立、人员的配置及组织的变革等。

（3）领导。领导工作就是管理者利用职权和威信施展影响，指导和激励各类人员努力去实现目标的过程。当管理者激励他的下属、指导下属的行动、选择最有效的沟通途径或解决组织成员间的纷争时，他就是在从事领导工作。领导职能有两个要点：一是努力搞好组织的工作；二是努力满足组织成员的个人需要。领导工作的核心和难点是调动组织成员的积极性，这需要领导者运用科学的激励理论和合适的领导方式。

（4）控制。控制工作包括确立控制目标、衡量实际业绩、进行差异分析、采取纠偏措施等。它也是管理活动中的一个不可忽视的职能。

上述四大职能是相互联系、相互制约的。其中，计划是管理的首要职能，是组织、领导和控制职能的依据；组织、领导和控制职能是有效管理的重要环节和必要手段，是计划及其目标得以实现的保障。只有统一协调这四个方面，使之形成前后关联、连续一致的管理活动整体过程，才能保证管理工作的顺利进行和组织目标的完满实现。

3. 管理学的发展趋势

现代科学技术的快速发展导致管理科学发生了深刻的变革，使管理在功能、组织、方法和理念上产生根本性变化，从而使管理学研究呈现以下发展趋势：

（1）管理学在科学体系中的地位将进一步提高。因为人们越来越深刻地认识到，管理不仅是决定生产力发展水平不可缺少的要素，而且是现代生产力的首要构成要素。管理学的教育将会更加普遍，管理学的重要作用将会体现得更加充分。

（2）管理学发展的理论化、哲学化趋势。纵观管理的发展史，由管理活动而管理学，由管理学而管理学原理，由管理学原理而管理哲学，这表明了人类对管理认识深化的历程，也正是管理理论发展的总趋势。管理学的理论化趋势，表现在对各类管理之共同规律性的认识和总结，并对这些规律进行了一般性的概括与抽象。管理学的哲学化趋势，表现在从哲学的高度，对管理进行了最高层次的考察与解释，把管理与哲学沟通，终使一般管理学得以完整地建立。

（3）新的管理学分支的发展将更加迅速。管理学发展的一个重要特征就是管理学分支的发展。由于社会经济活动正在面临巨大的结构变革，进入 21 世纪的世界经济将会发生质的变化。管理工作将要解决许多全新的课题，如知识经济时代对知识资本的管理，信息共享的体系的建设与管理，人力资本管理的创新，新型的组织结构，如学习型组织、战略联盟、虚拟企业等新型组织形式的管理，在更为复杂的社会经济环境中对组织适应性的管理等，都将形成一些新兴的管理学分支，繁荣年轻的管理学。管理学发展的今天已经呈现出这样一些趋势。

（4）管理学将更多地与经济学、心理学、社会学、数学等紧密地结合。管理学本身就是一门综合性的学科。其发展除了管理实践的创新的不断推动之外，另一个重要的推动力就是其他相近学科的发展，其中经济学、心理学、社会学、数学等学科发展的最新成果都在管理学研究中得到了运用。今天，这些与管理学密切相关的学科发展十分迅速。由此可以预测，未来的管理学在管理方法上将更多地借鉴这些学科发展的成果，表现出与这些学科发展更紧密结合的特征。

（5）管理学研究将更加突出以人为本的特色。在知识经济时代，决定企业、国家前途和命运的将越来越取决于人才的数量和质量，因此研究如何充分地开发人的智力和体力，将成为管理学更为重要的任务。特别是将人作为一种知识载体的研究将更为突出。

（6）理论与实践的结合更加紧密。管理学发展最强大的推动力是管理的实践。随着社会生产力的发展，社会组织结构的变化和管理活动的创新，将会为管理学的发展提供更多的研究对象和案例，也将会在此基础上形成新的管理学理论。另外，人们为了提高管理工作的效率，避免管理中的失误，将更多地把管理置于科学理论的指导之下。管理理论越来越多地被人们所重视，不仅仅是科学的研究会吸引更多的理论工作者的兴趣，而是管理工作者将更加重视管理理论的作用，更加自觉地在管理理论的指导下开展管理工作。由此不难推知，管理学与管理实践的结合将更加紧密。

五、市场营销与管理的有效结合——营销管理

1. 营销管理的含义

营销管理是指为了实现企业或组织目标，建立和保持与目标市场之间互利的交换关系，而对设计项目的分析、规划、实施和控制。

2. 营销管理的内涵——需求管理

营销管理的实质，是需求管理，即对需求的水平、时机和性质进行有效的调解。在营销管理实践中，企业通常需要预先设定一个预期的市场需求水平，然而，实际的市场需求水平可能与预期的市场需求水平并不一致。这就需要企业营销管理者针对不同的需求情况，采取不同的营销管理对策，进而有效地满足市场需求，确保企业目标的实现。

但是营销管理到底是管什么，还是要回到市场营销的本质上来。每个人、每个企业在社会上生存和发展都有需要，并愿意付出一定的报酬来满足部分需要，于是这部分需要就形成了需求。可以通过很多方式来满足需求，如自行生产、乞讨、抢夺、交换等。市场营销的出发点是通过交换满足需求。也就是说，市场营销是企业通过交换，满足自身需求的过程。企业存在的价值在于，企业提供的产品能满足别人的需求，双方愿意交换，如此而已。因此，需求是营销的基础，交换是满足需求的手段，两者缺一不可，营销管理就是需求管理。

3. 营销管理管的五种需求

（1）满足企业的需求

企业追求可持续发展，其实质就是可持续赚取利润。企业可以短期不赢利，去扩张，去追求发展，但最终目的是赢利。所有的人员、资金、管理等都是为企业实现可以持续赢利的手段。按照营销理论，企业要坚持“4C”原则，以消费者为中心。但实际上“以消费者为中心”是企业思考问题的方式，企业要按照自己的利益来行动。

（2）满足消费者的需求

中国的消费者是不成熟的，所以才容易被企业误导，策划人搞得概念满天飞，风光三五年。真实的、理性的消费者需求是什么呢？消费者对好的产品质量有需求，消费者对合理的价格有需求，消费者对良好的售后服务有需求。消费者的需求对企业来说是最重要、最长久的，企业可以满足短期利益，忽略消费者需求，但消费者是用“脚”投票的，他们会选择离开。

著名的春都，发家于火腿肠，上市公司。在20世纪90年代是中国知名企业，行业先锋，但在多元化战略下，迷失了自己的方向，主营业务大幅萎缩。为在价格战中取胜，春都竟然通过降低产品质量、损害消费者利益来降低生产成本，含肉量一度从85%降到15%，春都职工用自己的火腿肠喂狗，戏称为“面棍”。只考虑自己需求，而没满足消费者需求的春都，付出了惨重代价——销量直线下滑，市场占有率从最高时的70%狂跌到不足10%。春都的灭亡是必然的，只考虑企业的需求是危险的。企业可以在一段时间欺骗所有的消费者，也可以在所有的时候欺骗一个消费者，但群众的眼睛是雪亮的，企业不可能在所有的时候欺骗所有的人。因此对企业来说，满足消费者的需求是企业存在的价值，是企业最长久的保障。在满足需求的基础上，企业还要发掘需求，引导消费的潮流，甚至去取悦消费者，去讨好消费者。

（3）满足经销商的需求

经销商的需求是经常变动的，但归根结底概括为三个方面：销量、利润率、稳定的下家。

企业在制定营销政策时，要了解经销商的需求：经销商是要长远发展，还是要短期赢利。企业制定政策时，要考虑经销商的发展，而不是仅仅从企业自身出发，也不是仅仅从消费者的角度出发。毕竟在有些行业，经销商是不可或缺的。经销商也有发展阶段，他在创业阶段需要企业的指点和支持。当他的销售网络已经形成、管理基本规范时，他最需要的就是利润。不同发展阶段，他的需求是不同的。因此企业要针对经销商的实际需要不断制定出符合经销商的销售政策、产品政策、促销政策。

（4）满足终端的需求

很多企业强调“终端为王”，终端也确实成了王。某些特殊地位的“超级终端”索取进场费、陈列费、店庆费等就不说了，令人十分恼火的是，有些中小终端——超市动不动就玩倒闭。做终端风险和成本都很大，到底企业“做不做终端”“怎么做终端”成了两难的选择。按照目前的渠道发展趋势，终端是做也得做，不做也得做，关键是怎么做。所以很多企业都有终端策略，制定区别于经销商的终端政策，满足终端的需求。

终端的需求越来越多，尤其是连锁商家，更是“难缠”。因为国美等连锁家电而导致创维这样的彩电巨头都要采取“第三条道路”。手机行业的连锁巨头也很“可怕”，上百家连锁店，迫使厂家对他出台倾斜政策。终端和经销商同为渠道的组成部分，如果让厂家做出选择，宁肯选择终端，而不是选择经销商。做终端的办法，很多企业不一样，宝洁公司的市场人员就只做终端的维护和支持，而不管窜货、不管价格。在宝洁眼中，终端比经销商更重要。毕竟是终端的三尺柜台决定了厂家的最终成败。

(5) 满足销售队伍的需求

任何营销政策，最终都靠销售队伍来贯彻，销售代表执行力度的大小，可能比政策本身的好坏更重要。这是个“打群架”的时代，营销竞争是靠团队的，所有的经销商、终端、消费者的需求，都要通过销售队伍来满足。他们的需求无外乎生存和发展，销售队伍对合理的待遇有需求，对培训机会有需求，对发展空间也有需求。因此，企业要在不同阶段，发掘销售队伍的需求，并尽量满足他们。

企业的需求是根本，是营销管理的出发点。其中消费者的需求、经销商的需求、终端的需求是串联的，一个环节没满足，就会使营销政策的执行出现偏差。一个环节“不爽”，就可能导致企业“不爽”。作为营销管理者，要从这五个方面来考虑营销问题。如果营销出了问题，就一定是这五个方面出了问题。优秀的营销管理者，要善于分析这五个方面，善于平衡这五个方面的资源投入，从而取得营销的最佳效果。

六、营销管理观念的发展

营销管理观念是企业领导人在组织和谋划企业的营销管理实践活动时所依据的指导思想和行为准则，是其对于市场的根本态度和看法，是一切经营活动的出发点，也是一种商业哲学或思维方法。简而言之，营销管理观念是一种观点、态度和思想方法。一定的营销管理观念是一定社会经济发展的产物。营销管理观念的发展大体上经历了五个阶段。

1. 生产观念阶段（19世纪末20世纪初）

背景：新技术发展加快并大量采用，经济增长迅速，但国民收入还很低，产品不够丰富，市场呈现供不应求的现象。

实质内容：“我们会生产什么，就卖什么”。

这种观念立足于两个重要前提：第一，消费者的注意力只集中在是否买得起和价格便宜与否；第二，消费者并不了解同类产品还有非价格差异（如质量、花色品种、造型、外观等差异）。

结果：各企业将工作重点放在如何有效利用生产资源及提高劳动生产率上，以获得最大产量及降低生产成本。在这种观念的指导下，生产和销售的关系必然是“以产定销”。

2. 推销观念阶段（20世纪30年代至40年代）

背景：从生产不足到生产过剩，竞争越来越重要。

实质内容：“我们卖什么，就让人们买什么”。

这种观念就是不管消费者是否真正需要，都不择手段地采取各种推销活动，把商品推销给消费者。

结果：企业管理工作，全部为销货工作所淹没和代替。

3. 市场营销观念阶段（二战后至20世纪70年代）

背景：二战后，科技革命进一步兴起，军工转民用，生产效率大大提高，生产规模不断扩大，社会产品供应量剧增；高工资、高福利、高消费政策导致消费者购买力大幅度提高，需求和欲望不断发生变化；企业间的竞争进一步加剧。

实质内容："市场需要什么，就生产和推销什么""能卖什么，就生产什么"。

结果：导致企业的一切行为都要以市场的需要作为出发点，而又以满足市场的需要为归宿。

4. 生态学市场观念阶段（20世纪70年代以后）

背景：市场营销观念已被普遍接受，但在实践中有的企业片面强调满足消费者需要，追求企业不擅长生产的产品，导致经营失败。

实质内容：任何事物必须保持与其生存环境协调平衡的关系，才能得到生存和发展，企业应扬长避短，生产那些既是消费者需要又是自己擅长的产品。

结果：企业生产经营活动的理性化加强了。

5. 社会市场观念阶段（目前）

背景：环境不断遭到破坏，资源日趋短缺，人口爆炸性增长，通货膨胀席卷全球，新的社会问题不断涌现。

实质内容：现代企业的合理行为应该是满足社会发展、消费者需求、企业发展和职工利益。

结果：市场营销观念达到了一个比较完善的阶段。

案例实务一：联想集团

从1984年到现在，联想已经走过了30多个春秋。"刚成立公司一个月，20万的股本就被人骗走了14万；1987年公司还很小的时候的一次业务活动，差点被人骗去300万，李总就在那次吓得得了心脏病，我天天半夜被吓醒。1991年的进口海关问题，1992年黑色风暴，还有外国企业大举进入的最痛苦的1993年，哪一年不是把人惊得魂飞魄散，哪一年没有几个要死要活的问题"，这是柳传志回首前尘时的动容。30年来联想跨过了坎坎坷坷，经历了风风雨雨，演绎着常人无法"联想"的豪情之路。

1. 联想的风雨历程

回首过去，柳传志的语气云淡风轻。也许就是因为他经历过"大江东去，浪淘尽，千古风流人物"的人生轨迹后，已达到"上善若水，水润万物而不争"的境界吧。娓娓的讲述，依然有当年的豪情余韵。

柳传志来自中国科学院，过去在中科院做磁性储存工作。因为没有将成果转化为产品的方式，柳传志不得不把设计扔在一边。1984年，当中国市场改革初见成效时，国家领导人号召将研发成果转化为市场化的产品。柳传志为做这种工作而激动，但是多数人不理解。人们将科研看作基础性工作，看不起商业活动。更重要的是，虽然公司是国有企业，但是一开始就是按照私人公司模式构建的。他必须从银行和外部融资。20万人民币的初期投资太少了，开公司根本不够。随着时间流逝，他希望联想能自己制造

PC，因为有技术专长。但当时，中国完全是计划经济。政府不准许联想生产计算机，因为在中国生产电脑必须要有生产许可证。于是他制定了移师香港的战略，那里不需要许可证。他们在香港建立了公司，首先做贸易，后来建了工厂。当国家计委看到他们的能力后，给了他们许可证，所以他们又回到了内地。

1988 年，柳传志坚决在联想贯彻“大船结构”，是因为此时联想在各地的子公司不听北京总部号令，自顾自地“划自己小船”，甚至出现贪污腐败行为。

“大船结构”将权力收归集团后，“小船”是划不成了，但下面也没积极性了。1993 年，联想第一次没有完成任务。

1994 年，为解决“大船”笨拙的问题，柳传志提出“舰队模式”，以释放各条“小船”的活力，但同时又用统一的财务将各条小船“拴”成舰队。硬的维系建立后，1996 年，柳传志开始组织联想高级干部培训班，做文化上的工作，将办企业的思想和思路统一。

这是联想高于四通、柳传志高瞻远瞩的地方。1989 年，万润南出走，四通从此失去了灵魂人物，开始子公司林立。子公司分立，各显神通，确实能解决一时的利润和生存问题；但因为资源分散，各子公司都长不大。时间长，竞争激烈，市场环境恶化，这些子公司就只能随缘而生，随缘而死。

柳传志不单是联想的代名词，他的“贸工技”路径也是对 20 世纪 80 年代诞生的企业成长的概括。

四通、联想、海尔都是如此。在国内市场处于短缺经济年代，需求的诞生简单而巨大，柳传志的联想在 20 世纪 90 年代初以“双子星座”电脑打响联想电脑品牌，在互联网初起时以“天禧”电脑“一键上网”畅销一时。

那个年代被联想比喻为“沼泽地”时期，即对于进入中国的国外企业来说，关税、国情和渠道都是一个个障碍，提高了进入成本，给予国内企业成长的时间和空间。

高歌猛进的联想形成了强大的市场包装和造势能力，但当市场日趋饱和，新的技术趋势出现和产业升级时，即使看到也力有未逮。杨元庆接任后遍访各家跨国企业，联想先学 IBM 做 IT 服务，其后学惠普提出“关联应用”，但企业蓄积的人才力量和技术势力却非一朝一夕可得，于是联想困惑。

做一个企业是如此复杂，做一个大企业就像成年人要面对诸多烦恼，学不动了也要学，变不了也要变。走过的 30 年是联想做大规模的童年期和少年期。就像个孩童，没有到工厂当学徒，先到商铺学贸易，长大了，却需要和全球来的对手竞赛科学知识。

没有规模，生存不下来，只能指望“二十年后又是一条好汉。”而没有技术，结果则可能是“三十年河东，三十年河西。”

2. 联想的发展道路

联想最大的业务是惠普激光打印机和喷墨打印机，第二是东芝笔记本电脑，第三是思科网络设备，还经销 IBM 小型机及微软应用软件。在经销东芝笔记本的同时，他们也有自己的品牌，目前它已在中国市场上占据了第一。几年前，中国笔记本电脑市场很小，一年仅有几千台。后来，联想成为东芝的独家代理之后，将其发展为中国市场第一品牌。近两年来，在联想推出自有品牌后，他们超过了东芝。此外，在激光打印机市场上，惠普是第一，联想是第二，这就形成了竞争。在网络产品上，联想与自己所代理的台湾品牌竞争同样产品。思科是高端产品，故不与其竞争。为了更有效地以制造商和代理商的身份展开竞争，他们决定将品牌生产业务与第三方代理业务分离。联想电脑将继续保留在香港的上市公司地位，集中于品牌电脑生产。神州数码作为新上市公司，主要做第三方产品代理业务。

从长期看，联想关注两个领域，这两方面都以美国公司作为样板。其一是建立上市公司。他们相信在重组后，联想能够走上与美国上市公司相同的轨道。这使得他们能向员工提供股票期权，这对员工的表现有着十分积极的意义。其二是建立一个坚实的管理基础。他们将管理看作两个层次：第一层次是具体细节，营销和促销、渠道管理、产品营销、订货和后勤管理，这些在公司中已经建立；第二层次是更深层次，他们称其为文化，但也可叫作激励和道德。这些东西比建立具体的管理细节具有更大意义。

随着联想的逐渐成熟，其除了“贸工技”创新外，在战略的制定和实施方面也更加趋于科学和规范。联想常把制定战略比喻为找路。在前面，草地、泥潭和道路混成一片无法区分的时候，要反反复复细心观察，然后小心翼翼、轻手轻脚地去踩、去试。当踩过三步、五步、十步、二十步，证实了脚下踩的确实是坚实的黄土路的时候，则毫不犹豫，撒腿就跑。这个去观察、去踩、去试的过程就是谨慎地制定战略的过程；而撒腿就跑则比喻的是坚决执行的过程，这和军校里讲的“四快一慢”的战术原则相符合。

联想选择只在本土发展而把业务面做宽，从一种产品发展到多种产品，从产品业务发展到信息服务业务，是因为从1994年起联想在和国外强大对手的竞争中发挥的几乎全都是本土优势。在资金、管理能力、技术水准、人力资源等诸方面联想都远不如竞争对手；然而，竞争是在中国展开的，联想熟悉中国市场，熟悉中国客户，熟悉中国环境，能更充分地调动中国员工的积极性，在中国联想的市场推广、渠道管理、服务组织、物流控制的运作更有效，成本更低，联想研究开发的产品更符合中国市场的需要。所以在过去的竞争中，联想占了上风。联想把本土优势发挥得淋漓尽致，应该讲，在其他方面，目前联想还处于劣势。

联想不仅对未来的战略目标、路线进行了设计，而且对达到近期目标、实行路线的具体战术步骤都做了分析、设计，并进行了调整。联想对未来充满信心。

柳传志

联想产品

案例实务二：雀巢咖啡

一提起“雀巢”，许多人马上就会想起雀巢咖啡，因为国内大众对“雀巢”的认识，也许大都是从雀巢咖啡那句家喻户晓的广告词“味道好极了”开始的。其实，雀巢公司的经营范围很广泛，按其营业额分配为：饮品（23.6%），麦片、牛奶和营养品（20%），巧克力和糖果（16%），烹饪制品（12.7%），冷冻食品和冰淇淋（10.1%），冷藏食品（8.9%），宠物食品（4.5%），药品和化妆品（3%），其他制品和事业（1.2%）。雀巢公司的300多种产品在遍及61个国家的421个工厂中生产。很多业内人士都熟悉雀巢公司的一个经典掌故，那就是在雀巢咖啡诞生之初，曾因为过分强调其工艺上的突破带来的便利性（速溶）而一度使销售产生危机。原因在于，许多家庭主妇不愿意接受这种让人觉得自己因为“偷懒”而使用的产品。1990年，雀巢公司的营业额为460亿瑞士法郎，而在1997年，前10个月的营业额已高达569亿瑞士法郎，比上年同期增长217.5%。1994年年底，雀巢被美国《金融世界》杂志评选为全球第三大价值最高的品牌，价值高达115.49亿美元，仅次于可口可乐和万宝路。雀巢公司被誉为当今世界在消费性包装食品和饮料行业最为成功的经营者之一。

1. 雀巢成功的原因

雀巢的成功是多种因素共同作用的结果，但其中模块组合营销战略地实施是一重要因素。公司设在瑞士日内瓦湖畔的小都市贝贝（VEVEY）总部对生产工艺、品牌、质量控制及主要原材料做出了严格规定。而行政权基本属于各国公司的主管，他们有权根据各国的要求，决定每种产品的最终形成。这意味着公司既要保持全面分散经营的方针，又要追求更大的一致性，为了达到这样的双重目的，必然要求保持一种微妙的平衡。这是国际性经营和当地国家经营之间的平衡，也是国际传播和当地国家传播之间的平衡。如果没有按照统一基本方针、统一目标执行，没有考虑与之相关的所有因素，那么这种平衡将很容易受到破坏。

为了正确贯彻新的方针告知分公司如何实施，雀巢公司提出了三个重要的文件。内容涉及公司战略和品牌的营销战略及产品呈现的细节。

（1）标签标准化（Labelling Standards）：这是一个指导性文件，它对标签设计组成的各种元素做出了明确规定。如雀巢咖啡的标识、字体和所使用的颜色，以及各个细节相互间的比例关系。这个文件还列出了各种不同产品的标签图例，建议各分公司尽可能早地使用这些标签。

（2）包装设计手册（Package Design Manuall）：这是一个更为灵活使用的文件，它提出了使用标准的各种不同方式。例如，包装使用的材料及包装的形式。

（3）品牌化战略（Branding Strategy）：这是最重要的一个文件，它包括了雀巢产品的营销原则、背景和战略品牌的主要特性的一些细节。这些主要特性包括品牌个性、期望形象、与品牌联系的公司、其他两个文件涉及的视觉特征及品牌使用的开发等。

当前的经济形势，对企业提出了更高的要求，要想在激烈的市场竞争中立于不败之地，不仅要有适销对路的产品，更重要的是要有正确的经营思想指导。雀巢公司的领导层认识到，经济全球化已使企业营销活动和组织机制由过去的“大块”结构变成了“模块”结构的事实，从而将其工作重点转向组合模块，实施模块组合营销。基于上述事实，我们把模块组合的战略定义为将公司的营销部门划分成直接运作于市场的多个规模较小的经营业务部门，灵活运作于市场，及时做出应变决策，各经营业务部门虽具有独立性，但服从于企业的总战略。在雀巢公司的模块组合战略中，各分公司就是作为一个个模块，独立运作于所在的市场，有权采取独特的策略，但又接受公司总部的协调。

2. 模块组合营销的优势

（1）准确地把握并满足市场的需求

目前市场的变化主要体现在市场的划分越来越细和越来越个性化两个方面。从市场营销学的角度看，企业的盈利机会都是以消费需求为转移的，因此，消费需求的变化必然潜藏商机。雀巢公司在结构和组织上遵循“权限彻底分散”的原则。这也是雀巢公司里“市场大脑（Market Head）”所表达的：想法要和市场实况连接在一起，采取的行动和手段都力求能合乎当地的需要和要求。正因如此，公司产品中仅雀巢咖啡就有100多个品种。各模块（分公司）基于自己的市场具有独立性，但又与其他模块相互联系，共同组成企业的“大块”结构。雀巢公司将其总市场分成各模块市场，每一模块市场由相应模块来负责，从而可以更准确地把握市场动态，提高对市场需求的准确把握和满足能力。

（2）反应灵活

“不快则死”，这是新经济的黄金法则，甚至可以说是谁也不能违背的天条。在美国NASDAQ上市的200多家网络公司中，一份财经周刊调查说，其中的51家公司估计不久就要面临清盘。企业不快点往前冲，就会被快速淘汰出局。在激烈的市场竞争中，取得信息和利用信息的状况是企业能否完成营销任务的重要条件。市场营销组织的设计应既有利于搜集信息，又有利于针对信息做出快速反应，雀巢公司的模块组合营销恰恰适应了这一要求。各模块具有独立运作于市场的能力，根据其模块市场的变化，在不影响企业总战略的条件下，有权进行适当的调整，采取恰当的策略。

（3）较强的抗风险能力

经济全球化条件下，企业将面临来自国内外的挑战，竞争日趋激烈，在激烈的市场竞争中，企业要生存发展下去，必须具备较强的抗风险能力。现在企业多从竞争对手角度来考虑，进行企业联合、兼并，以加大企业实力和抗风险的能力。而雀巢的模块组合战略是从企业组织角度考虑抗风险能力的一条可选途径。模块组合强调各模块相对独立地运作于各自的市场，根据各自市场来自竞争者、顾客等方面的变化进行调整，而企业其他各部分可以无须调整，从而具有了灵活、应变、抗风险性。

（4）网络型组织结构

长期以来，企业都是按照职能设置部门，按照管理幅度划分管理层，形成了金字塔型的管理组织结构。这种组织结构已越来越不适应信息社会的要求。模块组合把企业的营销部门和经营业务部门划分为多个规模较小的经营业务部门并受总部统一管理，其结果是管理组织结构正在变“扁”变“瘦”，综合性管理部门的地位和作用更加突出，网络型的组织结构形成。传统的层级制组织形式的基本单元是在一定指挥链条上的层级，而网络制组织形式的基本单元是独立的经营单位。雀巢公司的模块组合营销，造就了网络型组织结构，也使雀巢公司具有了网络化的特点：一是用特殊的市场手段代替行政手段来联络各个经营单位之间及其与公司总部之间的关系。网络制组织结构中的市场关系是一种以资本投放为基础的包含产权转移、人员流动和较为稳定的商品买卖关系在内的全方位的市场关系。二是在组织结构网络的基础上形成了强大的虚拟功能。处于网络制组织结构中的每一个独立的经营实体都能以各种方式借用外部的资源，对外部的资源优势进行重新组合，创造出巨大的竞争优势。

3. 正确认识模块组合营销

一些企业容易片面地认为，企业整体化市场营销与竞争会产生“航母”效率，因而热衷于整体运作。然而很多国外大公司看到，鉴于知识经济网络化、数字化的特点，应从“模块”的角度对企业重新审视。例如，杜邦公司是知名老牌企业，近年来公司大力进行营销机制的改革，完成了“模块组合”改组，将原有的五个公司经营业务部门外加石油和天然气营销业务部门划分成直接运作于市场的20个规模较小的经营业务部门，很快使杜邦公司由亏损转为高盈利企业。当然，意识到模块组合的重要性，并不等于就能成功实施模块组合战略。以下从与整合营销、品牌战略及集团化战略关系的角度进一步说明，以期加深对模块组合的正确把握。

（1）模块组合战略是整合营销的创新

整合营销力争做到企业“一个声音说话，一个面孔示人”，给消费者以统一的形象。整合营销强调从消费者沟通的本质意义展开促销与营销活动，主张将广告、公关、直销等各种推广宣传工具有机地组合，以促成消费者最大程度地认识。模块组合营销并没有否定整合营销，只不过它更进一层，强调对具体的模块市场，根据消费需求进行适当的调整，准确把握并满足消费者，同时又坚持整合的原则，以期获得最大的整合效益。

（2）模块组合亦有统一的品牌形象

当今企业已进入品牌国际化竞争的年代，进行品牌营销可以扩大企业知名度，树立企业形象，建立与顾客的良好关系。模块组合战略是在企业统一品牌战略指导下进行的，企业各模块（经营业务部门）灵活运作于各自的市场，努力满足各模块市场消费者的需求。但他们之间并非散兵游勇的关系，其都是企业总体的一部分，为推销企业产品，宣传统一品牌形象而努力。

（3）模块组合并不否定集团化

在经济全球化和信息化的推动下，20世纪90年代中期以来，西方世界掀起的一股新的企业联合、兼并、收购浪潮，是企业集团化趋势的显著表现。企业进行强强联合、兼并或组建大的企业集团，是增强其实力的有效途径。特别是在当今竞争激烈的条件下，对于提高企业抗风险能力，不失为一条良策。模块组合不应误解为把企业肢解为小的模块，从而得出与企业集团化相悖的结论。无论是大企业还是小企业，都可以进行模块组合，其与整合营销在增强企业抗风险能力方面殊途同归。

第三节　设计与营销管理的结合

一、设计与营销管理的内涵

“酒香不怕巷子深”“是金子总会发光”这些话如果反映在商品市场上，就是原始的营销策略，当然在古代市场刚发展时或许是常态，但不适用于现今的市场。在当今社会，如果要把一种商品推向市场，需要一套行之有效的营销管理策略。市场的选择也会作用于产品，很多时候，市场需要什么产品，产品的出现就会先满足这个需要，也就是会对产品的设计产生影响。比如说，人们认为杯子把手太单调了，很快地，市场上就会出现带有个性把手的杯子，因为这有利于市场营销。在这个过程中，市场影响着产品设计。当然，很多时候产品设计是影响营销管理的，很多新产品的出现渐渐改变人们的生活，一个产品新的设计往往改变其在市场上的营销情况。

在当今商品市场的竞争中，技术和设计成了商品占据市场及成为营销管理战略成败的关键因素。在技术、质量、功能等条件无明显差别的情况下，设计理念和元素成了决定胜负的关键。世界正由过去谁控制技术质量谁就控制市场，逐步向谁控制质量和设计谁就控制市场的方向发展。企业的新产品开发也正由技术优先逐步转向设计优先。一个企业只有设计取得领先水平，才能有赢得市场的能力，成为市场营销战略中的决定因素。市场研究的目的就是把握设计与消费的结合点。设计为消费服务，意味着设计要研究消费、研究消费者，了解消费心理方式和消费需求，研究开发什么样的新产品，如何改进产品包装，等等。企业只有在了解消费者和市场动向的前提下，才能制定相应的营销管理策略，包括制定产品设计政策、产品推广政策、营销管理政策等。

更进一步而言，随着社会生产力发展到一定阶段，随着人们消费需求核心的变化，人们越来越重视产品设计在营销管理战略中的核心地位和作用。实践证明，不少发达国家早已把设计作为技术密集型产业的核心而列入国策，成为国家经济发展的战略性措施。正如撒切尔夫人所说：“优秀的设计是企业成功的标志——它就是保障，它就是价值。”美国国际商用机器公司的产品销售价历来高出同类产品市场价格，却保持了极大的市场份额，其原因在于公司向用户提供了以设计更新和开发为中心的、以高品质文化内涵为特征的产品设计开发服务。公司不仅通过产品使用方式的设计更新和开发带动了实用性能的设计更新，而且以此带动了整个公司的生产、销售和服务。由于公司在设计上的极大投入，获得了不断超越同行竞争者的技术优势和经济效益，创造出可观的和超额的综合经济效益。

随着社会生产力发展到一定阶段，随着人们消费需求核心的变化，人们越来越重视设计元素在营销管理中的核心地位和作用。一种产品，只有通过市场交换才能最终实现其价值，成为商品。营销管理策略就是要为这种实现提供最大的可能和途径。

伴随着商品经济的发展，营销管理的内涵也在发生着巨大的变化，除了经济的简洁性、安全性等特征外，在现代产品设计领域主要体现以下特征：

1. 设计的艺术美学特征

艺术的或者说美的产品能促进商品化的成功，这是十分显然的道理，因此，在每设计一件产品时，都应力求达到艺术或美的要求，增加产品的艺术含量。当然艺术和美是一种随时空变化的概念，而且在产销的观点上或在设计的观点上看待艺术和美，其标准和目的也是大不相同的。既不能因强调设计在文化和社会方面的使命和责任而不顾及商业的特点，也不能把艺术和美学庸俗化，这需要有一个适当的平衡。另外，在今天，设计不仅以科学技术为创作手段，如电脑辅助设计，还以科学技术为实施基础。然而，这并没有损害设计的艺术与美学特征，反而使得现代设计具有了科技含量很高的现代艺术与美学特征，适应现代发展的要求。如全新的材料美、精密的技术美、新奇的造型美、科幻的意趣美等。

2. 产品设计的科技特征

当今世界以微电子和电子计算机为主要标志的高新技术革命，日新月异，迅猛发展，学科高度细分化和高度综合化日趋明显，产业革命的浪潮极大地改变了世界的产业结构和人类的生活方式、生活构造。在过去的一个世纪以来，现代设计为创造新的人类文明做出了历史性的贡献，一批批新产品进入亿万家庭，满足了人们的物质需要，提高了人们的生活质量。人类要享受科学技术这一巨大资源，还需要某种载体，这种载体就是设计。新的科学技术、现代化的管理、巨额的资本投入，都需要经过这一媒介，才能转化成巨大的社会财富。科学技术也只有在被社会接纳、被社会消费的情况下，才能转化成巨大的社会财富。科学技术是通过设计向社会广大消费者进行自我体现的，设计使新技术最终转变为现实。科技资源需要设计加以综合的利用，变成技术含量高的新产品，被市场大量地吸收，完成科技的社会财富化，发挥科学技术的作用。

3. 产品设计的经济内涵

21 世纪的营销管理战略首先取决于设计水平的高低，因此无论是国家还是企业，纷纷把设计作为经济发展的战略。世界上规模最大、效益最佳的国际集团公司都提出“设计治厂”的口号，将设计视为提高经济效益和提升企业形象的根本战略和有效途径。计算机的广泛应用又极大地方便了设计比重的提高。当代企业是现代设计商品生产和经营的经济实体，以生产与营销适合于社会需要的产品为中心，逐步形成和不断完善员工素质开发、经营战略开发、企业形象开发、售后服务开发、潜在市场开发等的集约经营的组织体制、运行机制和发展格局。设计作为经济的载体，已成为一个国家或企业自身发展的有力手段。从经济特征的另一个角度看，设计还要以最小的消耗达到所需的目的。例如，制造上的省工、省料、省时、低成本，加工方法和程序上的简易，使用上的省力、方便、低消耗，等等。一项设计要为大多数消费者所接受，必须在投入和产出之间谋求一个均衡点。但无论如何，设计的经济内涵是产品设计的又一基本要求。

上述这些特征，是在进行设计中必须考虑的众多原则中的重要部分。在不同类别的产品设计上，根据营销管理的要求和变化，考虑以上特征的重点是不同的，从而形成各种不同的产品设计。如生活日用品，其设计是以美的造型为中心，而机电产品的设计考虑的原则就多了，如科技性、审美性、人机关系等都应是考虑的重点。一个商品的存在，一定要有其生存的因素，也许是上述诸特征中的一项或多项，也可能还包含其他因素。在设计上贯彻上述特征，越全面彻底，则越能推进产品的商品化。

设计和市场营销是相辅相成、互相关联的，有时独立而有时相合。设计是营销管理的基础，而营销管理的成果又会反映设计的优劣。设计不是闭门造车，而是要注意市场动态和人们的需要。营销管理也不仅仅是渠道、价格和关系几个元素的结合，一种好的设计理念经常创造一个营销管理的市场奇迹。

二、设计中必须贯穿营销管理的理念及内涵

我国社会经济和文化的不断发展为设计交流提供了宽松的社会环境，造就了设计的多元化成长趋势，设计领域逐渐打破了传统、封闭的旧模式，从以往的“工艺美术型”向“设计型”转变，逐渐顺应了国际潮流的发展，我国设计理念在不断发展和变革中创新。

设计从艺术本身而言没有太多功利，这是它最珍贵之处，但设计终归是服务性的艺术，二者在技术上需要达到平衡。做设计，要按照客户的具体要求来做，本身就带有了一定的目的性。当一个设计师一方面要满足客户的具体要求，另一方面又要保证自己的理念在设计中得以体现的时候，这就涉及平衡的问题。百般刁难的客户会导致设计师的设计理念无法贯穿于其设计作品之中，而如果设计师一味按照客户的要求来做，那又与工程师没有多大的区别。但是，既然客户找到设计师，当然是希望作品有艺术感，希望设计有与众不同的地方，因此设计师还是要做艺术，并且能够保证作品最大限度地表现出设计师、客户组合后的个性。

此外，在研究市场的同时也要关注并紧跟其发展动向，这样才能在新经济时代继续健康发展，设计才能更加理智，才能够创造出“合理的设计作品”，提高市场占有率，赢得最大利润，从而创造最大价值。营销机会是尚待满足的需要、欲望和需求，是人们没有满足的需要、欲望和需求，是人们未能很好满足的需要、欲望和需求。而机会不同于专利、技术诀窍等，机会有时效限制，即机不可失，时不再来，因此设计要善于抓住营销机会，主动满足消费者要求。

在当今市场经济之中，设计已不再是贵族世家的专有，而是任何有形产品和无形产品营销的重要手段之一，已成为市场营销推广产品的重要载体。分析市场能够帮助设计者搞清楚设计是“为谁而做”，如一包由卷烟厂生产的香烟，若把香烟盒改成筒状或其他奇特的模样，只能说这是有造型的工艺品；香烟盒只有方型，这才可称为设计，因为只有方型香烟能便于运输及销售，便于放在兜里，因此更多的设计就体现在香烟盒外面的文字、图形和色彩上。作为设计者，必须将营销管理的观念及大众的需求导入设计之中，这才是设计的前提保证，同时也是设计能否取得成功、能否为企业开拓和占领市场、能否帮助企业生存与发展的决定性因素。

总之，设计在一定程度上既要有精英文化和贵族设计的高度，同时也要满足大众文化的需要，现代设计的目标追求不再只是局限于某个人，而是服务于目标市场，因此设计也就要与营销管理有机结合。对于设计师来说，必须具备一定的市场分析能力，同时兼顾企业和消费者利益，才能设计出好的作品。在市场化与信息化的今天，设计者应该提倡“设计与市场经济的结合”，让艺术服务于经济，服务于大众，服务于市场。

三、设计与整合营销传播的结合——设计营销管理

整合营销传播（Integrated Marketing Communication，简称 IMC），是指将与企业进行市场营销有关的一切传播活动一元化的过程。整合营销传播一方面把广告、促销、公关、直销、CI、包装、新闻媒体等一切传播活动都涵盖于营销活动的范围之内，另一方面则使企业能够将统一的传播资讯传达给顾客。其中心思想是以通过企业与顾客的沟通满足顾客需要的价值为取向，确定企业统一的促销策略，协调使用各种不同的传播手段，发挥不同传播工具的优势，从而使企业实现促销宣传的低成本化，以高强冲击力形成促销高潮。

21 世纪是市场经济持续性发展的高速腾飞阶段，经济模式将有翻天覆地的变化，在信息高速发展、网络不断普及的新时代，仍旧抱着“酒香不怕巷子深”的观念将面临被市场所遗弃的危机。21 世纪的市场，将是更加理性化的市场。对不具备竞争优势的企业而言，竞争将更加残酷。消费者将更加理智，企业需要丰富自己的产品和服务，把最好的产品和服务呈现给消费者。

企业丰富产品的最为核心的方式是产品设计的创新思维及服务，客观地说，艺术设计者们也在自觉或不自觉地运作其产品销售。然而，或许是因为过分强调了艺术设计的科学性和艺术性，我们虽曾进行了一定的需求分析、设计计划、制作定型和使用推广，但却未能充分体现现代科学的管理理念。目前大多数人持有的还是“我们能设计什么就卖什么”的生产理念或“我们卖什么设计，就让人们买什么设计”的推销理念，而对强调“顾客导向主体及顾客满意为主”的整合营销传播理念和以实现消费者满意及消费者和社会公众的长期利益作为根本目的的“社会营销理念”还不太清楚。同时尚未接受“文化营销、生态营销、后服务营销、另类营销、共生营销、网络营销、直效营销、特许营销”等随着市场扩大和竞争加剧，营销技术手段不断改进和消费者权益保护运动的高涨而创新的“后现代营销管理理念及后现代整合营销传播理念”。所有这些，恰恰是设计营销管理工作者必须解决的核心问题。

设计营销管理是人类社会生产生活活动的一种，贯彻于艺术设计产品从规划、生产到流通的社会再生产的全过程。这同时显著地表明设计营销的原理、方法、战略与策略来源于实践，依附于实践，又必须服务于实践。设计营销管理应以消费者需要为中心，以经济学、管理学为基础，以及应广泛吸收其他理论，从艺术设计自身的角度不断满足和创造消费者对艺术设计及其产品的需要。

设计营销管理的研究内容十分丰富广泛，主要体现在以下方面：

1. 基本内容研究：“4P”策略

（1）产品策略。产品策略是一个整体概念，是一种能满足购买者需求与欲望的物质产品和非物质形态的服务，并具体包括核心产品、形式产品和附加产品三个层次。

（2）价格策略。价格本质上是商品价值的货币表现，并由其价值量的大小所决定。从设计营销角度讲，它是可灵活变动的。定价时需要考虑成本、市场与竞争、消费者、产品替代及政府法令法规等因素才能有效把握市场先机。

（3）渠道策略。要研究其从生产者向消费者转移的途径及相应设置的市场机构，并充分把握当今的复杂概念，即不仅包括习惯构成，如各中间商机构，还包括各种贸易有关单位，如银行、工商、税务等。

（4）促销策略。这是营销艺术的最高环节，也是市场竞争最激烈的部分。因此，必须向消费者进行报道和说明，以促进和影响消费者的购买行为和消费方式，促成购买，从而使艺术设计主体的经营管理目标得以顺利实现。

2. 设计营销管理理论体系的三项内容

基本理论上，认知艺术设计市场是实际的和潜在的消费者需求的集合，买方是市场中心，研究如何突出买方地位和利益；战略规划上，探讨如何采用“SWOT”战略技术全面分析市场，包括分析消费者心理活动过程、个性心理特征、需要、购买动机和购买行动，分析设计者自身素质，分析营销指导思想的缺陷和营销行为问题，分析现代设计营销实践及体验其启示，做出市场预测，恰当细分市场，正确选择目标市场，积极有效参与市场竞争和系统组合营销及研究国际市场的设计营销经典案例等相关内容。

3. 设计营销管理创新概念的研究

包括推进营销组合，由“4P”（产品、价格、渠道、促销）向“11P”（增加的“7P”为政治权力、公共关系、探查、划分、优选、定位和消费者）发展，延伸设计营销战略，实现设计者、消费者和供应方三角连动，实施柔性营销、全员营销。突破传统的以“4P”为核心的营销框架，由重视艺术设计产品导向，信仰“消费者请注意”的经营哲学，转向面对21世纪市场环境的新变化，突出“4C”（消费者、成本、方便、沟通），进一步感知消费者及其需求。面对千差万别的网络时代、个性化时代，理解管理学大师德鲁克“企业宗旨只有一个，就是创造顾客”的训诫，倡导（设计者及其产品）“4V”（差异化、功能弹性化、价值附加化及其与消费者满足共鸣化）营销。

案例实务一：易拉罐——包装容器之王

包装瓶成功设计营销案例

20世纪30年代，易拉罐在美国成功研发并生产。这种由马口铁材料制成的三片罐——由罐身、顶盖和底罐三片马口铁材料组成，当时主要用于啤酒的包装。目前常用的由铝制材料制作而成的二片罐——只有罐身片材和罐盖片的深冲拉罐诞生于20世纪60年代初。

易拉罐技术的发展，使其被广泛运用于各类商品包装当中，啤酒、饮料、罐头目前大多都以易拉罐进行包装。据悉，全世界每年大约生产的铝制易拉罐已经超过2 000亿个。目前，易拉罐已经成为市场上应用范围最广，消费者接触使用最多、最频繁的包装容器，是名副其实的包装容器之王。易拉罐消费量的快速增长，使得制造易拉罐的铝材消费量也有大幅增长，目前制作易拉罐的铝材已经占到世界各类铝材总用量的15%。

随着易拉罐使用量的增加，世界各国为了节省资源和减少包装成本，纷纷研发更轻、更薄的新型易拉罐。铝制易拉罐也从最开始的每1 000罐25公斤，缩减到20世纪70年代中期的20公斤。现在每1 000罐的重量只有15公斤，比20世纪60年代的平均重量减轻了大约40%。

除了推出更轻、更薄的铝制易拉罐以外，目前各国对易拉罐的回收利用率也不断增高。早在20世纪80年代美国铝制易拉罐的回收利用率就已经超过50%，在2000年达到62.1%。日本的回收利用率更高，目前已超过83%。

早期易拉罐图片

现代易拉罐图片

案例实务二：可口可乐玻璃瓶——价值600万美元的玻璃瓶

说起可口可乐的玻璃瓶包装，至今仍为人们所称道。1898年鲁特玻璃公司一位年轻的工人亚历山大·山姆森在同女友约会中，发现女友穿着一套筒形连衣裙，显得臀部突出，腰部和腿部纤细，非常好看。约会结束后，他突发灵感，根据女友穿着这套裙子的形象设计出一个玻璃瓶。

经过反复的修改，亚历山大·山姆森不仅将瓶子设计得非常美观，很像一位亭亭玉立的少女，他还把瓶子的容量设计成刚好一杯水大小。瓶子试制出来之后，获得大众交口称赞。有经营意识的亚历山大·山姆森立即到专利局申请专利。

当时，可口可乐的决策者坎德勒在市场上看到了亚历山大·山姆森设计的玻璃瓶后，认为非常适合作为可口可乐的包装。于是他主动向亚历山大·山姆森提出购买这个瓶子的专利。经过一番讨价还价，最后可口可乐公司以600万美元的天价买下此专利。要知道在100多年前，600万美元可是一项巨大的投资。然而实践证明可口可乐公司这一决策是非常成功的。

亚历山大·山姆森设计的瓶子不仅美观，而且使用非常安全，易握不易滑落。更令人叫绝的是，其瓶型的中下部是扭纹形的，如同少女所穿的条纹裙子；而瓶子的中段则圆满丰硕，如同少女的臀部。此外，由于瓶子的结构是中大下小，当它盛装可口可乐时，给人的感觉是分量很多的。采用亚历山大·山姆森设计的玻璃瓶作为可口可乐的包装以后，可口可乐的销量飞速增长，在两年的时间内，销量翻了一倍。从此，采用山姆森玻璃瓶作为包装的可口可乐开始畅销美国，并迅速风靡世界。600万美元的投入，为可口可乐公司带来了数以亿计的回报。

可口可乐玻璃饮料瓶

案例实务三：香奈尔5号香水——香水瓶成为艺术品

1921年5月，当香水创作师恩尼斯·鲍将他发明的多款香水呈现在香奈尔夫人面前让她选择时，香奈尔夫人毫不犹豫地选出了第五款，即现在誉满全球的香奈尔5号香水。然而，除了那独特的香味以外，真正让香奈尔5号香水成为“香水贵族中的贵族”的却是那个看起来不像香水瓶，反而像药瓶的创意包装。

服装设计师出身的香奈尔夫人，在设计香奈尔5号香水瓶型上别出心裁。“我的美学观点跟别人不同：别人唯恐不足地往上加，而我一项项地减除。”这一设计理念，让香奈尔5号香水瓶简单的包装设计在众多繁复华美的香水瓶中脱颖而出，成为最怪异、最另类，也是最为成功的一款造型。香奈尔5号以其宝石切割般形态的瓶盖、透明水晶的方形瓶身造型、简单明了的线条，成为一股新的美学观念，并迅速俘获了消费者。从此，香奈尔5号香水在全世界畅销80多年，至今仍然长盛不衰。

1959年，香奈尔5号香水瓶以其所表现出来的独有的现代美荣获“当代杰出艺术品”称号，跻身于纽约现代艺术博物馆的展品行列。香奈尔5号香水瓶成为名副其实的艺术品。对此，中国工业设计协会副秘书长宋慰祖表示，香水作为一种奢侈品，最能体现其价值和品位的就是包装。“香水的包装本身不但是艺术品，也是其最大的价值所在。包装的成本甚至可以占到整件商品价值的80%。香奈尔5号的成功，依靠的就是它独特的、颠覆性的创意包装。”

香奈尔5号香水

案例实务四：高露洁牙膏——审美习惯决定包装成败

牙膏是人们生活中不可或缺的日用品，因此市场竞争十分激烈。国际牙膏巨头美国高露洁公司在进入中国牙膏市场以前，曾做过大量的市场调查。高露洁公司发现，中国牙膏市场竞争激烈，但同质化竞争严重。无论是牙膏的包装还是广告诉求都非常平淡。针对这些特点，高露洁采用了创新的复合管塑料内包装，并用中国消费者都非常喜欢的红色作为外包装的主题色彩。结果大获成功，在短短的几年时间内，迅速占领了中国1/3的牙膏市场份额。

高露洁的成功，极大地触动了中国牙膏企业的神经。包括“中华”“两面针”在内的多个牙膏品牌都放弃了使用多年的铝制包装，换上了更方便、卫生、耐用的复合管塑料包装。除了在包装材料上进行改革以外，国内牙膏品牌在外包装设计上也进行了创新，基本都换上总体感觉清新自然，更具有时代感和流行特色的新包装。

易造工业设计公司产品设计部经理王森告诉记者，“过去我们的企业对产品的包装不重视，在同国外企业的市场竞争中才发现，一个有创意的好包装往往意味着更多的市场份额。于是我们的企业才开始意识到包装的重要性，并努力地制造出富有中国特色和审美习惯的包装”。

记者了解到，高露洁公司在中国成功的背后，也曾支付过昂贵的“学费”。高露洁在进入日本市场的时候，由于没有经过详细的市场调研，直接采用了美国本土大块的红色包装设计，而忽视了日本消费者爱好白色的审美习惯，导致高露洁牙膏在进入日本市场时，出乎意料地滞销，市场占有率仅为1％。

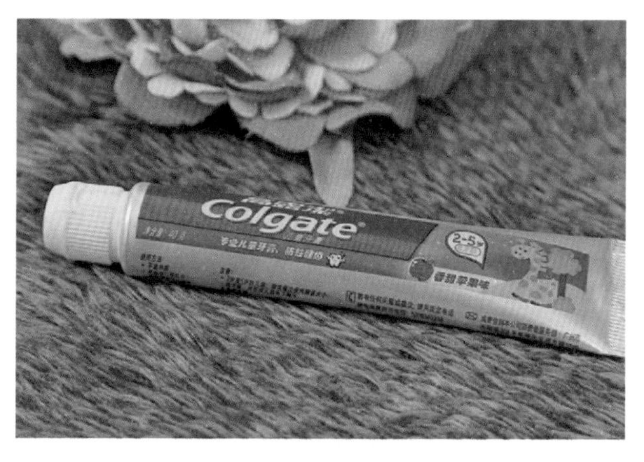

高露洁牙膏

第四节　学习设计营销与管理的意义

一、设计营销的定义和类型

1. 设计营销的定义

设计营销（Design Marketing）指设计主体，为了达到既定的设计目标和设计目的，运用专业的设计原理、设计内涵，并结合相关市场内涵、营销管理知识、方法及相关专业技术，对设计对象实施设计分析、理念分析、市场分析、目标市场选择、营销战略及策略制定、营销成效控制的全部整合设计营销管理过程。

2. 设计营销的类型

所谓“设计营销”模式，就是把设计的着眼点从关注产品本身，提升到对企业长远发展的设计战略，把设计当作核心策略融入品牌发展中，从而实现品牌最大程度区隔其他品牌，并迅速崛起、强大的创新营销策略模式。

运用“设计营销”模式，由内而外激发品牌潜能活力，治疗品牌转型之苦、品牌提升之困惑、增长品牌内力及耐力，亦为内敛品牌内功打下深厚基础。

“设计营销”模式可分为色彩运用设计营销、风格品味设计营销、款式设计营销、功能创新设计营销、材料选择设计营销、设计明星设计营销六大类。

（1）色彩运用设计营销

“色彩运用设计营销”是“设计营销”模式的重要组成部分，是对“设计营销”模式在色彩运用方面的具体体现。所谓“色彩运用设计营销”，是把色彩运用与品牌定位、色彩和营销活动结合起来，一方面了解并分析目标市场消费者由于受色彩刺激的感官反应而形成的色彩偏好度，另一方面掌握和分析因色彩联想所形成的差异性反应及趋同性感觉，在此基础上，将各种色彩运用搭配策略在遵循品牌定位的情况下，作用于产品设计、产品包装设计、卖场终端设计等设计及营销活动中，以满足目标市场消费者的相关需要，实现需要、色彩、产品三者的有机结合，从而达到突出品牌形象、增加销售、强大品牌的目标。

例如意大利知名品牌杜嘉班纳（Dolce & Gabbana），为了适用全球时尚化的需求，杜嘉班纳女装毅然打破其几十年来性感、神秘和妖娆的常规，终于在中国的奥运之年，绽放着极致浪漫的“色诱惑”。色彩运用设计营销再次使杜嘉班纳女装品牌赢得了更多的瞩目，色彩运用设计营销为杜嘉班纳女装品牌打开一个创新营销天地，色彩运用设计营销更为杜嘉班纳女装品牌开创了其发展道路的再次辉煌。

（2）风格品味设计营销

风格品味设计营销是企业价值观和企业文化的一种内在素养和外在表现，风格品味设计营销的核心是风格款式，它是众多品牌相互区别的重要标志。只有把品牌风格品味设计与营销管理运用结合起来，才能使企业品牌文化的内涵通过品牌风格设计与款式设计展现出来，从而牢固树立企业品牌形象。

随着现代社会经济的发展和消费观念的维新，人们对产品的消费已由过去的简单功能消费过渡到文化消费、品牌消费、品味消费和个性消费的时代，品牌风格的这种标志性作用在消费选择中就显得尤其重要。例如国际著名服装品牌都有着属于自己的较独特的风格，这种风格体现了一种文化、一种品味，同时还展示了独特的个性，这是它们能够赢得众多消费者青睐的重要原因。纵观当今世界服装产业的格局，依旧是以巴黎、米兰、纽约、伦敦、东京等时尚中心为代表的时装强国在世界时装舞台上占据着绝对的主导地位；而作为世界上最大的服装生产国的中国，却没有一个自己的国际名牌。大量的国内服装品牌习惯于被国际名牌牵着走，缺乏自主创新能力，没有自己的品牌风格，是我们难以创立自己的国际名牌的重要原因之一。

所谓“狼有狼道，蛇有蛇踪”。什么样的品牌性格决定走什么样的路，什么样的品牌性格决定什么样的命运。

例如“柒牌”男装，推出设计灵感来源于“龙的精气神”的中华立领，顷刻间，一股清新的男装时尚风潮悄然涌起，中华立领风格激活了中国整个男装行业的自主产品设计风，为中国服装行业的发展做出了杰出的贡献。

（3）款式设计营销

款式设计营销是把产品的款式设计融入品牌思想与品牌形象，并通过现代营销的途径，实现品牌的突围、崛起与成功。款式设计工程是品牌重要的形象工程，是品牌的一种结合，一种哲学，是消费者生活方式的一种选择。

例如中国体育用品知名品牌特步，仅风火鞋系列就创下了单鞋销售 120 万双的业内奇迹，这是凭产品风格款式设计营销赢得市场成功的又一强有力例证。

（4）功能创新设计营销

功能创新设计营销是把产品的功能创新设计当作特别“核武器”，从而有效强化品牌营销的行为。许多知名企业总是把功能创新设计作为领导行业潮流的“核武器”，通过整体的营销推广，迅速蔓延，达到品牌核裂变的效果。这些行业领导者总是在适当的时候，抛出自己的“核武器”——功能创新产品，以稳定、巩固企业在行业中的领导地位。

例如 1987 年 Nike 为了适应市场品味的变化推出透明外置气垫的“AIR MAX”系列，引发了购买热潮。这一系列的产品一直延续研发至今，为 Nike 纵横驰骋天下立下汗马功劳，是 Nike 现今市场上最为人们推崇的一大亮点。又如柯达数码相机在 2005 年、2006 年成功推出 V 系列产品也取得了非常成功的销售业绩。

（5）材料选择设计营销

材料选择设计营销是把产品设计环节中的材料选择当作营销管理的手段，并进一步作为品牌推广核心的营销方式。材料选择设计通常成为产品的最基础的考虑因素，但如果仅仅从产品应用角度上来考虑材料的使用，已经不能满足人们消费日益增长的需要，因此，把材料选择设计提升到品牌营销策略上，既能满足消费者的需求，又能凸显品牌价值内涵。

例如作为世界第一棕色鞋品牌的 ECCO，ECCO 将独特牦牛皮经过精工处理制成 X-Pedition 探险新款靴，给客户带来超乎寻常的舒适与柔软。ECCO 总监 Marc Estor 表示，牦牛皮真是天赐之物，它比一般的牛皮强度更大，因此加工后能以很薄的厚度达到与普通牛皮同样的强度，从而使重量比一般皮革轻 50% 。ECCO 的牦牛皮制成的鞋类精品，为其带来了良好的销售业绩的同时，进一步奠定了 ECCO 的行业领先地位。ECCO 采用生活在喜马拉雅高原的牦牛皮制成的鞋类精品，其舒适、轻便的穿着体验“引无数英雄竞折腰”。

(6) 设计明星设计营销

设计明星设计营销就是将设计公司或设计师推向明星企业或明星设计师，是把公司或设计师的专业、影响与号召力，运用先进营销的方式，推广品牌的一种手段。众多国际大牌在长达百余年或数十年岁月中，都有意无意地运用此招，不厌其烦，其实是他们深谙品牌运作之真谛。

二、设计营销管理对象和管理理念

1. 设计营销管理对象

市场营销理论和管理学理论是设计营销管理最具指导性的基础理论，设计营销管理是广义营销学和管理学的一部分。依据一般营销管理比较成熟的理论，设计营销管理是一门建立在经济科学、行为科学、现代管理科学，特别是营销管理科学理论基础上的应用科学，其研究对象是以满足和创造消费者需求为中心的设计营销活动过程及其相关规律。设计营销与一般营销的区别在于，设计营销专门研究艺术设计产品的市场及其战略策略问题，是一门有关设计营销的科学、行为和艺术，并且始终贯穿在艺术设计者的经营思想、经营行为、经营过程中。

2. 设计营销管理理念

客观地说，目前大多数设计者们或许是因为过分强调了艺术设计的科学性和艺术性，虽曾进行了一定的需求分析、设计计划、制作定型和使用推广，但却未能充分体现现代科学的管理理念。因为大多持有的还是"我们能设计什么就卖什么"的生产理念或"我们卖什么设计，就让人们买什么设计"的推销理念，而对强调"顾客导向，整体营销，顾客满意"等内容的市场营销理念和以实现消费者满意及消费者和社会公众的长期利益作为根本目的的"社会营销理念"还不太清楚。而设计营销管理理念强调的就是"文化营销、生态营销、后服务营销、另类营销、共生营销、网络营销、直效营销、特许营销"等营销技术手段等创新性的"后现代营销概念和管理理念"在设计营销管理工作中的应用。

三、设计营销管理学的研究目的和意义

设计营销管理学的研究目的和意义，根本上是为了巩固设计工作者及其设计对象（产品）的生存和发展。设计营销管理研究的意义具体表现为有利于更好地满足人类社会的需要，有利于解决设计、产品与市场的结合问题，有利于增强设计的市场竞争力，有利于进一步开拓设计的国内和国际市场。

1. 有利于加强消费者对产品及设计的认知

设计是一个"系统"，其复杂程度很难用明确的理论解释清楚。设计是为消费者服务的，是为人服务的，既然是为人服务，就必然与市场营销有着密切的联系，好的设计转化为商品时必然提高了市场营销效率。正如，华为手机逐渐在中国所形成的消费市场，并产生了"华为赚的不是钱，而是人心"的口碑。

人们长期以来一直对人类视觉功能和心理因素展开各种研究，有很多奥秘已经被揭开，在营销学、心理学和大脑生理学领域中，科学家和设计师们很久以前就展开了对颜色与形状的研究。另外，在"感性工学"中，研究人员发现人会将想象运用到创造中。然而，人的大脑根据什么标准来想象创造、什么样的设计会受到大多数人的喜爱等问题，正是我们学习设计营销管理学重要意义所在。

2. 有利于设计者认知设计、消费者理解和认同设计

人类通过视觉获得的信息占信息量的八成以上。人类和很多动物都是通过视觉、听觉和嗅觉等感觉器官来获取信息、认知事物的，而人类是非常依赖视觉的。也许有人会认为吃东西时肯定是味觉占主导地位，但实际上，是眼睛先看到食物的颜色和形状并刺激了食欲。如果蒙上眼睛，轻轻捏住鼻子，然后分别喝橙汁和苹果汁，很多人都无法分辨自己喝的是哪种果汁。用同样的方法再做一个实验，自己吃的是苹果还是生土豆也很难分辨。

与视觉、听觉相比，人的味觉要迟钝不少，而听觉又比视觉迟钝一些。实际上，人的听觉判断会受到视觉影响。如著名的麦格克效应，当人的视觉和听觉获得的信息不一致时，人会优先提取视觉信息。著名的管理学家彼得·德鲁克认为，现代企业最重要的两个职能是创新和营销。设计就是创新的重要环节，企业资金方面的成功是企业成功的关键环节，而企业资金方面的成功取决于企业的市场营销能力，产品要么满足市场，要么创造市场。满足市场给营销学带来更大的舞台，而创造市场给设计带来了广阔的天空。因此，设计营销管理学对于人类而言具有前瞻性的深刻意义。

第二章　设计营销管理环境调研

第一节　设计营销管理环境

一、设计营销管理环境的含义

设计营销管理环境泛指一切影响制约设计营销管理活动最普遍的因素，是指造成环境威胁和市场机会的主要力量和因素，分为宏观设计营销管理环境和微观设计营销管理环境两大类，对设计营销管理环境的研究是设计营销管理活动最基本的研究课题。

二、设计营销管理环境的分类

（1）按对设计营销管理活动影响时间长短可分为长期环境与短期环境，还可再区分为以下几种：

① 流行。不可预见的、短期的及没有社会、经济和政治意义的。

② 趋势。更能预见的且持续时间较长，趋势能揭示未来。

③ 大趋势。它是社会、经济、政治和技术的大变化。大趋势不会在短期内形成，但一旦形成则会对设计营销管理活动产生较长时间的影响。

（2）按对设计营销管理活动影响因素的范围可分为微观环境和宏观环境。

① 微观环境：又称为直接设计营销管理环境（作业环境），指与设计营销管理活动紧密相连，直接影响企业设计营销管理能力的各种参与者，包括企业本身、设计合作方（如供应者、中间商等）、同行竞争者及社会公众群体。

② 宏观环境：又称为间接设计营销管理环境，指影响设计营销管理活动的社会性力量和因素，包括人口环境、经济环境、政治法律、法律环境、技术环境及自然环境等。

设计营销管理环境通过对设计类企业构成威胁或提供机会而影响其设计营销管理活动。环境威胁是指环境中不利于企业的因素及其发展趋势，对企业形成挑战，对企业的市场地位构成威胁。市场机会指由环境变化造成的对企业富有吸引力和利益空间的领域。

三、设计营销管理环境的特点

1. 设计营销管理环境的客观性

设计营销管理环境作为一种客观存在，是不以企业的意志为转移的，它有着自己的运行规律和发展趋势，对环境变化的主观臆断必然会导致设计决策的盲目与失误。设计营销管理的任务在于将设计与营销管理予以有效组合，使之与客观存在的外部设计营销管理环境相适应。

2. 设计营销管理环境的关联性

构成设计营销管理环境的各种因素和力量是相互联系、相互依赖的。如经济因素不能脱离政治因素而单独存在；同样，政治因素也要通过经济因素来体现。

3. 设计营销管理环境的层次性

从空间上看，设计营销管理环境因素是个多层次的集合。第一层次是企业所在的地区环境，如当地的市场条件和地理位置；第二层次是整个国家的政策法规、社会经济因素，包括国情特点、全国性市场条件等；第三层次是国际环境因素。这几个层次的外界环境因素与企业发生联系的紧密程度是不相同的。

4. 设计营销管理环境的差异性

设计营销管理环境的差异主要是因为企业所处的地理环境、经营的性质、政府管理制度等方面存在差异，表现在不同企业受不同环境的影响，而且同样一种环境对不同企业的影响也不尽相同。

5. 设计营销管理环境的动态性

外界环境随着时间推移经常处于变化之中。如外界环境利益主体的行为变化和人均收入的提高均会引起购买行为的变化，影响设计营销管理活动的内容；外部环境各种因素结合方式不同也会影响和制约设计营销活动的内容和形式。

6. 设计营销管理环境的不可控性

影响设计营销管理环境的因素是多方面的，也是复杂的，并表现出企业的不可控性。例如，一个国家的政治法律制度、人口增长及一些社会文化习俗等，这些因素企业不可能也无法随意改变。

四、分析设计营销管理环境的意义

（1）设计营销管理环境对设计营销管理职能来说是外部因素，但对提升设计营销管理的能力，对开展和保持企业与目标顾客之间的成功交易却有着重大的影响。

（2）分析设计营销管理环境的目的在于寻求设计水平提升、营销机会和避免环境威胁。

（3）分析设计营销管理环境可以密切关注设计营销环境的变化和策略的配合。

（4）设计营销管理环境包含的内容既广泛复杂，又表现在因果之间存在着交叉作用及矛盾关系，这些能有利于企业的创新创意设计水平的提升。

（5）有利于设计营销管理环境的动态性和适应性的有效动态紧密结合。

五、设计营销管理环境之微观环境

1. 企业

任何企业的设计营销管理活动都不是企业某个部门的孤立行为，企业设计营销工作管理部门也不例外。现代营销管理理论，特别强调企业对环境的能动性反应。

2. 供应商

泛指组织活动所需各类资源和服务的供应者。企业要搞好设计营销管理工作就必须要慎重选择供应商，以确保企业相关工作的顺利开展。

3. 竞争者

一般是指那些与本企业提供的产品或服务相似，并且所服务的目标顾客也相似的其他企业。从消费需求的角度划分，竞争者主要有四种类型：愿望竞争者、普通竞争者、产品形式竞争者和品牌竞争者。

4. 公众

设计营销管理环境公众具体包括金融公众、媒体公众、政府公众、市民行动公众、地方公众、一般公众、企业内部公众等。

六、设计营销管理环境之宏观环境

1. 受众环境

设计营销管理市场是由那些设计视觉接受者、愿意接受设计服务并且具有购买力的人（即潜在购买者）构成的，而且这种人越多，市场的规模就越大。

2. 经济环境

重点分析受众群体收入的变化、支出模式的变化、储蓄和信贷的变化等因素。

（1）收入的变化

可支配个人收入是指扣除受众个人缴纳的各种税款和交给政府的非商业性开支后可用于个人消费和储蓄的那部分个人收入。

可随意支配个人收入是指可支配个人收入减去受众群体用于购买生活必需品的固定支出（如房租、保险费、抵押贷款）所剩下的那部分个人收入。

（2）支出模式的变化

恩格尔定律的含义和意义：

① 随着收入的增加，用于购买食品支出占收入比重（即恩格尔系数）就会下降。

② 随着收入的增加，用于住宅建筑的支出占收入比重大体不变（燃料、照明、冷藏等支出占收入的比重会下降）。

③ 随着收入的增加，用于其他方面的支出（如服装、交通、娱乐、卫生保健、教育）和储蓄占收入的比重就会上升。

3. 技术环境

（1）新技术是一种“创造性的毁灭力量”。每一种新技术都会给某些企业造成新的市场机会，因而会产生新的行业，同时，还会给某个行业的企业造成环境威胁，使这个旧行业受到冲击甚至被淘汰。

（2）知识经济带来的机会和挑战：

① 知识经济的含义。知识经济与传统农业不同，知识经济是以不断创新和对这种知识的创造性应用为主要基础而发展起来的。它依靠新的发展、发明、研究、创新的知识，是一种知识密集型、智慧型的新经济。

② 知识经济与知识管理。所谓知识管理，是对企业知识资源进行管理，使每一个员工都能最大限度地贡献其积累的知识，实现知识共享的过程。

4. 政治法律环境

政治法律环境是指一个国家或地区的政治制度、体制、方针政策、法律法规等方面。这些因素常常制约、影响企业的经营行为，尤其是影响企业较长期的行为。

5. 社会文化环境

社会文化主要指一个国家、地区的民族特征、价值观念、生活方式、风俗习惯、宗教信仰、伦理道德、教育水平、语言文字等的总和。

七、设计营销管理环境影响因素

1. 设计营销管理环境对设计营销管理带来双重影响作用

（1）环境带来的威胁。环境中会出现许多不利于设计营销管理活动的因素，由此形成挑战。如果企业不采取相应的规避风险的措施，这些因素就会导致设计营销管理活动的困难，从而带来威胁。为保证设计类企业营销管理活动的正常运行，企业应注重对营销管理环境进行分析，及时预见环境威胁，将危机减少到最低程度。

（2）环境带来的机会。环境也会滋生出具有吸引力的领域，带来设计营销机会，环境机会是开拓经营新局面的重要基础。为此，企业应加强对设计营销管理环境的分析，当环境机会出现的时候善于捕捉和把握，以求得发展。

2. 设计营销管理环境是设计营销管理活动的资源基础

设计营销管理活动所需的各种资源，如资金、信息、人才等都是由环境来提供的。生产经营产品或服务需要哪些资源、多少资源、从哪里获取资源，必须分析研究设计营销管理环境因素，以获取最优的营销资源满足经营的需要，实现设计营销管理目标。

3. 设计营销管理环境是制定设计营销管理策略的依据

设计营销管理活动受制于客观环境因素，必须与所处的环境相适应。但企业在环境面前绝不是无能为力、束手无策的，应积极发挥主观能动性，制定有效的设计营销管理策略去影响环境，在市场竞争中处于主动，占领更大的市场。

案例实务：“指南针地毯”和冻鸡出口的启示

在阿拉伯国家，虔诚的穆斯林教徒每日祈祷，无论居家或是旅行，祈祷者在固定时间都要跪拜于地毯上，且要面向圣城麦加。结果，比利时地毯厂厂商范得维格，巧妙地将扁平的“指南针”嵌入祈祷用的小地毯上，该“指南针”指的不是正南正北，而是始终指向麦加城。这样，伊斯兰教徒们只要有了他的地毯，无论走到哪里，只要把地毯往地上一铺，便可准确找到麦加城的所在方向。这种地毯一上市，立即成了抢手货。

欧洲一冻鸡出口商曾向阿拉伯国家出口冻鸡。他把大量优质鸡用机器屠宰好，收拾干净利落，只是包装时鸡的个别部位稍带点血，就装船运出。不料这批货竟被退了回来。他迷惑不解，便亲自前往进口国调查原因，才发现退货的原因不是质量有问题，只是他的加工方法违反了阿拉伯国家的禁忌：阿拉伯国家人民不允许用机器和由女性屠宰家禽，也不允许家禽带血，否则便被认为不吉祥。

案例思考：

（1）比利时商人范得维格对哪种市场营销环境进行了分析，才使“指南针地毯”一举成功？从设计思维角度分析如何设计这款产品？

（2）欧洲冻鸡出口商为什么遭遇到阿拉伯进口国家的退货？从设计思维角度思考如何改进可以有效改善这种情况。

指南针地毯

第二节　环境分析与对策

设计营销管理环境主要包括两方面构成要素，一是微观环境要素，即指与企业紧密相连，直接影响设计类企业营销管理能力的各种参与者，这些参与者包括企业的供应方、中间合作方、顾客、竞争者及社会公众和影响营销管理决策的企业内部各个部门；二是宏观环境要素，即影响企业微观环境的巨大社会力量，包括人口、经济、政治、法律、科学技术、社会文化及自然地理等多方面的因素。

微观环境直接影响和制约设计类企业的营销管理活动，而宏观环境主要以微观营销环境为媒介间接影响和制约设计类企业的营销管理活动。前者称为直接营销环境，后者称为间接营销环境。两者之间并非并列关系，而是主从关系，即直接营销环境受制于间接营销环境。

一、设计营销管理环境分析

（1）设计营销管理环境是指与企业设计营销管理活动相关的所有外部因素和条件。

微观（直接）营销环境是指与企业具有一定的经济联系，是对企业所服务的目标市场的营销能力构成直接影响的各种力量和因素。

宏观（间接）营销环境是指与企业不存在直接的经济联系，是通过直接环境的相关因素作用于企业的较大的社会力量。

（2）微观营销环境分析（见表2.1）。

表2.1 微观营销环境分析

企业自身	设计水平、设计创新能力、设计理念、设计营销管理能力、财务能力、综合管理能力、员工队伍素质、资金状况、组织结构及企业在公众中的品牌形象等相关因素
供应方	供应方的数量、水平、地理分布、经营规模、经营能力及与本企业的关系和对本企业的依存度等
营销中间方	中间合作方、实体分配单位、设计服务机构和金融机构等
目标顾客	消费者市场、生产者市场、中间商市场、政府市场、国际市场等，顾客的需求规模、需求结构、需求心理及购买特点等
竞争者	竞争对手的营销策略及营销活动的变化，产品价格、广告宣传、促销手段的变化，以及产品的开发、销售服务的加强等
公众	金融界、新闻界、政府、社区公众和企业内部公众
行业动向分析	所在行业整体的供需情况、竞争状态及产品普及率等情况的分析。具体方法可采用行业素描分析法

（3）消费者市场购买行为分析（见表2.2）。

表2.2 消费者市场购买行为分析

特点	非营利性、非专家性、可诱导性、多样性、分散性、时尚性
购买过程	消费者购买行为的形成是一个复杂、连续的行为
购买行为模式	消费者的购买行为受到来自外部的直接影响，主要包括企业实施的营销策略组合及环境因素的影响；同时，消费者的购买决策还与消费者的个体特征密切相关

（4）竞争者分析（见表2.3）。

表2.3　竞争分析与信息收集方法

识别竞争者	分为现实竞争者和潜在竞争者
竞争者分析的内容	产品构成、主要占领的区域、市场占有率等；产品的优点与不足，新产品的开发情况；竞争者的企业实力，如职工人数、企业规模、设计水平、经营者的素质；销售服务网点；价格策略及主要产品的价格；人员培训及其他经营要素投入的情况；核心竞争能力与优势；主要营销策略及对其他竞争对手策略的反应强度等
竞争者信息收集方法	可从多方渠道进行了解，如公开资料的分析、新闻媒介报道、经验介绍及产品目录、展销会、广告宣传，以及走访其上级机关或可从商业部门了解情况等

（5）宏观营销环境的分析（见表2.4）。

表2.4　营销环境分析

<table>
<tr><td>1</td><td>经济环境</td><td colspan="2">宏观营销环境中的首要因素</td></tr>
<tr><td>2</td><td colspan="3">人口环境</td></tr>
<tr><td>3</td><td colspan="3">自然环境</td></tr>
<tr><td>4</td><td colspan="3">科学技术环境</td></tr>
<tr><td rowspan="2">5</td><td rowspan="2">政治法律环境</td><td>政治环境</td><td>国内、国际</td></tr>
<tr><td colspan="2">法律环境</td></tr>
<tr><td>6</td><td colspan="3">社会文化环境</td></tr>
</table>

（6）环境威胁与市场机会分析（见表2.5）。

表2.5　环境威胁与市场机会分析

<table>
<tr><td rowspan="2">设计营销管理环境复杂而动态的发展变化</td><td>环境威胁</td><td>指环境中对营销管理活动不利的各种发展趋势或事件</td><td>对于任何企业来讲，在环境威胁面前如果不能迅速采取果断的对策，这种不利的趋势就会严重影响企业的发展甚至置企业于死地。但是，环境威胁对于企业来说，并非全都是坏事，优秀的企业往往可以把环境威胁的压力变为实行改革、推动企业发展的动力，常可以使企业获得飞跃的发展</td></tr>
<tr><td>市场机会</td><td colspan="2">指市场上存在的未被满足或未被充分满足的消费需求和一切对企业营销活动富有吸引力、企业拥有相对竞争优势的领域或事件</td></tr>
</table>

①市场机会的分类（见表2.6）。

表2.6　市场机会的分类

市场机会的分类	对市场机会分类是为了更好地认识和识别市场机会，以便于把一般意义上的市场机会变成有利于企业的市场机会
1．整体市场机会与局部市场机会	整体市场机会是指在大范围里出现的市场机会；局部市场机会则是指在某一特定的区域或特定领域中出现的市场机会

续表

2. 环境市场机会与企业市场机会	在环境变化中会有大量需求产生。在环境变化中产生的需求，可以被称为环境市场机会。只有那些符合企业目标与能力，有利于发挥企业优势的环境市场机会，才是真正的企业市场机会
3. 边缘市场机会与行业市场机会	每个企业都有其特定的经营领域。因此，我们把出现在本企业经营领域内的市场机会称为该企业“行业市场机会”，把不同行业之间交叉结合部出现的市场机会称为“边缘市场机会”
4. 表面市场机会与潜在市场机会	那些由于环境变化在市场上出现和形成的市场需求与那些明显地未被满足的市场需求，一般被称为表面市场机会。对于那些隐藏在现有某种需求后面的未被满足的市场需求，一般称为潜在市场机会
5. 目前市场机会与未来市场机会	对现代企业来说，除了要捕捉目前市场机会之外，还应树立一种面对未来的思想意识，去自觉捕捉那些未来市场机会。即捕捉那些在目前市场上并未表现为大量需求，但通过市场研究和预测分析，将来在某一时期内成为现实市场机会的某些机会

② 市场机会的价值分析（见表2.7）。

表2.7　市场机会的价值分析

象限	市场机会	价值分析	
Ⅰ	理想型	潜在吸引力大、成功可能性俱佳	即企业营销活动最为理想的经营机会。这是对企业最为有利的市场机会，企业应尽全力去捕捉和利用
Ⅱ	风险型	潜在吸引力大、成功可能性小	一般而言，企业对此类市场机会多采取注意观察、伺机行动的态度。但是，对于某些强势企业，虽然预测目前成功可能性较低，但企业有采取措施使其转变的余地，把这样的市场机会作为企业进军新领域的尝试也是常有的事
Ⅲ	问题型	潜在吸引力小、成功可能性俱差	一般情况下，企业不会注意此类市场机会。当然，有时这类市场也会突然发生变化，所以，企业应有一定的准备
Ⅳ	稳妥型	潜在吸引力小、成功可能性大	此类市场机会的风险小，获利也小。通常，稳定型企业或实力薄弱的中小企业多以此类市场机会为主

（7）市场需求预测分析（见表2.8）。

表2.8　市场需求预测分析

市场需求预测分析		
内容	对企业来讲，最主要的是市场需求和企业需求预测。主要包括市场总需求、市场潜量、企业需求和市场占有率等	
程序	环境预测	企业在环境预测、行业预测的基础上进行企业销售预测，即首先以环境预测为基础，然后结合其他环境特征进行行业销售预测，最后根据对企业未来市场占有率的估计去进行企业销售预测
	行业预测	
	企业销售预测	

续表

市场需求预测分析			
方法	定性预测方法	方便、简单并且简便易行，但容易受到预测者个人因素的影响，往往带有一定的主观片面性	直观预测法、专家调查法、经验判断法、社会调查法、购买者意向调查法和市场试销法等
	定量预测方法	预测较为准确，受主观影响较小，但预测方法不够灵活，有一定的难度，并且对拥有的数据资料有较高的要求	时间序列预测法、因果分析预测法、回归分析法、相关分析法、基数迭加法等

二、设计营销管理环境对策分析

1. 企业应对设计营销管理环境影响的一般策略

无数成功企业的经验表明：在一定时期内，成功的企业往往是那些能够很好适应外部营销环境的优秀企业。环境分析的目的是避免环境威胁和寻找、利用市场机会。通过环境分析，明确环境威胁和市场机会后，企业应善于抓住市场机会，同时对所面临的环境威胁采取果断的对策。

可供企业选择的对策主要有三类：

（1）积极对抗策略。采取强硬的应对措施，努力限制或扭转环境中对企业营销管理活动不利的各种发展趋势、事件的发展。

（2）缓和化解策略。通过调整设计类企业的营销管理组合策略等来改善环境，以缓解环境威胁的严重性。

（3）调整转移策略。设法避开环境威胁，迅速转移到其他有利于企业生存和发展的崭新领域。

2. 对营销管理环境把握及策略现状的分析

设计营销管理环境作为影响企业设计营销管理活动的重要因素，越来越被关注。在进行企业营销管理环境与企业对策的分析时，要注意以下七个问题：

（1）分析企业是否树立了现代企业的环境观。即不但能适应环境，还能主动、积极地影响和创造环境。

（2）了解和分析被咨询企业对环境的分析是否全面。

（3）采用的分析方法是否科学，是否采用了行业素描法、SWOT 分析法等常用的分析方法。

（4）对竞争者的分析是否做到了既能从产业竞争的角度去发现那些明显的、现实的同为一个行业、设计水平相当的现实竞争者，而且还能注意从竞争角度去发现那些潜在竞争者。

（5）对攻击对手的选择是否合适。首先要对予以攻击对象的价值进行准确的分析。通常情况下，攻击弱于己者——低风险、低回报；攻击强于己者——高风险、高回报；攻击相等者——两败俱伤或渔翁得利。对竞争对手进行攻击，无疑是一个需要慎重对待的重大问题。如果进行攻击，应有一定的把握，攻则必胜。因此，要把握好攻击目标、时机，集中力量攻击有限目标，力求速战速决，最忌八面树敌和久攻不克。

（6）捕捉、创造的市场机会是否具有较高的利用价值和是否具有可操作性。

（7）面对营销管理环境的变化，企业制定的应对策略是否切合企业的实际。

3. 设计营销管理策略八大理念

（1）知识营销

知识营销指的是向大众传播新的科学技术及它们对人们生活的影响，通过科普宣传，让消费者不仅知其然，而且知其所以然，重新建立新的产品概念，进而使消费者萌发对新产品的需要，达到拓宽市场的目的。

（2）网络营销

网络营销就是利用网络进行营销活动。当今世界信息发达，信息网络技术被广泛运用于生产经营的各个领域，尤其是营销环节，从而形成网络营销。

（3）绿色营销

绿色营销是指企业在整个营销过程中充分体现环保意识和社会意识，向消费者提供科学的、无污染的、有利于节约资源使用和符合良好社会道德准则的商品和服务，并采用无污染或少污染的生产和销售方式，引导并满足消费者有利于环境保护及身心健康的需求。

（4）个性化营销

个性化营销即企业把对人的关注、人的个性释放及人的个性需求的满足推到空前中心的地位，企业与市场逐步建立一种新型关系，建立消费者个人数据库和信息档案，与消费者建立更为个人化的联系，及时了解市场动向和顾客需求，向顾客提供一种个人化的设计服务水平，顾客根据自己需求提出商品性能要求，企业尽可能按顾客要求进行相关设计，迎合消费者个别需求和品味，并应用信息，采用灵活战略适时地加以调整，以服务者与消费者的协调合作来提高企业核心竞争力。

（5）创新营销

创新是企业成功的关键，企业经营的最佳策略就是抢在别人之前淘汰自己的产品，这种把创新理论运用到营销中的新做法，包括营销观念的创新、营销产品的创新、营销组织的创新和营销技术的创新，要做到这一点，设计营销管理工作者就必须随时保持思维模式的弹性，让自己成为“新思维的开创者”。

（6）整合营销

这是欧美20世纪90年代以消费者为导向的营销思想在传播领域的具体体现，起步于90年代，倡导者是美国的舒尔兹教授。这种理论是制造商和经销商营销思想上的整合，两者共同面向市场，协调使用各种不同的传播手段，发挥不同传播工具的优势，联合向消费者开展营销活动，寻找调动消费者购买积极性的因素，达到刺激消费者购买的目的。

（7）消费联盟

消费联盟是以消费者加盟和企业结盟为基础，以回报消费者利益力驱动机制的一种新型营销方式。

（8）综合营销

这是一种营销沟通计划观念，即在计划中对不同的沟通形式，如一般性广告、直接反应广告、销售促进、公共关系等的战略地位做出估计，并通过对分散的信息加以综合，将以上形式结合起来，从而达到明确的、一致的及最大程度的沟通。这种沟通方式可以带来更多的信息及更好的销售效果，它能提高企业在适当的时间、地点把适当信息提供给适当的顾客的能力。

案例实务：“娇娃”一次性纸尿布

1956年初，宝洁公司产品开发主管米尔斯在给孙子洗尿布的烦恼启发下，产生了设计开发一次性纸尿布的灵感。其实当时已有一次性的纸尿布出现在美国婴幼儿制品市场了。但经过市场调研发现，这些纸尿布仅占了整个美国婴儿用品市场的1%。原因首先在于产品价格太高，其次是父母们认为这种一次性产品平常并不好用，只是在旅行时或不便于正常换尿布时，才会作为替代品使用。而且报告显示，美国和世界上许多国家正处于战后一个巨大的生育高峰期，巨大的婴儿出生数量乘以每个婴儿每天所需的换尿布的次数，这是多么大的一个市场，蕴涵着多么大的消费量！于是宝洁公司研究出了一种既好用又价格低廉的一次性纸尿布，并命名为“娇娃”（Pampers）。直到今天，“娇娃”一次性纸尿布仍然是宝洁公司的拳头产品之一。

案例思考：从产品设计角度思考“娇娃”一次性纸尿布为什么能一举成功？

第三节　设计营销管理环境调研

一、设计营销管理环境调研的定义

设计营销管理环境调研是指系统地、客观地收集、整理和分析设计营销管理活动的各种资料或数据，用以确定营销环境是否有助于设计工作顺利开展，帮助设计人员、营销管理人员等制定有效的设计决策、环境决策、营销决策的过程。

二、设计营销管理环境调研的作用

（1）有利于确定符合客户需求的设计方向;

（2）有利于明确符合消费者广大需求的设计规划;

（3）有利于制定科学的设计营销规划;

（4）有利于优化设计营销组合元素;

（5）有利于开拓新的设计营销市场方向。

三、设计营销管理环境调研的内容

1. 市场需求容量（The Market Needs）调研

市场需求容量调研主要包括市场最大和最小需求容量，现有和潜在的需求容量，不同商品的需求特点和需求规模，不同市场空间的营销机会，以及企业的和竞争对手的现有市场占有率等情况的调查分析。

2. 可控因素（The Controllable Factor）调研

可控因素调研主要包括对产品、价格、设计风格和促销方式等因素的调研。

（1）产品调研：包括设计水平、设计理念、顾客的设计要求调研。

（2）价格调研：包括设计服务价格的需求弹性调研，设计及执行等相关服务价格制定及所产生的效果调研，竞争对手价格变化情况调研，选样实施价格优惠策略的时机和实施这一策略的效果调研。

（3）设计风格调研：它包括企业现有产品设计类型、产品设计风格状况、消费者对产品相关设计的要求、客户对产品相关设计的反应等相关因素调研。

（4）促销方式调研：主要是对人员推销、广告宣传、公共关系等促销方式的实施效果进行分析、对比。

3. 不可控因素（The Uncontrollable Factor）调研

（1）政治环境调研：包括对企业产品的主要用户所在国家或地区的政府现行政策、法令及政治形势的稳定程度等方面的调研。

（2）经济发展状况调研：调查企业所面对的市场在宏观经济发展中将产生何种变化。调研的内容有各种综合经济指标所达水平和变动程度。

（3）社会文化因素调研：调查一些对市场需求变动产生影响的社会文化因素，诸如文化程度、职业、民族构成，宗教信仰及民风，社会道德与审美意识等方面的调研。

（4）技术发展状况与趋势调研：了解与本企业生产有关的技术水平状况及趋势，同时还应把握社会相同产品生产企业的技术水平的提高情况。

（5）竞争对手调研：在竞争中要保持企业的优势，就必须随时掌握竞争对手的各种动向，在这方面主要是关于竞争对手数量、竞争对手的市场占有率及变动趋势、竞争对手已经并将要采用的营销策略、潜在竞争对手情况等方面的调研。

四、设计营销管理环境调研方法

1. 资料分析

收集现有内外资料并进行分析。

2. 市场调查

系统地设计、收集、分析并报告与公司面临的特定市场营销状况有关的数据和调查结果。

一般指市场实际调查，即通过抽取实际的市场和顾客对象作为样本并对该样本进行调查访问或观察研究其行为，据此取得有关数据和调查结果的方法。

（1）询问法：指通过直接访问、电话调查、邮寄问卷等方式从被访问者获得数据资料的调查方法。

① 个别访问法：又称面谈访问法，用直接提问的方式访问被调查者。

② 电话调查法：通过电话向被调查者进行问询。

③ 邮寄问卷调查法：将事先设计好的调查问卷，通过邮政系统寄给被调查者，由被调查者根据要求填写后再寄回，是市场调查中一种比较特殊的调查方法。

④ 集合调查法：针对一个集团或一个消费者群体采取召开座谈会、参观样品、听取意见等形式进行调查。

⑤ 深层询问法：通过深层次心理调查来挖掘顾客动机的方法。

（2）观察法：即亲临现场观察或通过机器设备观察消费者行为的方法。包括人员观察法、机器观察法。

3. 市场实验法

先观察条件相同的实验群体和对象群体的反应，再在一定时期内对实验群体开展相关活动，然后对两群体进行事后调查。

五、设计营销管理环境调研的程序

调研是一项有序的活动，它包括准备阶段、实施阶段和总结阶段三个部分。

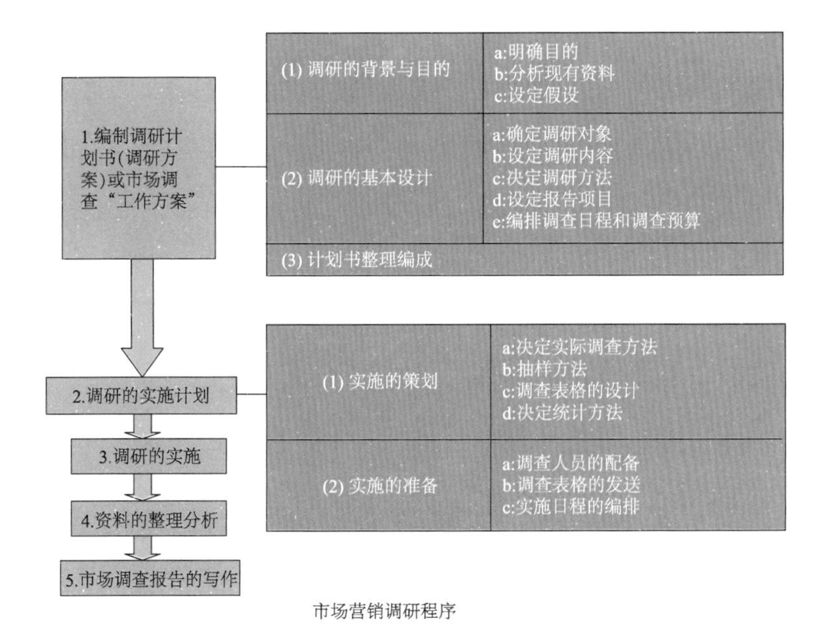

市场营销调研程序

六、设计营销管理环境调研报告的结构

调研报告的文体结构包括四个部分：

（1）序言（扉页、目录、简介）。

（2）调查结果和结论摘要。

（3）正文（调查方法说明；背景介绍；具体情况；结论和建议）。

（4）附件。

七、案例：数码相机设计营销管理调研方案

1. 调研目的与内容

（1）了解北京地区数码相机市场有关情况，估计消费者对不同品牌的认知度。

（2）了解消费者习惯（购买时间、购买地点）和购买动机，发现潜在购买力。

（3）了解购买和拥有数码相机的主要客户群体，为产品设计策略提供科学依据。

2. 调研的对象和范围

（1）朝阳门外大街电脑市场，18 ~50 岁个人消费者。

（2）中关村地区电子市场，18 ~55 岁个人消费者。

（3）电脑网吧，一些网络生活族人群。

3. 调研的方法与实施计划

（1）调研方法

① 网络调研法，利用搜索引擎在网上进行搜索，快速全面了解相关市场信息。

② 访问法，即拦截访问法，口头访问和书面问卷访问相结合。

（2）调研实施计划

组织成立调研项目组，组长一人，组员若干人。按调研人员的选拔条件，选择具有一定的文化素质、专业知识，严肃、认真的工作态度，举止文明、性格大方、开朗的人员，并进行培训。

4. 调研信息的整理与分析方法

（1）审核问卷：检查回收调研问卷是否齐全，保证记录的一致性和统一性。

（2）分组整理：对经过审核的问卷，分别归入适当的类别，根据调研问卷中的问题，进行预先分组分类。

（3）统计分析：对于分组整理信息，计算频数与百分比，做出表格与分析图。

5. 调研日程安排和时间限制

（1）d1—d2 确定调研方案，组织调研人员；

（2）d3—d4 设计调研问卷；

（3）d5—d8 调研实施，取得数据；

（4）d9—d10 调研数据整理、分析；

（5）d11—d12 撰写调研报告。

6. 调研费用预算

调研费用预算如下：

（1）获取前期相关市场真实资料的费用，占总体调研费用预算的10%。

（2）参与调研人员工资，占总体调研费用预算的30%。

（3）调研执行期间执行费用（除人员工资外），占总体调研费用预算的13%。

（4）数据整理及调研报告费用（包括请专家费用），占总体调研费用预算的22%。

（5）调研所用相关工具费用，占总体调研费用预算的15%。

（6）调研期间发生的其他费用（包括小礼品），占总体调研费用预算的10%。

第三章　视觉传达设计营销与管理

第一节　视觉传达目标客户研究

一、视觉传达目标客户

视觉传达目标客户是视觉传达设计工作服务的对象，也是视觉传达设计工作提供的产品对象。视觉传达目标客户是视觉传达设计工作的前端，只有确立了设计目标客户，才能展开有效的具有针对性的设计工作事务。

二、视觉传达目标客户绩效评估

绩效是视觉传达目标客户在考虑设计作品价值时的第一出发点，也是关联设计公司内部员工和外部客户的第一关系纽带。

企业要想持续发展，内部员工绩效所带来的公司整体绩效提升是最根本的，而外部客户产生的绩效则是最为关键的。要想外部客户产生和提高绩效，必须切实给他们一些政策、一些支持、一些标准、一些更多。这里面有个特别重要的环节是，不要忘了帮助客户产生绩效。如果一个企业没有绩效的持续提高和改进，那么这个企业的发展就是滞后、后退，甚至灭亡。因此，设计企业不能一味地强调设计创新、理念创新，而更应该关注创新给客户带来的切实绩效。

三、目标客户满意度与服务

客户满意度与服务水平互为促进。

企业的服务水平促进客户的满意度提升。客户的满意度提高需要企业不断提升服务水平。前面的章节提到了外部客户的重要性，本章换个角度关键考虑客户绩效的提升。这就是提升客户满意度最关键的地方，是客户的要害所在，也是很多设计人员最容易忽视的。

客户满意度提升促进企业设计水平的改进。设计水平的改进依赖客户的评价，设计服务水平有很多层次，不能只看到简单层面。真正的内涵还要讲究数量与深度，这种把握是随着满意度的提升而增加的。因此，只有客户满意度提升了，才可能更进一步改进企业的设计服务水平。

四、目标客户评价指标

1. 单一指标

单一指标就是企业单纯从企业接单量、客户采纳率、财务效益等数据指标来确立客户分类标准，但单一指标存在很多弊端和副作用。

2. 金字塔模型（权重分析）

客户价值金字塔的应用是根据价值指标和指标权重为每个客户计算出综合价值状况，然后按照价值等级将客户划分为价值金字塔的不同区段，并进行可视化展现，从而形成量化的客户价值体系。

企业可以选择不同的价值指标定义多个价值金字塔模型，例如利润价值金字塔、模版价值金字塔、潜在价值金字塔等，从不同的视角评估自己的客户群和每一个客户，明晰客户的价值取向、价值分布及不同价值区间的客户构成特征等。

3. 客户价值计分卡

这是最新的划分方法，因为划分客户的价值大部分都是现实价值。

根据客户的价值分为潜在价值与现实价值，现实价值包括财务指标与销售指标，这两个指标非常明显，可以直接看到；潜在价值包括客户指标与服务指标，这两个指标可以根据客户本身对企业的潜在价值进行衡量，最后透过四方面进行加权平均来计分；未来客户计分卡是一种趋势。

五、视觉传达目标客户开发

企业必须善于选择适合自己并能充分发挥自身资源优势的目标顾客群，确立企业在市场中的位置，这是企业设计营销管理中的战略决策问题。这个决策过程是由目标市场细分、目标市场选择和市场定位三个环节组成的。这三个环节相互联系，缺一不可。

1. 目标客户调查研究

视觉传达目标客户调查研究内容主要有客户需求动机调查、客户需求意向调查、影响客户需求动机因素调查、客户需求动机类型调查等。

2. 有效地筛选目标客户

市场中充斥着众多的信息，在目标客户最集中的地方寻找客户才能取得更好的效果，所以一定要找准目标客户。下面是一些常用方式：① 定向广告数据库。向目标顾客群定向发送广告吸引客户关注。② 收集行业信息。通过收集政府部门相关资料、行业组织资料、企业黄页、工商企业目录、杂志、互联网等来分类整理目标客户群。③ 通过网络群中的相关行业论坛寻找目标客户。④ 与业内人士互换已掌握的客户资源，互通有无。⑤ 通过他人的直接介绍或者提供的信息开发顾客群体。

3. 有效地找准目标客户

如何判断这个人就是你要找的关键人？有决定权，有归口事务管辖权。如何判断？一般建议直接问，当然要有技巧性。比如：“这事是您定呢还是会有其他人参与?”

4. 有效地利用电话联络

要与潜在客户建立关系首先需要联络上潜在客户，这就需要有正确的方法进行有效的事先预约。

与客户电话交谈时一定要把握两点，一定要明确，这样才能有的放矢：① 表示充分地了解并能满足客户需求；② 向客户提出面谈请求。

5. 拜访前的准备工作

见客户代表的是公司形象，故拜访之前需要整理自己的着装，做到看上去很专业、很干净；再者准备好自己的卡片、公司资料；最后，把必要的销售文件工具准备齐全，销售工具包括企业宣传片、产品说明书、个人名片、笔记本、钢笔等。此外，设计好拜访的说辞，拜访前首先需要明确自己的目的：仅仅是初步熟悉，还是公司基础信息的推介，或是从客户处了解其预算、相关公司内部人员的设置，等等。最好能在笔记本上写下谈话重点（大纲），并牢牢记住。

6. 面谈时如何与客户有效沟通

（1）学会倾听：初次见到客户时，一般不能迫不及待地向客户灌输公司设计理念，如公司的设计理念、设计能力、设计案例等。要多听客户的设计要求和希望达到的设计效果等。

（2）立即引起客户注意：请教客户的意见、迅速提出客户能获得哪些重大利益、告诉潜在客户一些有用信息、提出能协助解决潜在客户面临的问题。

（3）立即获得客户好感：简练直观的表达、肢体语言、微笑问候、注意客户情绪（察言观色）、记住客户名字和称谓、让客户有优越感。

7. 科学管理你的客户

针对已开发的客户，在经过一次或若干次的拜访后可根据各种信息进行综合评判，制作专门的评判表格，各细项可以是公司规模、需求迫切程度、需求明细，不仅如此，还要仔细了解对方的性别、性格、年龄、教育背景、职位、兴趣爱好及近期的诸如结婚、迁居、工作紧张、失眠、身体欠佳等信息。每次与客户沟通的时候对照此表并补充相关信息。与客户保持长久的联络。

基于客户综合情况的分析，一般按 ABC 三类进行划分：① A 级，最近可能达成交易的目的；② B 级，不久的将来可能达成交易目的；③ C 级，可能性不大的客户，也许此刻没有合作机会，但建议与客户保持联络，因为日后还有合作的可能性。当 A 类客户越来越多的时候，成功将轻而易举。

案例实务：两个设计公司接洽客户的比较

同样是面对准客户，如果仅仅是程式化的推介方式和空洞的产品介绍，毫无吸引之处，往往被客户冷冷地拒之门外；但如果换一个思路，为客户多提供一份方案，事情或许就会变得意想不到的顺利。

客户开发永远是任何企业营销管理的重点对象，但面对市场上层出不穷的竞争对手，客户的眼光也变得越来越挑剔，从而给企业开发客户增加了难度。作为企业管理者，该如何指导下属顺利实现有效地客户开发呢?

1. 草率而为，导致无功而返

A设计公司的小张通过别人介绍认识了某地的准客户谢某，便亲自上门拜访。初次见面，一番寒暄之后，小张切入了主题。他将公司简介、设计作品、政策等一一向客户做了详细介绍，但谢某听后只是淡淡地说："你们的企业和设计水平不错，不过另一个企业的设计水平也还行，但服务价格比你们低，所以我们还是有机会再合作吧。"面对谢某的婉言拒绝，小张尽管不死心，却没有其他办法去说服对方，只得快快地告辞离开。

2. 一个方案，让客户点头

由于谢某是A企业锁定的理想客户。面对小张的无功而返，企业派出了另一位经验丰富的设计师小李，并且下了硬指标。小李接到任务后，并没有像小张一样急于拜访客户。因为他知道小张已经失败了一次，如果再草率前去，不但会给客户开发带来难度，恐怕还会引起谢某的反感，导致客户开发失败。他先从侧面对谢某公司做了全面了解，然后在市场上进行了详细的调研，形成了一份完备的方案。拿着这份方案，小李信心十足地去拜访谢某。

谢某起初看到小李并不十分热情，只是淡淡地应付了几句。小李见状，开门见山向谢某介绍了自己的设计思路和想法。从分析谢某所在市场的基本情况，如市场规模、市场结构、竞争产品的价格及政策、存在的问题，以及最为核心的设计诉求点及面对目标群体等，到阐述A企业和产品及本次设计的诉求定位，以及与竞品相比的优劣势所在，不免让谢某觉得这个小李水平不一般。最后，小李还为谢某对本次的设计需求方面提出了一些具体建议，包括设计思路、设计创新点、设计诉求与产品的紧密结合、面对的主要消费群体锁定、执行环节及步骤、企业投入与扶持、谢某需要投入的资源和投入产出比等。谢某看着小李这份完整而详尽的设计思路方案，听着他头头是道的讲解，频频点头。最后终于高兴地表示马上与A企业签约合作。

点评：同样的企业，同样的产品与资源，同样的开发对象，小张的客户开发为什么会失败？原因就在于他只是就产品而推产品，就企业而推企业，这样没有新意的客户开发形式难怪会遭到客户拒绝。而小李之所以能够开发成功，就在于他前期做了充足的准备工作，通过市场调研，向客户提供了一套行之有效的、完整的设计思路方案。客户看到这么有吸引力和可操作性的方案，不心动才怪！

第二节　客户需求分析与设计目标

一、设计营销管理客户需求分析

设计营销管理中的客户需求分析是一种了解客户设计需求的、确定设计方向定位及目标的工具。一般用于设计规划和目标规划的细分市场。企业可以从多个维度，不同的权重来分析客户的设计需求，这必然会涉及差异化分析和设计理念创新的需求。客户设计需求中的差异化分析可以说是理解客户设计需求和分析目标客户的一个重要环节，只有清楚了客户的差异化需求才能够树立设计规划中的核心竞争力和设计核心价值。

二、设计营销管理客户需求分析内容

IBM 在 IPD 总结和分析出来的客户需求分析的一种方法——$ APPEALS 方法，将此方法结合设计行业的相关特性，可以从 6 个方面对设计营销管理客户需求予以定位，简称 CVACAS 法。具体如下：

C—创新性（Creativeness）；

V—价值性（Value）；

A—应用性（Applicability）；

C—理解性（Comprehension）；

A—艺术性（Artistry）；

S—社会接受程度（Social acceptance）。

三、设计营销管理客户需求分析目的

使用 CVACAS 法来确定设计客户的欲望与需要，建立针对每一个细分市场的产品包对应图。客户 CVACAS 法的目的主要包括：① 处理目标细分市场的全部客户欲望与需求；② 建立客户需求的有效集合，作为设计创新思维的突破点；③ 建立同行竞争者的设计理念体系，重点突出彼此间的差异；④ 确定促使目标客户选择自身公司设计的主要差异及关键诉求点所在。

四、设计营销管理客户需求分析需求说明

当完成需求的定义及分析后，需要将此过程书面化，要遵循既定的规范将设计需求形成书面的文档，通常称之为《设计需求分析说明书》。

当完成客户需求调查后，首先对《客户设计需求说明书》进行细化，对比较复杂的客户需求进行分析，以帮助设计人员更好地理解需求。如果使用工具进行建模分析，对需求分析人员的要求比较高。需求定义过程中通常会出现的问题有内容失实、遗漏、含糊不清和前后描述不一致。

邀请同行专家和用户（包括客户和最终用户）一起评审《客户设计需求说明书》，尽最大努力使《客户设计需求说明书》能够正确无误地反映用户的真实意愿。需求评审之后，设计方和客户方的责任人对《设计需求说明书》做书面承诺。

五、设计营销管理客户设计目标

设计目标是企业的设计部门根据客户战略的要求组织各项设计活动预期取得的成果。企业的设计部门应根据客户的近期经营目标制定近期的设计目标。除战略性的目标要求外，还包括具体的设计开发项目和设计的数量、质量目标、营利目标等。作为某项具体的设计活动或设计个案，也应制定相应的具体目标，明确设计定位、竞争目标、目标市场等。管理的目的是使设计能吻合客户的最终目标和市场预测，以及确认产品能在正确的时间与场合设计与生产。

设计的最终目标是将设计师的创意用产品的形式表现出来，满足市场需求。

1. 设计目标服务主体——消费者

消费者是个异常巨大的群体。从消费层次来看，人的消费需求大体上分为三类层次。第一类层次主要解决衣食等基本问题，第二类层次是追求共性、模仿，满足安全和社会需要，这两个消费的层次主要是以“物”的满足和低附加值商品为主。第三类层次是追求个性。前两个层次解决的是人无我有的问题，而第三个层次则更多的是精神的满足，必然要求高附加值的商品。然而，随着竞争的愈加激烈，企业十分注重设计因素而忽略了消费者的感受，消费者的角色其实十分被动，他们只能选择货架上摆着的商品，针对这个问题，各个企业提出了不同的解决方法。

比如，飞利浦公司提出的“协同创造者”，使消费者拥有了更多的主动性和选择权。一方面了解消费的社会性，即尽量抛开市场情报的统计数据，而仅仅将它作为一种参考，重要的是对特定目标人群进行特别的设计。另一个重要的方面是面对消费者感受。通常消费者的感受不会被问出来，却对产品设计有着至关重要的影响。设计团队必须要知道消费者的真实需求，因此在飞利浦建立了“客户体验中心”。根据不同地点，会邀请产品目标人群来体验，作为设计团队必须仔细观察体验者的每一个举动，从而得出消费者内心的真实需求。对产品所体现出的优点，设计组可以做到更加完善。试用者表现的细节是设计组改进产品设计的重要信息，从而形成一个完整的流程，也即确定产品的卖点、制作试用宣传装、请目标人群试用进而投放市场。对于设计师而言，未来的产品并不是真实存在的，他们问消费者想要的商品是什么样子，消费者说他们想要更快、更好、更便宜、功能更全、性价比更高的商品。而设计师发现，未来的产品通常都取决于现有的产品给人们的印象。过去的商品为现在的商品做出了预测，因此未来也可以在现在体现出来，虽然不能确切而具体地表现出来，但是通过市场调查询问这两年消费者的具体问题，辅以过去的经验，就可以得出哪些因素决定消费者购买行为，他们在未来想要怎样的商品。

2. 设计目标之设计创新

设计创新作为一种高附加值的手段，能有效提升商品的信息价值，将最新的信息寓于设计符号之中。设计创新往往结合了最新的科技成果，运用新材料、新技术、新工艺来开发新产品。它还可以将传统与现代相结合，把握市场的文化脉搏与经济信息，针对不同消费层次的消费心理和经济状况，开发出适应不同消费者的商品。

众所周知，日本时装价格不菲。祖国大陆时装即便做工、款式同样精美，价格上也不能望其项背，原因在于日本时装的设计思路——日本时装绝非为大批量生产而设计。它每一种新设计的款式一定只是生产极为有限的几件，而这一极小批量还不会在同一市场上出现，也许两件在巴黎的时装店，两件在纽约，又有两件在罗马。这是小批量设计创造高附加值的方法。“七色花”造型的家居便携数码控制系统，把无处不在的家电遥控器整合在一起；名为“四季”的冰箱，会根据室温的变化而变幻面板色彩。

另外，企业的CI设计也可以创造高附加值，一旦企业的CI形象设计成功树立，名牌、名人、名品便保证了高附加值的实现。一些著名企业还常常利用其名牌商品，再设计、开发配套的系列商品。这样的商品一旦成功，也具有高附加值。这都是商品高附加值的表现。不过，设计潮流并不是由品牌决定的，而是最终来源于消费者。现在经常会看到一些简单的普通设计变成了行业的代表。难怪设计师们自豪地说，工业设计是帮助产品提高附加价值的最快办法。我们在分析一批像三星这样的品牌何以迅速崛起的原因时，人们将之归结为“才貌双全”。实现产品功能的同时，关照人们的个性审美需求，工业设计将为产品增加更多“含金量”。让设计创新成为企业创造经济效益的载体。

总之，设计创新使消费者欲望得到最大限度的满足，为产品增加附加值，它更加尊重理解消费者，并将其心中的愿望转化为现实，好的设计不仅仅从功能上使消费者满意，并且它所蕴涵的设计意义使消费者的心灵得到享受。设计发展的原动力在于人们对和谐的不懈追求。这种追求是自发的，是与生俱来的。这种对和谐的向往与追求已经深深植根于人们的心中，成为推动社会经济发展的强大动力。

3. **设计目标之设计创意**

设计创意对于设计是很重要的，其重要性与设计师的灵感不分伯仲，对于创意有一种说法：“把任何想法转化成效益”。设计的想法都需要用设计的产品来体现，做产品的最终目的也是为市场服务，所以说产品设计的核心在于创新，而其目标则是设计出的产品的附加值。

产品设计的思想并不是特意地去创作某一种设计风格，而是需要独一无二的设计敏感性，以及不同问题的解决方案，考虑新的社会需求及市场态度，随后提出创造性的解决方案，才能形成独特的设计风格，在产品中融入思想以及人、社会、自然之间的和谐。思想决定了21世纪的进程。产品设计的每一次变化都是由自由思潮引起的。维多利亚时代的设计是科学，是语言，摆脱了形式和体系的规则，成了思想和人们行为的结合体。

因此，成功的产品首先需要好的设计创意，这是现如今产品在商业市场拥有立足之地的根本，其次产品的价值就体现在其功用，亦或者说是创新的实用性。

当今世界科学技术突飞猛进，知识经济初见端倪，新兴产业的兴起主要是靠知识创新。在产品设计领域，创新设计成为企业的灵魂，而创意又是创新设计中的核心源泉。处于全球经济一体化的今天，市场竞争日趋激烈，企业面临改革创新的压力与日俱增。企业所制造的产品是其赖以生存和发展的基础，企业所追寻的各种目标都依赖于产品。企业若是拥有好的、受市场欢迎的产品，就能进入良性循环，不断发展、壮大。任何企业只有源源不断地开发新产品，才能在国内外市场立于不败之地。创意是创新的原动力，创新是提高竞争力的有效手段。若想在激烈的市场竞争中生存下去，唯一的途径就是永远创新，永远走在别人前面。企业不能有片刻的放松，以创意领先、理念创新、产品创新来抢占市场制高点，这是企业的灵魂，是企业生存、发展的关键，更是企业永葆青春、永不枯竭的动力所在。

设计所面对的最大挑战就是保持产品在商业活动中的竞争力，这就是花费和投资的价值所在。对于设计的新角色，设计勇气，因为它意味的不仅仅是金钱的耗费，更是对品牌价值的责任，甚至成为企业及企业管理非常重要的一部分。我们需要考虑的是设计能为企业和品牌带来多大的价值。现在企业的价值观必须遵循以人为本的原则，即如何提高人们的生活品质，产品被赋予了人本思想就会更具有市场竞争力。如果将企业看作大脑，那么管理和设计就像是左右脑。设计部门的工作就是提供想象力，所以我们称之为“想象工程师”，就像是文学作品中的旁白告诉企业未来的样子，又像是故事的讲述者为产品填上色彩。对于企业而言，设计师需要赋予企业文化内涵，需要为各种产品进行定位；科技不断进步，科技的进步又影响人们的生活；新科技创造新材料，新材料创造新生活；想象力不仅应用于设计，同样应用于商业。

当然，作为现代竞争市场的设计创意，是以“人”的需求为出发点，以人的“心理需求”满足为设计的最终诉求。市场需求是推动价值形成的原动力，而设计创意则是创造了观念价值，促进了新的需求，完善了价值系统，构筑全景的产业链，突出了设计创意的价值与作用，同时，设计创意被进一步提升到国家战略层面。新兴的以设计创意为主的生产方式在发达国家的经济中所占的比重已达到8% ~ 12% ，在英国、美国、澳大利亚、韩国、丹麦和新加坡等国家和地区，这种以设计创意为主的方式已经形成各自的特色，并且产生了巨大的经济效益。

随着时代的发展我们更加强调产品的意义，其次才是美感，一个优秀的设计师能够创造出力度和能量，创造出充满活力的氛围，不仅可以实现其作品本身的意义，而且可以达到更高的目标。同一件空间设计的作品，从审美的角度和从意义的角度看，得到的结果是不一样的。所以在产品设计中就需要我们关心人的需要，发现什么对人是有好处的，他们如何在生活中享用，这就需要我们将设计产品与群众对话。把在创新性设计的背景下研究人群潜在需求的不同方法进行区分非常重要，对于商家来说，消费是一切设计创新的动力和归宿，除了设计生产的目的是消费以外，还有设计可以帮助商品实现消费、促进商品流通这层含义。同时也意味着设计创新要研究消费，研究消费者，了解消费心理、方式和消费需求，研究开发什么样的新产品，如何改进包装，等等。这些都是围绕消费进行的。创意领先的最终目的是满足消费的需求，所以了解人们的潜在需求必不可少。

案例实务一：

先写邮件草稿再发送，这个过程就像是先叠飞机再扔出去一样

案例实务二：

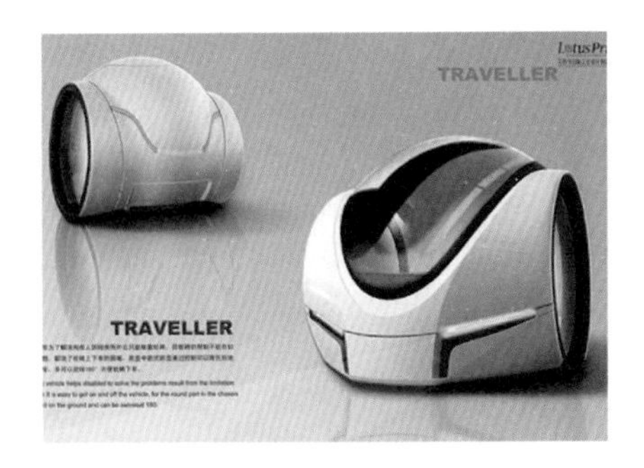

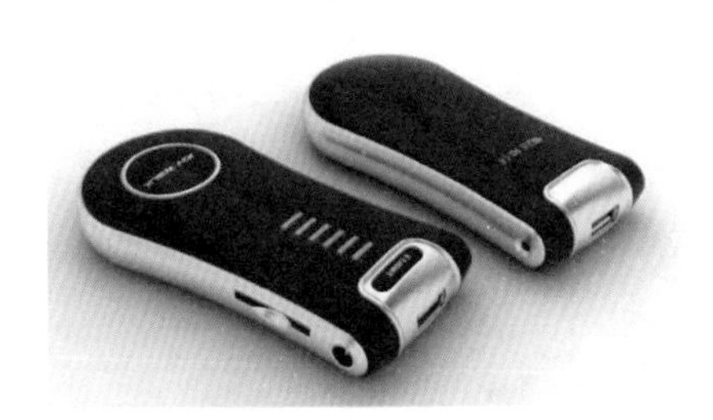

第三节　视觉传达设计营销管理策略

一、视觉传达设计的内涵

视觉传达设计（Visual Communication Design）是通过可视形式传播客户诉求事物主体的主动传播行为。视觉传达主要依靠视觉传播方式，以文字及图形结合，并且以标识、排版、绘画、平面设计、插画、色彩及电子设备等二维平面空间的影像表现。

在视觉传达设计过程中，将传播、教育、说服观众的图片或影像伴随以文字说明会具有更大的吸引力和说服力。视觉传达设计的实质就是以传播目的为导向，通过可视的艺术展现形式向目标人群传达一些特定的信息，并且对被传达对象产生影响。

所谓“视觉符号”，顾名思义就是指人类的视觉器官——眼睛所能看到的能表现事物一定性质的符号，如摄影、电视、电影、造型艺术、建筑物、各类设计产品、城市建筑及各种科学、文字，也包括舞台设计、音乐、纹章学、古钱币等，它们都属于视觉符号。所谓“传达”，是指信息发送者利用符号向接受者传递信息的过程，它可以是个体内的传达，也可能是个体之间的传达，如所有的生物之间、人与自然、人与环境及人体内的信息传达等，包括“谁”“把什么”“向谁传达”“效果、影响如何”这四个程序。而视觉传达设计就是将这二者的内涵有机结合，从而展现出强大的生命力和创造力。

案例实务一：建筑、工业产品的外观设计

某校友会所建筑布置平面图

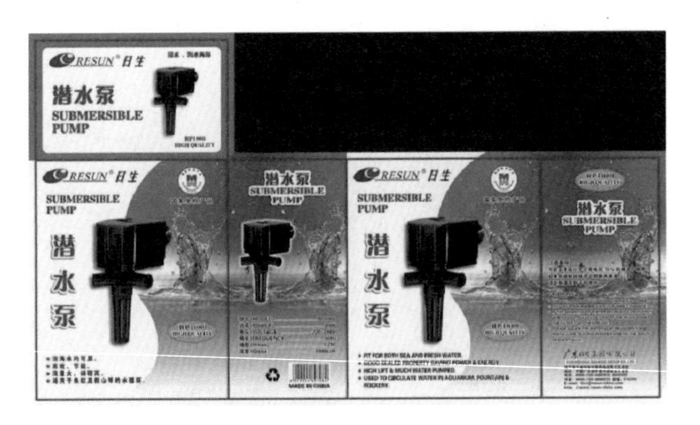

某工业产品设计说明图

案例实务二：企业形象推广、商业广告等

在中国与世界上很多国家，“视觉传达设计”一词被等同于平面设计。在大学专业划分里，它是属于平面设计方向的学科，却又广于图形设计。视觉传达设计的设计师一般也称为平面设计师，并且与工业设计师、服装设计师、网页设计师和 IT 工作者有区别。

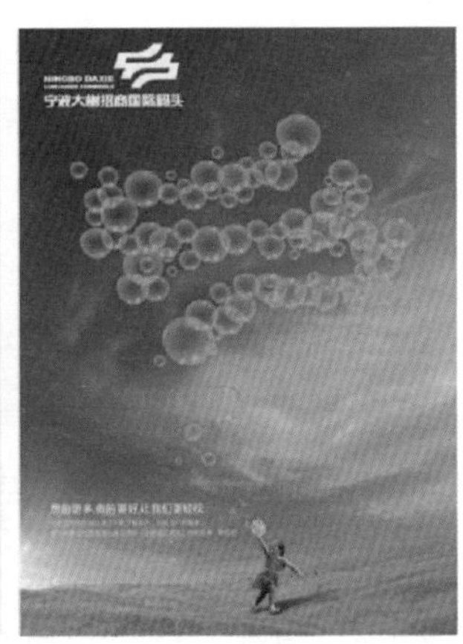

二、视觉传达设计的主要内容

视觉传达设计主要是以平面视觉方式来向目标人群传播诉求对象的相关信息。在视觉传达过程中，设计师是信息的发送者，传达对象是信息的接受者。视觉传达包括“视觉符号”和“传达”两个基本内涵。

构成视觉传达设计的主要要素就是文字、图形及标志，这是视觉传达设计中最重要的三大构成要素。视觉传达设计的主要功能就是通过这三个要素，把设计者想要表达的信息传递给每一个接受者，它的主要功能就是起到传播的作用。视觉传达设计涉及的领域很多，诸如电视上的各种广告、马路边上的指示牌等，都属于视觉传达设计的领域，但在设计学中，对视觉传达设计的内容主要划分如下：

1．字体设计

字体设计是一种涉及对字体、字号、缩进、行间距、字符间距进行设计、安排等方法来进行排版的工艺。进行文字设计，必须对它的历史和演变有个大概的了解。在数码技术普及之前，字体排印是一项专业的工作，数码时代的来临使字体排印不像从前仅由排字印刷方面的技术工人完成，而更被图形艺术家、艺术指导、文书人员甚至儿童广泛使用。现在字体设计在各个手机平台上有相关应用。

2. 展示设计

展示设计是在既定的时间和空间范围内，运用艺术设计语言，通过对空间与平面的精心创造，使其产生独特的空间范围，不仅含有解释展品宣传主题的意图，并使观众能参与其中，达到完美沟通的目的。整个对展示空间的创作过程，称之为展示设计。

3. 包装设计

包装设计是在产品的生产、流通、销售、消费等领域中，设计师为便于产品的安全生产需要、产品的安全运输需要、产品的形象宣传需要、产品的流通便利需要，以文字、图片、包装材料等组合形式而予以设计和开发的过程。主要目的是方便保护商品、传达商品信息、方便使用、方便运输、促进销售、提高产品附加值，具有商品和艺术相结合的双重效果和意义。

4. 标志设计

标志设计是以易识别的物象、图形或文字符号为直观语言，传递代表特定内容的标准识别符号。标志设计通常用于表达诉求对象的深刻意义、情感和指令行动等。标志设计不仅是实用物的设计，也是一种图形艺术的设计。它与其他图形艺术表现手段既有相同之处，又有自己的艺术规律。必须体现前述的特点，才能更好地发挥其功能。由于对其简练、概括、完美的要求十分苛刻，即要完美到几乎找不到更好的替代方案，因此其难度比其他任何图形艺术设计都要大得多。标志承载着企业的无形资产，是企业综合信息传递的媒介。企业强大的整体实力、完善的管理机制、优质的产品和服务，都被涵盖于标志中，通过不断地刺激和反复刻画，深深地留在受众心中。

5. 招贴设计

招贴设计也称海报设计，被张贴于公共环境中，通过图形、文字和色彩的创意表现提升视觉传达的效力，主要包含商业类招贴、公益类招贴、文化类招贴等，是视觉传达设计的主要形式之一。

三、视觉传达设计发展历史

“视觉传达设计”这一术语流行于1960年在日本东京举行的世界设计大会，内容包括报刊、环境视觉设计、杂志、招贴海报及其他印刷宣传物的设计，还有电影、电视、电子广告牌等传播媒体，它们把有关内容传达给眼睛从而进行造型的表现性设计统称为视觉传达设计，简而言之，视觉传达设计是“给人看的设计，告知的设计”——（日本《**ザィン**辞典》）。

从视觉传达设计的发展进程来看，在很大程度上，它是兴起于19世纪中叶欧美的印刷美术设计（Graphic Design，又译为“平面设计”“图形设计”等）的扩展与延伸。随着科技的日新月异，以电波和网络为媒体的各种技术飞速发展，给人们带来了革命性的视觉体验。而且在当今瞬息万变的信息社会中，这些传媒的影响越来越重要。设计表现的内容已无法涵盖一些新的信息传达媒体，因此视觉传达设计便应运而生。

视觉传达专业在我国起步较晚，然而发展速度却很快。尤其是近几年，随着我国经济的飞速发展，给中国营造了巨大的经济市场，同时也给设计艺术领域带来了无限的商机。各艺术院校纷纷在原有设计学科基础之上增加新专业，以山东艺术学院、山东工艺美术学院等为代表的一系列专业艺术院校也纷纷设立视觉传达艺术专业，大量扩招学生。传统的视觉传达设计专业已不能满足新形势下的市场的需要，各院校要及时研究和调整该专业的专业建设和发展方向，进一步明确该专业的培养目标、完善课程建设和教学模式、加强教学硬件和软件建设等，为社会培养更多更好的新型视觉传达设计人才。

四、视觉传达设计主要特点

视觉传达设计是通过视觉媒介表现并传达给观众的设计，体现着设计的时代特征和丰富的内涵，其领域随着科技的进步、新能源的出现和产品材料的开发应用而不断扩大，并与其他领域相互交叉，逐渐形成一个与其他视觉媒介关联并相互协作的设计新领域。其内容包括印刷设计、书籍设计、展示设计、影像设计、视觉环境设计（即公共生活空间的标志及公共环境的色彩设计）等。

视觉传达设计多是以印刷物为媒介的平面设计，又称装潢设计。从发展的角度看，视觉传达设计是科学、严谨的概念名称，蕴含着未来设计的趋向。就现阶段的设计状况分析，视觉传达设计的主要内容依然是 Graphic Design，一般专业人士习惯称之为“平面设计”。“视觉传达设计”“平面设计”两者所包含的设计范畴在现阶段并无大的差异，并不存在着矛盾与对立。

视觉传达设计是为现代商业服务的艺术，主要包括标志设计、广告设计、包装设计、店内外环境设计、企业形象设计等方面，由于这些设计都是通过视觉形象传达给消费者的，因此称为“视觉传达设计”，它起着沟通企业—商品—消费者的桥梁作用。视觉传达设计主要以文字、图形、色彩为基本要素，在精神文化领域以其独特的艺术魅力影响着人们的感情和观念，在人们的日常生活中起着十分重要的作用。

五、视觉传达设计的主要应用领域

1. 标志设计

人们可以获取大量信息，并很大程度地影响自己的生活观念和生活方式，分为政治性、公益性、文化性、商业性。

2. 包装设计

包装设计是产品与消费者的媒介，它起着保护商品、介绍商品、美化商品、指导消费及便于储运、销售、计量等方面的作用。

3. 字体设计

为达到有效传达企业特定信息的目的，对文字的笔画、结构、造型、色彩及编排等方面进行一定的艺术处理，使其形成鲜明的个性，使人易认易记。

4. 图像设计

以特定的图形象征或代表某一国家、机构、团体、企业或产品的符号。简明、直观、易识别。

5. 书籍设计

对书籍的封面及排版等进行艺术化的设计，提高读者的阅读兴趣，从而加深读者对书籍思想性、文化性和知识性的认识。

6. 广告设计

各种手工或电脑的绘画手段或影像技术，以及利用复合方式进行创造性的图像设计，构思巧妙，表现独特。

7. 形象识别设计

运用视觉设计手段，通过标志的造型和特定的色彩等表现手法，使企业的经营理念、行为观念、管理特色、产品包装风格、营销准则与策略形成一种整体形象。

8. 文字设计

从视觉角度来说，任何形式的文字都具有图形含义。文字设计不仅仅是字体造型的设计，还是以文字的内容为依据进行艺术处理，使之表现出丰富的艺术内容和情感气质。文字设计主要内容包括研究字体的合理结构、字形之间的有机联系、文字的编排。文字设计分为平面文字设计、立体文字设计及动态文字设计。

六、视觉传达设计编排

“自然界的一般形式便是规律”，“这种规律也是艺术形式美的依据”。

——恩格斯

人们将自然之美的形式特征归纳为形式美法则，其中包括变化统一、对称呼应、条例反复、节奏韵律、对比调和等。

视觉传达设计作品都是对一些具有特定性质的构成要素进行组织之后，使其达到的“最必然和最终极的一种形态”。

1. 编排的概念

编排：以传达的主体思想为依据，将各种视觉要素进行科学的安排和组织，使各个组成部分结构平衡协调。

视觉传达设计各构成要素编排，是在突出重点的基础上达到浑然一体的效果。

编排自始至终要抓住人们的视线，以“瞬时注目”为目的，比例恰当、主次分明，使视觉焦点处于最佳的视域，使观者能在瞬间感受主体形象的视觉穿透力。

2. 人的视觉流程

视觉流程：人在观察或者阅读的时候，视线有一种自然的流动习惯。一般来说，都是从左到右，从上到下，从左上到右下流动。在流动过程中，人的视觉注意力会逐渐减弱。人的最佳视域一般在画面的左上部和中上部，而画面上部占整个面积的 1/3 处是最为引人注目的。

理想的视觉流程符合人的认识思维发展的逻辑顺序，自然、合理。在编排设计中，也要依据人的这一视觉生理特点，使传达要素尽量按照人的视觉流程流动，并且可以利用各视觉元素之间产生的节奏增强阅读的趣味性。

3. 编排设计的形式与方法

随着视觉传达设计的发展，编排的概念已经不仅仅局限于二维空间，空间视觉元素的编排和动态视觉元素的编排已经越来越受到重视。

（1）平面编排设计

包括书籍、报纸、杂志的版式设计及一些广告、展板的编排主要元素，如文字、图形、色彩。

（2）空间编排设计

在三维空间里对视觉元素进行排列、组织，包括展示设计、指示系统设计等。

（3）动态编排设计

多媒体动画的编排，将静态的图形或文字进行编排设计，使它们随着时间的变化产生或改变自身的运动，由此产生新的运动特征。

七、视觉传达设计营销管理策略

随着社会的发展，视觉传达设计的应用扩展到社会的各个领域。随着人们生活水平的提高，大家对生活品质有了更高的要求，视觉传达设计在人们生活中起到了越来越重要的作用，穿衣、房屋设计、电视电影、网页等，生活中视觉传达设计的身影无处不在，为了更好地用视觉传达设计为生活服务，应该研究如何对视觉传达设计予以市场定位等相关营销管理策略。

1. 视觉传达设计的主要分类

随着印刷技术的发展，欧美等国家在19世纪中叶出现了为平面印刷服务的平面设计师群体（印刷美术设计、图形设计），这就是现代平面视觉传达设计领域的先导设计群体。1960年，爱德华·鲍斯·克里保、丹尼尔·巴罗尼在日本召开的世纪设计大会上提出了“视觉传达设计”的概念。常见的视觉传达设计包括广告设计、建筑物导向系统和环境设计、书籍和出版物设计、商业传播设计、电视电影计算机图形设计、视觉识别系统设计、图表设计和展示设计、包装和焦点广告设计、社会文化和政治宣传设计等。

2. 视觉传达设计的市场定位

定位（Positioning）这个概念最初由两位年轻的广告人艾尔·里斯和简·楚劳特于1969年在美国《产业营销》杂志上发表的一篇题为“定位是人们在今日模仿主义市场所玩的竞赛”的论文中首次提出。1972年，两人又在美国《广告时代》杂志上发表了名为“定位时代”的系列文章，在当时即引起了轰动。菲利普·科特勒在总结当代营销基本理论的发展时，将“定位理论”列为20世纪70年代最为重要的营销概念。

视觉传达设计的市场定位是企业为自己的产品或服务设定一定的范围，满足一部分人需要的方法，这也是有效设计的前提。在设计过程中怎样进行市场定位呢？首先要根据产品或服务进行市场调查，了解市场需求点，然后根据市场需求点着力打造自己的产品或服务，以此来进行创意设计和思考，这样才能尽可能地提高视觉传达设计有效性。在这个过程中要坚持以市场为中心的原则，设计是为市场服务的，离开了市场设计就是搞纯艺术，很难体现设计的社会价值。所以在市场定位的过程中一定要高度重视被传播对象主体的市场需求，这样市场定位才准确。

3. 视觉传达设计营销管理提升策略

（1）不断做好视觉传达设计水平的提升是技术核心策略

① 在学习视觉传达设计的过程中，需要多看好设计，提高鉴赏能力和获得最新信息。从设计类杂志，如《艺术与设计》《新平面》等，还有网络，如视觉中国网、国外设计师网站，多分析优秀的设计作品，完善设计理论基础学习，“取其精华，去其糟粕”。

② 熟练掌握设计软件，提高操作能力。在学习视觉传达设计的过程中要熟练掌握常用软件，这样才能更好地展现自己的设计想法。

③ 多画草图，提高动手能力，多动脑练习，看见别人的创意和视觉效果的同时也想想自己会怎么做，这样的思考习惯会让自己在生活中抓住设计的灵感，创作出优秀的设计作品。

④ 在确定一个设计课题的时候，根据课题确立设计原则，要反复思考和尝试，力求多挖掘些方案，然后选出最佳方案进行完善，这样才能创作出优秀的符合市场需求的设计作品。

（2）发掘设计创意是视觉传达设计营销管理策略的战略核心

在所设计产品进入市场之前，要根据设计策略着力宣传设计亮点，力争新颖的设计创意能夺人眼球以达到最佳的宣传效果。

在所设计产品进入市场时，寻求最佳方式将设计呈现给服务对象，并且在关键点增强投放力度，这样才能更好地呈现我们的设计。

4. 视觉传达设计的市场定位与营销管理策略的关系

在对视觉传达设计进行定位策划之前，必须对设计定位的原则有一个统一的认识。就设计定位而言，设计本身就包含了产品，但设计又不仅仅只是产品，设计在产品的物质属性之上还附加了许多意识层面的精神属性。设计定位更加注重从传播的层面和视角予以策划和制定。设计定位原则是策划指定的基本价值导向，而设计定位策略则是在定位原则要求的范围内，制订符合实际情况的设计方案，这又是定位决策的先期准备。总体上，两者具有如下关系：

（1）同属于设计决策的准备工作

进行设计定位的原则和策略分析，是定位流程的必经阶段，是开展设计定位决策的准备工作。定位原则决定了决策制定实施后的范围和影响程度，定位策略决定了决策的实施策略与方法。两者都是设计定位流程的一个环节，且都处于定位决策的前期。

（2）设计定位原则是设计定位策略的依据

明确设计定位原则，有利于把握设计定位的基本环境，同时定位原则也是定位策略的限制条件和客观要求。不同的设计定位原则，会有不同的设计定位策略为之服务，设计原则是设计策略的依据，是整个定位过程的基础。先有把握客观条件下的设计定位原则，再有设计定位的策略。

（3）设计定位策略是设计定位原则的实践

设计定位策略是对设计定位原则的继承在设计广告营销上的一种反映，是设计定位原则的一种实践。基于不同的设计定位原则，结合各自的实际情况，制定设计定位策略。这不仅是对定位原则进行的实践，也是将设计定位从理论阶段上升为实践阶段的设计定位决策的桥梁。

视觉传达设计的市场定位与营销管理策略是相辅相成的，在设计过程中互为基础和依据。通过了解视觉传达设计的定位与营销管理策略，可以更好地处理它们之间的关系，让视觉传达设计更好地为社会服务。

案例分析与鉴赏：

Coffee

借助次物反应、情感加上文字提示，衬托咖啡香味，连动物都难以抵抗，何况人呢？

虽然不是直接描述蛋糕的原形，但通过特殊的组合，将蛋糕“隐藏”于其他物体中，虽说“隐藏”，但由于其处于视觉中心，也显得很突出。

联邦快递：
以人物传递东西说明运送的方便，就感觉是楼上楼下的邻居一样快捷。

通过左右图形的对称摆放，使人立刻将刀与左侧雕刻物联起来，深感刀的品质、精致与高雅，以黑色为背景，突显出刀的高度。

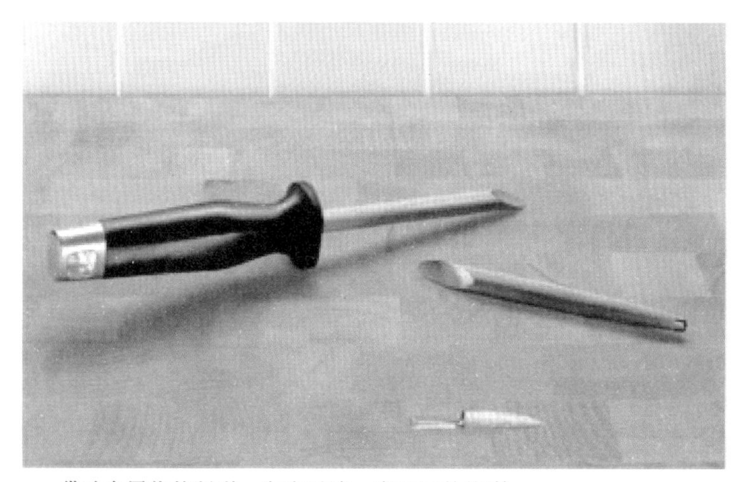

借助金属物的断裂，夸张手法，表现刀的锋利。

由烧焦的嘴唇刻画宣传吸烟的危害。

嘴唇的红色和黑色的对比强烈，给人的心理造成很震撼刺激的效果。

右上角的“No Tobacco!”

清楚地表达了海报要宣传的内容。

将大幅的图形置于正中央，更加正式，更加有冲击力。

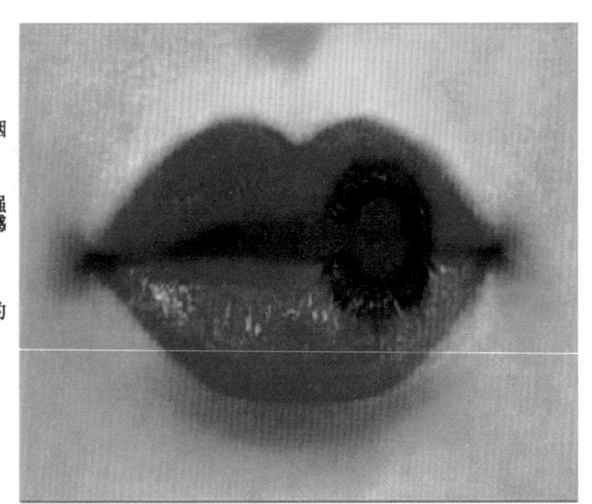

第四节　视觉传达设计营销管理实务

著名管理学家彼得·德鲁克曾经指出，“可以设想，某些推销工作总是需要的，然而营销的目的就是要使推销成为多余，营销的目的在于深刻地认识和了解顾客，从而使产品或服务完全地适合它的需要而形成产品自我销售，理想的营销会产生一个已经准备来购买的顾客，剩下的事就是如何便于顾客得到产品或服务……”视觉传达设计正是服务型设计应用最为广泛的设计领域，因此，视觉传达设计营销管理服务就显得非常重要。下面从以下案例来深入了解。

本案例是浩泽净水家某营业中心开业庆典实操案例，通过该案例可以了解视觉传达设计在实际中的应用价值和应用技巧，并且能够有效了解视传设计在开业策划案中的应用模式和相关运用特性。

视觉传达设计营销管理案例——浩泽净水家某营业中心开业庆典实操案例

一、前言

随着市场竞争的力度日益强化，企业间的竞争已从质量竞争上升到了实力竞争，从而进化到了目前的品牌竞争，这是一个质变的过程，亦是社会经济发展的必然趋势。新颖别致的广告推广活动是企业树立品牌、宣传企业形象和文化的必然手段。许多企业在自身品牌的宣传推广活动上更是层出不穷，新意连绵，意欲借助广泛的媒体载体宣传和发布企业的相关信息，达到树立企业品牌形象和营造气氛及创造商机的目的。但是，盲目的投入和跟风的手法往往效果适得其反，所以必须认真针对企业的商业性质和经营模式，结合企业本身的实力，在详细的市场分析和调研的基础上，为企业量身定做极富创意、新颖的推广策略。

浩泽是一家集科研、生产和销售为一体的高科技、多元化、国际化的大型环保综合企业。公司总部位于上海浦东。旗下以终端净水、空气净化为核心业务。浩泽净水业务颠覆了传统的设备出售的销售模式，结合互联网技术，自建直营服务团队、物流仓储设施，提供优质快捷的净水服务。空气净化业务致力于为客户提供空气净化解决方案及服务，客户涉及医疗、食品、电子等领域，并作为“嫦娥奔月”地面空间净化供应商，提供空气净化设备及技术支持。浩泽始终倾力自主研发，拥有占地面积近千平方米的净水产品研发中心，并与香港理工大学技术研发合作，设立了环境技术研究实验室，还自主研发了具有国际领先标准的 APO^{+}安全净水技术，具有水质安全全周期监测、耗材滤芯的消耗值动态更新显示功能的“云净水技术”。浩泽严格控制产品品质和服务水平。2013 年，继浙江生产基地后，浩泽投入巨资建造陕西浩泽环保科技产业园，实现从材料、指标、管理、物流等方面的全方位提升，并坚持售后服务不外包，直营售后服务机构遍布全国数百个城市，浩泽成为国内率先建立 24 h×365 d 全天全年的客服热线净水服务品牌，保证 365 天的高品质安全好水。浩泽荣获“上海市高新技术企业”称号，并通过了 ISO 9001：2008 质量管理体系认证、香港 CB 认证、国家 CCC 认证、SGS 水质检测标准等多项国内外权威认证，拥有以臭氧科技为核心的水处理相关技术发明专利近百项，并连续多年荣获净水行业“最具影响力企业”“中国十大净水品牌”等实力奖项，更在 2013 年因其具有持续高增长潜力而荣获复旦安永颁发的“中国最具潜力企业”殊荣。2014 年 6 月 17 日，浩泽净水国际控股有限公司成功于香港联合交易所主板上市（股票代码：02014.HK）。2010 年 8 月于香港成立子公司香港浩泽国际集团有限公司隶属于浩泽净水国际控股有限公司。

主办：******************** 科技有限公司　时间：2016 年 9 月 8 日

地点：**************** 科技有限公司门口

二、主题

DM单A面

DM单B面

规模：参加人数 300 位左右，现场布置以产生热烈隆重的正式开业庆典仪式气氛为基准，活动以产生良好的新闻效应、社会效益为目标。

三、活动目的

（1）提升浩泽净水器的品牌形象，塑造浩泽净水器的品牌特点，突出浩泽净水器的品牌特色，发掘和竞争品牌的服务差异性，体现浩泽净水器极智安全，净享好水的经营理念。

（2）通过本次活动，加强与消费群的良性沟通及互动，以争取受众的生活群体及潜在消费力。

（3）通过本次活动，加强与目标消费群的理念沟通和情感联系，增强目标消费群及生活群体对浩泽净水器品牌的忠诚度，并对潜在市场进一步施加品牌影响。

（4）增强浩泽净水器在行业的影响力，提升浩泽净水器在业界的地位，并直接争取更多的经销商加盟。

（5）展现浩泽净水器极智安全，净享好水的产品特性。

（6）最终创建浩泽净水器特有的营销模式和商业主题。

四、活动邀请嘉宾

嘉宾邀请是仪式活动工作中极其重要的一环，为了使仪式活动充分发挥其轰动及舆论的积极作用，在邀请嘉宾工作上必须精心选择对象，设计精美的请柬，制造新闻效应，提前发出邀请函（重要嘉宾应派专人亲自上门邀请）。此次活动嘉宾邀请范围：

（1）浩泽净水器企业领导。

（2）相关合作商家领导。

（3）已合作的大客户和潜在大客户。

（4）相关社会知名人士。

（5）新闻媒体：电视台、报纸、广播、网络等新闻媒体。

五、DM单及媒体等宣传

1. 开业前广告宣传

（1）开业前10天在腾讯网、新浪网、凤凰网、网易网等知名网站投放新闻软文炒作。

（2）在本地地方晚报、地方电视台新闻频道投放开业新闻报道。

（3）出租车LED屏广告：在全市所有出租车上投放LED文字广告。

（4）DM宣传单：50 000份。

派发基本安排：

① 10个人分成5队，2个人一队，从开业前15天开始派发，每天每队派发3个小时，连续派发10天。

② 派发地点为公司周边小区、周边主要街道、市民中心、九方、华润等人流量聚集区域。

③ 可按照上述派发区域进行沿途插车派发，以增加吸引力。

2. 开业之日媒体报道

开业活动之日邀请报纸、电台、电视台、网络媒体，以新闻报道形式突出报道宣传开业喜庆。

六、现场布置

（1）彩旗：100面，0.7 m×1.0 m，绸面，内容为“热烈庆祝浩泽**** 首家专卖店隆重开业”。布置在公司内外周边区域。印制精美的彩旗随风飘动，喜气洋洋地迎接每位来宾，能充分体现主办单位的热情和欢悦景象。彩旗的数量能体现出整个庆典场面的浩势，同时又是有效的宣传品。

(2) 充气彩虹拱门：1 座，跨度 15 m/座，材料 PVC。布置在主会场入口处。

(3) 签到台：1 组，3 m×0.65 m×0.75 m。布置在主会场右边，桌子铺上红绒布，写上“签到处”，以便贵宾签到和迎接贵宾。

(4) 花篮：12 个，规格为五层中式。摆放在公司大门口两侧。带有真诚祝贺词的花篮五彩缤纷，璀璨夺目，使庆典活动更激动人心。

(5) 临时主会台：在公司门口临时布置即可。

(6) 红色地毯：200 m^2。布置在主会场空地，突出主会场，增添喜庆气氛。

(7) 其他：剪彩球 2 个、签到本 1 本、笔 1 套、绶带 6 条、椅子 200 张、胸花 20 个、胸牌 20 个。

七、气氛营造

(1) 礼仪小姐：2 位。公司进门处，礼仪小姐青春貌美，身披绶带，笑容可掬地迎接各位嘉宾并协助剪彩，是庆典场上一道靓丽的风景。

(2) 乐队：12 位。专业人员位置：会场合适位置（具体待定），乐队在迎宾时和仪式进行过程中，演奏各种迎宾曲和热烈的庆典乐曲，使典礼显得热闹非凡。悠扬动听的军乐声，余音绕梁，令每位来宾陶醉，难以忘怀，能有效地提高开业仪式的宣传力度。

(3) 音响：1 套。位置：主会场。

(4) 主持人：男性主持（说普通话，幽默、时尚、能制造活跃气氛）。

八、仪式程序

2016 年 9 月 8 日上午 10：18 典礼正式开始。(暂定)

9：00 播放迎宾典，军乐队演奏迎宾曲，礼仪小姐迎宾，帮助来宾签到，为来宾佩戴胸花、胸牌并派发礼品，来宾入会场就座。

10：00 音响播放音乐改为舞曲。

10：18 主持人宣布开业仪式正式开始，主持人介绍嘉宾，宣读祝贺单位贺电、贺信。(鼓乐齐鸣)

10：35 主持人邀请浩泽企业领导致辞。(掌声)

10：40 主持人邀请公司总经理讲话。(掌声)

10：50 主持人邀请合作商代表讲话。(掌声)

10：55 主请人邀请消费者代表讲话。(掌声)

11：00 主持人宣布剪彩人员名单，礼仪小姐分别引导主礼嘉宾到主会台。

11：05 主持人宣布开业剪彩仪式开始，主礼嘉宾为开业仪式剪彩，嘉宾与业主举杯齐饮。(鼓乐齐鸣)。

11：08 主持人宣布抽奖活动开始，持续时间为 30 ~45 分钟。(具体抽奖环节见后面)

11：50 主持人宣布开业仪式圆满结束。

九、抽奖活动环节

抽奖规则：在开业前准备好一个抽奖箱，奖箱内放有乒乓球35个，抽奖前先将箱内小球摇匀，参与了扫码且购买了任意一款净水器的消费者可参与该项抽奖活动，消费者一次性抓取3个乒乓球，根据编号换取相应奖品（如多抓取乒乓球本次抓奖无效，如有抽奖作弊则取消本次抽奖资格）。

一等奖：价值1 688元水费服务卡一张

对应小球：浩泽 + 开业 + 庆典

二等奖：价值1 088元水费服务卡一张

对应小球：浩泽 + 开业 + 净水家

三等奖：价值388元的精致浩泽家用空气净化器一个

对应小球：浩泽 + 赣州 + 开业

四等奖：价值188元水费服务卡一张

对应小球：所抽小球中含有空白球

五等奖：价值88元龙头宝一个

对应小球：其他组合

备注：一等奖、二等奖获奖者持所抽小球到指定处领取奖品，小球根据活动规定数量不再放回抽奖箱内，箱内小球由其他编号小球代替。一等奖1名、二等奖2名产生后相应小球不再放回抽奖箱中。

十、全程工作安排

1. 制作、实施阶段工作安排

9月1日，开始发送请柬、回执，并在五日内完成回执的回收工作。

9月5日，完成各种活动用品（印刷品、礼品等）的制作、采购工作，并入库指定专人进行保管。

9月5日，完成活动所需物品的前期制作工作，至此与相关协作单位的确定工作应全部完成。

2. 现场布置阶段工作安排

9月6日，开始现场布置，9月7日前应完成所有条幅、彩旗、灯杆旗的安装。

9月6—7日，开始现场布置，9月7日完成主会台的搭建及背景牌安装，9月7日下午3：00完成主会场签到处、指示牌、嘉宾座椅、音响的摆设布置，并协同公司有关人员检查已布置完成的物品。9月7日晚上6：00前完成充气龙拱门、高空气球的布置并完成花牌、胸花、胸牌等物品的准备工作。

9月7日，完成花篮、花牌、盆花的布置。主办方对全部环境布置进行全面检查、验收，至此全部准备工作完毕。

3. 活动实施阶段工作安排

9月8日，上午7：30工作人员到达现场准备工作，保安人员正式对现场进行安全保卫。

9月8日，上午8：40礼仪小姐、军乐队准备完毕。

9月8日，上午9：00主持人、摄影师、音响师、记者准备完毕。

9月8日，上午9：00活动正式开始，军乐队奏迎宾曲，礼仪小姐迎宾、为嘉宾佩戴胸花、协助签到。

十一、活动建议

1. 演出节目建议

为带动现场的人气，建议节目表演定位为能够突出渲染时尚、互动、热闹的良好氛围为主，如“时尚热歌”“现代舞”等能烘托气氛的节目。

活动意义融洽宾主关系以新颖的形式引起现场兴趣，提高现场的参与意识，别具一格的内容在欢笑声中给参与嘉宾留下深刻印象，可充分体现浩泽净水器产品的特色，可控性强。

2. 促销活动建议

核心促销活动：七重大礼送不停，你敢来我就敢送!!!

第一重：开业期间，只要参与微信扫码活动，即可享受首付 79 元购买净水器活动，即：

（1）首付 79 元，后面每月仅付 79 元（共 24 期），总付 1 896 元即可享有一台价值 2 979 元的浩泽净水器。

（2）免费赠送两年净水服务费（价值 680 元/年）。

（3）第三年起，每月仅需支付 59 元净水服务费。

备注解释：第四重：开业神秘礼物。

（1）开业期间，一次性购买价值 1 500 ~2 500 元的产品，赠送*** 水杯一个。

（2）开业期间，一次性购买价值 2 500 ~4 000 元的产品，赠送*** 小型空气净化器一个。

（3）开业期间，一次性购买价值 4 000 ~8 000 元的产品，赠送******* 。

（4）开业期间，一次性购买价值 8 000 元以上的产品，赠送*********** 。

十二、后勤保障工作安排

本次活动在具体的操作过程中将有大量的后勤保障工作需要得到足够的重视，后勤保障工作的好坏将直接影响本次活动的成败。

（1）现场卫生清理：配备 1 名清洁工，定时对活动现场进行清扫以确保活动现场的整洁。

（2）活动经费安排：对活动所需的经费应指定专人专项进行管理，确保活动得以顺利实施。

（3）活动工作报告：定期通报各项准备工作的进展情况。

（4）活动当天安全保卫及应急措施：配备 2 名保安员对活动现场进行全面的监控。

（5）交通秩序：2 名工作人员负责活动现场交通秩序，路边不得停放任何机动车辆。车辆摆放由专人负责。

（6）消防：配置灭火器，1 名工作人员确保参与人员禁止携带任何易燃易爆品进入现场。

（7）医疗：活动现场设置一个医疗预防点，配备 1 名略懂基本医学常识的人员，以免发生意外情况。

（8）电工、音响：配备 1 名懂电路和专业音响的人员，保证活动现场设备等一切正常运转。

十三、活动费用预算

费用项目名称	预算费用	费用项目备注说明
以下环节由策划方负责协调，浩泽净水家负责审核及支付相关费用		
彩旗制作和布置费用	12 元/面，100 面，共计：1 200 元	包含制作费及人工布置安装费
剪裁所需物品费用	剪彩球 2 个、绶带 6 条、胸花 20 个、胸牌 20 个，共计：1 000 元	
红色地毯费用	预计 300 元	
主持人费用	预计 1 000 元	
网络媒体新闻软文费用	5 篇，13 000 元/篇，共计：65 000 元	
3 万张宣传单页费	0.18 元/张，共计：5 400 元	
2 个易拉宝费用	一个易拉宝用于对 DM 单上促销活动的细则解释，另一个是抽奖活动解释，300 元	
以上费用合计	￥74 200 元	

续表

费用项目名称	预算费用	费用项目备注说明
以下环节由浩泽净水家负责解决和协调，策划方合作协助		
出租车 LED 费用	待商谈后确定	
租赁音响设备费用、签到台	预计 1 000 元（签到台在公司内找张桌子布置即可）	
12 个花篮费用	12 个花篮由公司管理层朋友或者合作商家提供	
其他本地媒体费用	待定	
10 名工作人员派发费	5 名大学生派发费用，50 元/天/人，10 天，共计：2 500 元	
以上费用合计	￥3 500 元	
上述费用总计：￥77 700 元		

案例思考：

1. 简述本案例中的 DM 宣传单设计的创意特点。

2. 简述本案例中的营销管理策略。

3. 针对本案例的设计营销管理策略提出进一步改进和完善之处。

第四章　产品设计营销与管理

第一节　产品开发设计

一、产品设计开发完整步骤

产品设计是人类改造自然的基本活动之一，产品设计是复杂的思维过程，产品设计过程蕴含着创新和发明的机会。产品设计的目的是将预定的目标，经过一系列规划与分析决策，产生一定的信息（文字、数据、图形），形成设计，并通过制造，使设计成为产品，造福人类。产品设计过程是指明确设计任务到编制技术文件所进行的整个设计工作的流程。

很多时候，设计师接手一个新产品，最首要的是了解该产品的性质、形状、特性和市场反应，因为只有这样，设计师才能全方面地去设计。一般好的设计一定要迎合市场需要，有好的形态表现，才能引起顾客的注意，符合质量安全等多个因素。

产品设计过程主要包含四个阶段：概念开发和产品规划阶段、详细设计阶段、小规模生产阶段、增量生产阶段。

1. 概念开发和产品规划阶段

该阶段将有关市场机会、竞争力、技术可行性、生产需求的信息综合起来，确定新产品的框架，包括新产品的概念设计、目标市场、期望性能的水平、投资需求与财务影响。在决定某一新产品是否开发之前，企业还可以用小规模实验对概念、观点进行验证。实验可包括样品制作和征求潜在顾客意见。

2. 详细设计阶段

一旦方案通过，新产品项目便转入详细设计阶段。该阶段基本活动是产品原型的设计与构造及商业生产中使用的工具与设备的开发。详细产品工程的核心是“设计—建立—测试”循环。所需的产品与过程都要在概念上定义，而且体现于产品原型中，接着对产品的模拟使用进行测试。如果原型不能体现期望性能特征，工程师则应寻求设计改进以弥补这一差异，重复进行“设计—建立—测试”循环。详细产品工程阶段结束以产品的最终设计达到规定的技术要求并签字认可作为标志。

3. 小规模生产阶段

在该阶段中，在生产设备上加工与测试的单个零件已装配在一起，并作为一个系统在工厂内接受测试。在小规模生产中，应生产一定数量的产品，也应当测试新的或改进的生产过程应付商业生产的能力。正是在产品开发过程中的这一时刻，整个系统（设计、详细设计、工具与设备、零部件、装配顺序、生产监理、操作工、技术员）组合在一起。

4. 增量生产阶段

在增量生产阶段一开始是在相对较低的数量水平上进行生产，当组织对自己（和供应商）的连续生产能力及市场销售产品的能力的信心增强时，产量开始增加。

因此，设计师只有在步骤上拥有明确的思路，才可以把预备制作的效果图表达出来，达到“旁观者清”的效果。因为设计只是思想层面的，效果图往往还需其他人或其他工具的配合才能完成。

二、产品设计的分类

1. 开发性设计

在工作原理、结构等完全未知的情况下，应用成熟的科学技术或经过实验证明是可行的新技术，设计出过去没有过的新型机械。这是一种完全创新的设计。

2. 适应性设计

在产品基本原理方案保持大体不变的前提下，对产品做局部的变更或设计一个新部件，使产品在质和量方面更能满足使用要求，又称为改进性设计。

3. 变形性设计

在工作原理和功能结构都不变的情况下，变更现有产品的结果配置和尺寸，使之适应更多的容量要求。这里的容量含义很广，如功率、转矩、加工对象的尺寸、速比范围等。在产品设计中，开发性设计目前还占少数，为了充分发挥现有机械产品的潜力，适应性设计和变形性设计就显得格外重要。但是作为一个设计人员，不论从事哪一类设计，都应该在创新上下功夫。创新可以使开发性设计、适应性设计和变形性设计别具一格，耳目一新。市场竞争日益加剧，设计人员必须把新产品的开发放在重要位置，使产品不断更新、技术储备不断增强，这样才能在市场竞争中立于不败之地。

三、产品开发设计基本流程

产品从无到有，从一个想法到雏形再到上线正式生产，都有个过程。而产品、运营、开发、测试等每个流程都有一定的职责和任务。企业都应将自己的产品设计开发流程化、正规化，按照一定的流程走下去。

产品开发设计基本流程可以分为十个阶段，称为十步法。

1. 发现问题及评估状况

这个阶段的任务是从市场上消费者、合作商、社会大众等群体对企业产品的反馈意见中经过综合分析发现产品所存在的问题，并根据消费者反映问题的严重度，来评估产品目前的状况及未来的市场走向等。若是新产品，则要判断市场前景及评估新产品开发设计的必要性。

2. 确定目标和前提条件

根据消费者的反馈意见，企业在经过分析后，确定了问题的存在，这时要根据情况确定改进的目标所在。若是新产品，则企业要明确设计开发的目标所在。

3. 产品改进构思或新产品构思

产品构思不是凭空瞎想，而是有创造性的思维活动。产品构思实际上包括了两个方面的思维活动：一是根据得到的各种信息，发挥想象力，提出初步设想的线索；二是考虑市场需要什么样的产品及其发展趋势，提出具体产品设想方案，可以说，产品构思是把信息与人的创造力结合起来的结果。

产品构思，可以来源于企业内外的各个方面，顾客则是其中一个十分重要的来源。据美国六家大公司调查，成功的产品设想，60% ~80% 来自用户的建议。一种好的产品设想兼备两条：一是要非常奇特，富有想象力的构思，才会形成具有生命力的产品；二是要尽可能接近于可行，包括技术和经济上的可行性，根本不能实现的设想，只能是一种空想。

4. 产品分析及产品筛选

从各种产品设想的方案中，挑选出一部分有价值的进行分析、论证，这一过程就叫筛选。筛选阶段的目的不是接受或拒绝这一设想，而是在于说明这一设想是否与企业目标的表述相一致，是否具有足够的实现性和合理性以保证有必要进行可行性分析。筛选要努力避免两种偏差：其一，把有开发前途的产品设想放弃了，失去了成功的机会；其二，把没有开发价值的产品设想误选了，以致仓促投产，导致失败。

5. 编制产品开发设计计划

这是在已经选定的产品设想方案的基础上，具体确定产品开发设计的各项经济指标、技术性能，以及各种必要的参数。它包括产品开发的投资规模、利润分析及市场目标；产品设计的各项技术规范与原则要求；产品开发的方式和实施方案；等等。这是制订产品开发计划的决策性工作，是关系全局的工作，需要企业的领导者与各有关方面的专业技术人员、管理人员通力合作，共同完成。

6. 产品开发和产品设计

这是从技术经济上把产品设想变成现实的一个重要的阶段，是实现社会或用户对产品特定性能要求的创造性劳动。产品设计直接影响到产品的质量、功能、成本、效益，影响到产品的竞争力。以往的统计资料表明，产品的成功与否，质量好坏，60% ~70% 取决于产品设计工作。因而，产品开发设计在整个流程中占有十分重要的地位。

7. 产品实验和产品试制

这是按照一定的技术模式实现产品的具体化或样品化的过程。它包括产品实验及产品试制的工艺准备、样品试制等几个方面的工作。产品试制是为实现产品大批量投产的一种准备或实验性的工作。因而无论是工艺准备、技术设施、生产组织，都要考虑实行大批量生产的可能性，否则，产品试制出来了，也只能成为样品、展品，只会延误新产品的开发。同时，产品试制也是对设计方案可行性的检验，一定要避免设计是一回事，而试制出来的产品又是另一回事。不然就会与产品开发设计的目标背道而驰，导致最终的失败。

8. 产品检验和产品鉴定

产品试制出来后，企业应从技术经济上对产品进行全面的试验、检验和鉴定，这是一次重要的评定工作。对产品的技术性能的试验和测试分析是不可缺少的，主要内容包括：系统模拟实验、主要零部件功能的试验及环境适应性、可靠性与使用寿命的试验测试，操作、振动、噪音的试验测试等。对产品经济效益的评定，主要是通过对产品功能、成本的分析，对产品投资和利润目标的分析，以及对产品社会效益的评价，来确定产品全面投产的价值和发展前途。对产品的评价，实际上贯穿开发过程的始终。这一阶段的评定工作是非常重要的。它不仅有利于进一步完善产品的设计，消除可能存在的隐患，而且可以避免产品大批量投产后可能带来的巨大损失。

9. 产品试销和市场评估

产品试销实际上是在限定的市场范围内，对产品的一次市场实验。通过试销，可以实地检查产品正式投放市场以后，消费者是否愿意购买，在市场变化的条件下，产品进入市场应该采取的决策和措施。一次必要和可行的试销，对产品开发的作用是很明显的：

（1）可以比较可靠地测试或掌握产品销路的各种数据资料，从而对产品的经营目标做适当的修正。

（2）可以根据不同地区进行不同销售因素组合的比较，根据市场变化趋势，选择最佳的组合模式或销售策略。

（3）可以根据产品的市场“试购率”和“再购率”，对产品正式投产的批量和发展规模做出进一步的决策等。

10. 批量生产和投放市场

批量生产和投放市场是指产品的正式批量投产和投放市场。在决定产品的商业性投产以前，除了要对实现投产的生产技术条件、资源条件进行充分准备以外，还必须对产品投放市场的时间、地区、销售渠道、销售对象、销售策略的配合及销售服务进行全面规划和准备。这些是实现产品正式投产的必要条件。不具备这些必要的条件，正式投产就不可能实现，产品的开发就难以获得最后的成功。

四、产品设计开发可行性报告

优秀的设计人员应该具有敏锐的预感能力，在市场竞争形势中，分析出社会的需要，并抢在市场需要前完成产品的开发和试制工作。需求有两种：一种是显需求，即人们都知道的需求；另一种是隐需求，即人们还没有意识到的、但客观存在的那种需求。设计人员的任务，不仅仅是不断改进、提高那些满足人们显需求的产品，更重要的是要去开发那些满足人们隐需求的产品。人们对于产品的需求主要体现在产品功能、性能质量、数量等方面。设计开发人员要将产品开发中的重大问题经过技术、经济、社会各方面条件的详细分析和对开发可能性的综合研究后提出产品开发设计的可行性报告，报告一般包括：

（1）产品开发的必要性，市场需求预测。

（2）有关产品的国内外水平和发展趋势。

（3）预期达到的最低目标和最高目标，包括设计水平、技术、经济、社会效益等。

（4）提出设计、工艺等方面需要解决的关键问题。

（5）在现有条件下开发的可能性论述及准备采取的措施。

（6）预算投资费用及项目的进度、期限。

案例实务：***** 电子有限公司——新产品开发设计流程**

******* 电子有限公司

程序文件				受控印章	
标题	新产品开发设计流程				
文件编号	QP25				
页次	第 1 页　共 15 页				
版本号	0.0	生效日期	2009－04－01		

更改记录				
版本号	修改章节	修改页码	更改内容简述	生效日期

*******电子有限公司

程　序　文　件				受控印章	
标　　题	新产品开发设计流程				
文件编号	QP25				
页　　次	第2页　共15页				
版本号	0.0	生效日期	2009－04－01		

1. 目的

1.1　明确工厂各职能单位在开发设计流程各阶段的责任和任务。

1.2　确保产品开发的品质。

2. 范围

适用于公司新产品设计的各项活动。

3. 角色与权责

3.1　产品经理：导入市场需求产品，策划、规划推广产品开发设计，处理开发中内、外部资源的瓶颈，控制产品开发进度，监控产品设计开发的品质和成本，使产品如期推出，以满足市场及顾客的需求，提高产品竞争力。

3.2　开发部：组织产品开发设计专案小组（包括电子、工业、美工、测试等），综合处理产品开发设计过程中的技术问题（外销产品依实际产品而定）。主导开展产品规划和产品设计阶段的任务。

3.3　工程部：主导新产品设计开发的工程试制、试产。

3.4　品质部：负责对样机及试产的品质测试验证。

3.5　PMC：依据产品开发计划、工程试制验证报告安排新产品试产计划和试产物料需求计划。

3.6　供应部：提供产品开发设计的新品器件、试制及试产材料，优化材料的品质和成本。

4. 定义

4.1　原型机：发生硬件主方案重大更改或整机结构、外观重大变化而开发的新产品。

4.2　派生机：在原型机的基础上外观局部变化，不涉及硬件主方案更改、整机结构重大更改而开发的新产品。

5. 内容

5.1　产品开发阶段划分

现有产品开发流程做了修改，由原C流程中的6个阶段变为5个阶段，原C流程中的C2（产品设计）、C3（样机试制）合并为现在的C2（产品设计）。

程　序　文　件				受控印章	
标　　题	新产品开发设计流程				
文件编号	QP25				
页　　次	第 3 页　共 15 页				
版 本 号	0.0	生效日期	2009－04－01		

5.1.1　C0 产品构想：概念产品形成阶段，经过产品创意的收集和概念产品验证形成产品立案通知书，启动该产品在公司内部的开发。

5.1.2　C1 产品规划：对概念产品生产的依据，使用的方案和外观进行整体的规划。

5.1.3　C2 产品设计：完成产品在开发部阶段的设计和测试。

5.1.4　C3 工程试制：工程和品质对产品的技术进行消化，并对开发输出的产品设计进行产品验证。

5.1.5　C4 试产试销：通过产线和市场对新产品进行验证。

流程			主导部门	输　入	输　出
阶段	内　容				
C0		新产品开发流程	营销部	市场信息、上游供应商技术信息、渠道资源、客户/产品和生产系统运作情况等信息	《新产品需求规划表》 《产品可行性分析报告》
		立案评审	产品经理	《新产品需求规划表》	《立案通知书》
C1		建立项目计划	项目经理/PCC	《市场调研报告》 《产品可行性分析报告》 《新产品需求规划表》 《立案通知书》	《项目计划评审表》
		企业标准制定	项目经理	《新产品需求规划表》 《项目计划》	《产品企业标准》 《产品规格书》
		概念设计	开发部/营销部	《新产品需求规划表》 《立案通知书》	《产品外形效果图》 《产品外形评审报告》 产品模型 产品外观专利申请 《产品方案书》 《产品企划案》 《产品推广方案》

******* 电子有限公司

<table>
<tr><td colspan="4">程　序　文　件</td><td rowspan="5">受控印章</td><td rowspan="5"></td></tr>
<tr><td>标　　题</td><td colspan="3">新产品开发设计流程</td></tr>
<tr><td>文件编号</td><td colspan="3">QP25</td></tr>
<tr><td>页　　次</td><td colspan="3">第 4 页　共 15 页</td></tr>
<tr><td>版 本 号</td><td>0.0</td><td>生效日期</td><td>2009－04－01</td></tr>
</table>

<table>
<tr><td>C1</td><td></td><td>C1 阶段评审</td><td>产品经理</td><td>《产品外形效果图》
《产品外形结构模型图》
《产品外形评审报告》
《产品方案书》
《产品企划案》
《产品推广方案》</td><td>《C1 阶段评审表》</td></tr>
<tr><td rowspan="3">C2</td><td rowspan="3"></td><td>设计准备</td><td>项目经理</td><td>《产品企业标准》
《产品规格书》
《产品外形效果图》
《产品方案书》
《C1 阶段评审表》</td><td>《设计准备会议纪要》</td></tr>
<tr><td>详细设计</td><td>开发部</td><td>《产品企业标准》
《产品规格书》
《产品外形效果图》
《产品方案书》
《C1 阶段评审表》</td><td>平面丝印，配色，表面处理
《结构 3D 图》
《结构 2D 图》
《产品开模申请单》
《开模评审报告》
《电子原理图》
《电子 PCB 图》
《新品元器件联络单》
《安规关键元器件清单》
《电磁兼容关键件清单》
《测试软件》
《软/硬件联调记录表》
《整机联调记录表》
《工艺评审记录表》</td></tr>
<tr><td>开发试制准备</td><td>开发部/供应部</td><td>《整机联调记录表》
《新品元器件联络单》
《关键元器件清单》
《电磁兼容关键件清单》</td><td>《新材料认证报告》
《备料清单》</td></tr>
</table>

＊＊＊＊＊＊＊电子有限公司

程　序　文　件				受控印章	
标　　题	新产品开发设计流程				
文件编号	QP25				
页　　次	第 5 页　共 15 页				
版 本 号	0.0	生效日期	2009－04－01		

C2		开发试制	开发部	《产品企业标准》 《产品规格书》 《整机联调记录表》 《新品元器件联络单》 《关键元器件清单》 《电磁兼容关键件清单》	开发样机 《样机装配记录表》 《开发 BOM》 《关键工艺说明》 《产品测试方案书》 《QT 测试报告》 《开发可靠性测试报告》 《认证资料包》 《彩盒联络单》 《产品包装图》
		设计评审	项目经理	开发样机 《QT 测试报告》 《关键工艺说明》 安规/电磁兼容/专利认证情况	《设计评审纪要》 《开发允错表》
		模具/技术转移	开发部	开发样机《QT 测试报告》 《关键工艺说明》 《产品允错表》 《结构 3D 图》 《结构 2D 图》 《电子原理图》 《电子 PCB 图》 《新品元器件联络单》 《产品测试方案书》 《安规关键元器件清单》 《电磁兼容关键件清单》 《开发 BOM》	《技术转移资料包》 《会议纪要》 《模具转移包》
		C2 阶段评审	产品经理	《设计评审纪要》 《产品允错表》 《项目计划》	《C2 阶段评审表》
C3		工程样机装配	工程部	开发样机 《开发 BOM》 《关键工艺说明》	《工程 BOM》 工程样机

******* 电子有限公司

<table>
<tr><td colspan="4">程　序　文　件</td><td rowspan="5">受控印章</td><td rowspan="5"></td></tr>
<tr><td>标　　题</td><td colspan="3">新产品开发设计流程</td></tr>
<tr><td>文件编号</td><td colspan="3">QP25</td></tr>
<tr><td>页　　次</td><td colspan="3">第 6 页　共 15 页</td></tr>
<tr><td>版 本 号</td><td>0. 0</td><td>生效日期</td><td>2009 - 04 - 01</td></tr>
</table>

C3		QE 测试/试产准备	品质部/工程部/PMC	工程样机 《产品测试方案书》 《产品企业标准》 《产品规格书》	《QE 测试方案书》 《QE 测试报告》 《试产允错表》 《软件发行单》 《试产方案》 《生产设备清单》 夹治具
		试产命令	PMC 部	《QE 测试报告》 《试产方案》 《工程 BOM》	《试产命令》
		C3 阶段评审	产品经理	《QE 测试报告》 《项目计划》	《C3 阶段评审表》
C4		小量试	工程部	《QE 测试方案书》 《试产方案》 《试产命令》	试产机器生产情况汇总
		小量试验证	品质部	试产机器《QE 测试方案书》 《产品企业标准》 《产品规格书》	QE 测试报告
		小量试总结	工程部	测试报告生产情况汇总	试产总结纪要
		中量试	工程部	《QE 测试方案书》 《试产方案》 《试产命令》	试产机器生产情况汇总
		中量试验证	品质部	试产机器《QE 测试方案书》 《产品企业标准》 《产品规格书》	测试报告
		中量试总结	工程部	测试报告生产情况汇总	试产总结纪要
		出货评审	品质部	试产总结纪要	出货评审纪要
		试销	营销部	出货评审纪要	试销报告
		项目结案	产品经理	《试产总结纪要》 《试销报告》	《项目结案报告》

<table>
<tr><td colspan="4">程　序　文　件</td><td rowspan="5">受控印章</td><td rowspan="5"></td></tr>
<tr><td>标　　题</td><td colspan="3">新产品开发设计流程</td></tr>
<tr><td>文件编号</td><td colspan="3">QP25</td></tr>
<tr><td>页　　次</td><td colspan="3">第 7 页　共 15 页</td></tr>
<tr><td>版 本 号</td><td>0.0</td><td>生效日期</td><td>2009－04－01</td></tr>
</table>

5.2　产品整体流程

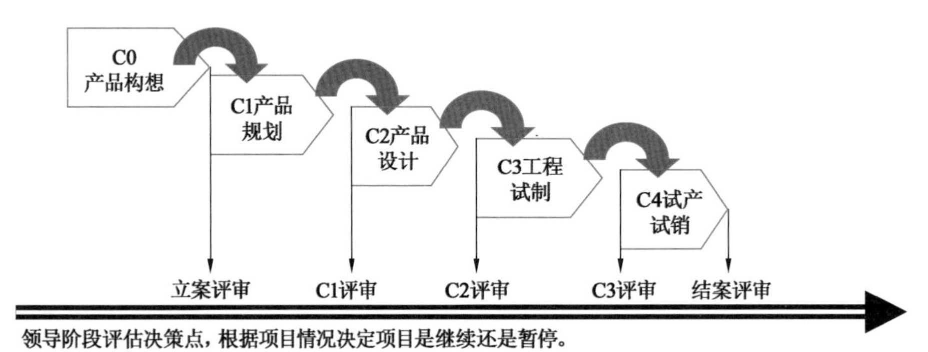

5.3　C0 产品构想

5.3.1　新产品的产生

依据《新产品开发流程》，产生新产品项目。

5.3.2　立案评审

5.3.2.1　PCC 协助产品经理组织公司高层、营销部、开发部、工程部、生产系统召开立案评审会议。

5.3.2.2　立案评审通过后，PCC 拟制《立案通知书》，提交营销代表，营销部部长，项目经理，开发部部长，产品经理审批通过。在公司内部正式启动该项目。

5.3.2.3　立案评审不通过，该产品就此结束，PCC 拟制立案评审会议纪要。

5.4　C1 产品规划

5.4.1　建立项目主计划

5.4.1.1　项目经理组织项目组成员进行 WBS 分析并参见产品开发计划模板，拟制《项目计划评审表》。

5.4.1.2　PCC 根据《项目计划评审表》创建项目计划。

<table>
<tr><td colspan="4">程　序　文　件</td><td rowspan="5">受控印章</td><td rowspan="5"></td></tr>
<tr><td>标　　题</td><td colspan="3">新产品开发设计流程</td></tr>
<tr><td>文件编号</td><td colspan="3">QP25</td></tr>
<tr><td>页　　次</td><td colspan="3">第 8 页　共 15 页</td></tr>
<tr><td>版 本 号</td><td>0.0</td><td>生效日期</td><td>2009－04－01</td></tr>
</table>

5.4.2　企业标准制定

5.4.2.1　对于全新类型的产品，工厂内部没有企业标准的，项目经理组织项目组成员分析国家标准、行业标准、地方标准，并参考以前的其他产品标准制定全新的《产品企业标准》。

5.4.2.2　对于已有《产品企业标准》的原型产品，开发电子工程师需要建立《产品企业标准》与该产品的连接。

5.4.2.3　对于派生产品，视开发计划情况决定取舍。

5.4.2.4　项目经理指定项目组成员，根据新产品需求规划表和《立案通知书》制订产品规格书。

5.4.3　概念设计

对产品的造型和选用的方案进行设计评估。

5.4.3.1　造型设计

5.4.3.1.1　工业造型工程师设计完成《产品外观效果图》后，创建外观效果图，提交审批。

5.4.3.1.2　开发部结构工程师根据产品外观效果图，设计外观结构图，提交设计结果。

5.4.3.1.3　发外制作外观模型。

5.4.3.1.4　工业造型设计师组织产品经理、开发部结构工程师、营销人员、开发部部长、项目经理召开产品模型评审。

5.4.3.1.5　工业造型设计师输出《外观评审报告》。

5.4.3.1.6　评审不通过，如判为终止，该产品结束；否则进入“5.4.3.1”。

5.4.3.1.7　产品造型通过之后，造型工程师查询外观专利信息，如有必要申请外观专利。

5.4.3.2　方案设计

5.4.3.2.1　项目经理根据需要组织项目组成员进行产品方案讨论

5.4.3.2.2　项目经理创建产品方案书记录产品方案选型时的思路。

5.4.4 产品企划案

5.4.4.1 营销部企划员进行产品企划计划并输出产品企划案。

5.4.4.2 营销部企划员制订产品推广方案并输出文档。

5.4.5 C1 阶段评审

在C1 各任务完成之后，项目经理通过项目经理会或其他途径向决策层汇报，进行阶段评审，输出阶段评审报告。

5.5 C2 产品设计

完成产品的具体设计并形成实物样机，对样机进行联调，完成开发阶段产品功能测试，开发测试合格后通过技术转移会和模具转移会把开发的技术转移给生产系统。

5.5.1 设计准备

项目经理组织开发部结构工程师、开发部电子工程师、开发部软件工程师、开发部部长，工业造型工程师（根据需要也可以请工程部参与）召开设计准备会议，安排设计阶段的各块任务、时间点及汇报和监控流程，并输出会议纪要。会议纪要需要包含产品设计进度表。

5.5.2 详细设计

各设计工程师在设计准备会议后，分别进行工业造型、结构详细设计、电子详细设计和软件详细设计；在电子和软件详细设计完成后进行电子软件联调，在软硬件联调完成，结构改模后进行整机联调。整机联调完成后进入下一环节，不通过再重新设计。

5.5.2.1 结构设计

5.5.2.1.1 开发部结构工程师依据《结构设计流程》和《结构设计规范》开展详细的设计任务。

5.5.2.1.2 开发部结构工程师进行产品结构详细设计。

5.5.2.1.3 设计完成后，结构工程师提交3D/2D设计资料进行审批并输出《开模评审报告》。

5.5.2.1.4 开发部结构工程师创建产品开模申请单，进行开模。

********* 电子有限公司**

程　序　文　件				受控印章	
标　　题	新产品开发设计流程				
文件编号	QP25				
页　　次	第 10 页　共 15 页				
版 本 号	0.0	生效日期	2009－04－01		

5.5.2.2　电子设计

5.5.2.2.1　开发部电子工程师进行原理图设计并提交设计文档进行审批。

5.5.2.2.2　PCB Layout 工程师在接到原理图后依据《PCB 设计规范》进行 PCB 板设计。

5.5.2.2.3　开发部电子工程师汇总电子设计的关键料并输出关键元器件清单。

5.5.2.2.4　开发部电子工程师汇总电子设计的所有新物料并输出新品元器件联络单。

5.5.2.2.5　开发部电子工程师汇总电子设计的所有电磁兼容器件并输出电磁兼容关键清单。

5.5.2.3　软件设计

5.5.2.3.1　开发部软件工程师根据产品规格编写软件代码。

5.5.2.3.2　开发部软件组组长负责软件代码评审。

5.5.2.3.3　通过调试后提交测试用软体。

5.5.2.4　软硬件联调

5.5.2.4.1　开发部电子工程师依据《电子调试规范》开展软硬件调试工作。

5.5.2.4.2　开发部电子工程师指导开发部实验员将软件、硬件组合在一起联合调试。

5.5.2.4.3　对于测试中发现的问题，开发部软件工程师配合解决，联调完成后输出软硬件联调记录表。

5.5.2.5　造型丝印，表面处理，配色设计

在结构设计后期工业造型工程师进行丝印，表面处理，配色处理，并输出丝印文档。

5.5.2.6　整机联调

5.5.2.6.1　开发部电子工程师和结构工程师指导开发部实验员将软件、硬件及结构件组合在一起联合调试。

5.5.2.6.2　对于测试中发现的问题，开发部软件工程师配合解决，联调完成后输出整机联调记录表。

程 序 文 件				受控印章	
标　　题	新产品开发设计流程				
文件编号	QP25				
页　　次	第 11 页　共 15 页				
版 本 号	0.0	生效日期	2009-04-01		

5.5.2.6.3　工艺评审，在整机联调完成之后，由项目经理组织开发、品质、工程人员进行工艺评审，并输出《工艺评审报告》。

备注：在《电子调试规范》未出之前，软硬件联调报告和整机联调报告暂时不出。

5.5.3　编制说明书

说明书制作人员在软电子工程师的指导下编写产品使用说明书。说明书最迟完成时间为试销出货前。

5.5.4　新材料认证

开发整机联调完成后，开发工程师需要按照新材料认证流程完成对新材料的认证。

5.5.5　发备料清单

5.5.5.1　项目经理指定项目人员输出需要备料的清单。

5.5.5.2　供应员接到备料清单后执行备料。

5.5.6　开发试制

在整机联调完成之后，产品进入开发试制阶段，开发试制需要装配正规的开发样机，并输出《样机装配记录表》、BOM 和测试方案书。QT 对样机进行测试，电子工程师在此阶段也要对产品进行安规认证。

5.5.6.1　结构，电子工程师指导开发部试验员进行样机装配。样机至少 4 台，2 台送安全认证，1 台送 QT 测试，1 台用作菲林制作前的拍照。

5.5.6.2　开发部试验员输出样机装配记录表。

5.5.6.3　QT 主管编写测试方案书并提交。QT 测试人员对产品进行测试并记录测试结果，在测试过程中如发现不合格项，反馈开发工程师进行整改。QT 测试项目包括性能测试、功能测试、环境测试、跌落震动测试，没有条件测试的 QT 可以申请委托其他测试部门测试。

5.5.6.4　开发 BOM 员汇总电子、软件、结构物料编写产品的 BOM 并提交审批。

5.5.6.5　开发工程师依据《开发可靠性测试作业指导书》，对设计产品进行白箱测试。

<table>
<tr><td colspan="4">程 序 文 件</td><td rowspan="5">受控印章</td><td rowspan="5"></td></tr>
<tr><td>标　　题</td><td colspan="3">新产品开发设计流程</td></tr>
<tr><td>文件编号</td><td colspan="3">QP25</td></tr>
<tr><td>页　　次</td><td colspan="3">第 12 页　共 15 页</td></tr>
<tr><td>版 本 号</td><td>0.0</td><td>生效日期</td><td>2009－04－01</td></tr>
</table>

备注：在《开发可靠性测试作业指导书》没有出来之前，该项可以不做。

5.5.6.6　开发部电子工程师准备认证样机和资料并提交申请，进行涉外认证。型式试验中心 ALE 负责安规认证的组织和协调，如认证中出现问题，ALE 提交整改通知单要求开发整改。

5.5.6.7　开发部平面设计人员拟制新品联络单，营销代表负责产品包装印刷材料的设计。

5.5.7　设计评审

整机 QT 测试和可靠性测试完成之后，项目经理组织开发、营销、工程、品质人员对整机的设计进行评审。评审项目包括专利使用情况、产品成本情况、工艺整改情况、产品规格符合情况、须申请专利的项目。

评审中不合格项，通过更改流程要求开发进行整改。评审中决定暂接受后续更改项，项目经理拟制《开发允错表》。

5.5.8　模具转移

开发部结构工程师在“模具转移清单”发出以后，组织工程、供应、模具厂家、生产厂家进行模具转移。

5.5.9　技术转移

5.5.9.1　PCC 审核技术资料输出的完整性后组织技术转移。结构的关键工艺尺寸需要标明。

5.5.9.2　项目经理组织开发、工程、品质、供应、PMC、营销进行技术转移。

5.5.10　C2 阶段评审

在 C2 各任务完成之后，项目经理通过项目经理会或其他途径向决策层汇报，进行阶段评审，输出阶段评审报告。

5.6　C3 工程试制

C3 阶段是工程和品质消化开发资料，验证开发产品，准备产线试产的阶段。

<table>
<tr><td colspan="4">程　序　文　件</td><td rowspan="5">受控印章</td><td rowspan="5"></td></tr>
<tr><td>标　　题</td><td colspan="3">新产品开发设计流程</td></tr>
<tr><td>文件编号</td><td colspan="3">QP25</td></tr>
<tr><td>页　　次</td><td colspan="3">第 13 页　共 15 页</td></tr>
<tr><td>版 本 号</td><td>0.0</td><td>生效日期</td><td>2009－04－01</td></tr>
</table>

5.6.1　工程样机装配

5.6.1.1　工程部电子工程师、工程部结构工程师、IE 工程师指导工程部实验员进行工程样机装配。

5.6.1.2　IE 工程师记录装配过程并根据装配过程制作《生产作业指导书》。

5.6.1.3　工程部试验员输出样机装配记录表。

5.6.1.4　工程样机装配完成之后，如工程部开发设计不符合生产要求，工程部可以通过更改流程要求开发部重新设计更改。

5.6.1.5　如样机装配通过，提交样机给 QE，并通知工程 BOM 员更新 BOM。

5.6.2　QE 测试

5.6.2.1　QE 工程师依据开发输出得测试方案书制定 QE 测试方案。

5.6.2.2　QE 依据测试方案对产品进行测试，测试完成后输出 QE 测试报告。

5.6.2.3　QE 工程师结合 QE 测试情况，输出《QE 测试方案书》并培训生产测试人员。

5.6.2.4　如 QE 测试报告不合格，QE 启动设计更改流程，要求开发部更改。对于评估后暂接受试产的不合项，由项目经理拟制《试产允错表》。

5.6.2.5　QE 测试合格进入下一环节。

5.6.3　试产准备

5.6.3.1　工程部 IE 输出《生产设备清单》。

5.6.3.2　工程部 ME 准备生产治具。

5.6.3.3　工程部 BOM 员录入 MRP BOM。

5.6.3.4　工程部电子工程师拟制《试产方案》。

5.6.3.5　PMC 部 PC 组织试产物料。

5.6.4　软件发布

QE 测试合格或有试产允错报告后，开发部软件工程师拟制软件发行单发布软件。

<table>
<tr><td colspan="4">程　序　文　件</td><td rowspan="5">受控印章</td><td rowspan="5"></td></tr>
<tr><td>标　　题</td><td colspan="3">新产品开发设计流程</td></tr>
<tr><td>文件编号</td><td colspan="3">QP25</td></tr>
<tr><td>页　　次</td><td colspan="3">第 14 页　共 15 页</td></tr>
<tr><td>版 本 号</td><td>0.0</td><td>生效日期</td><td>2009－04－01</td></tr>
</table>

5.6.5　试产命令

PMC 部 PC 发部试产命令，安排产线试产。

5.7　C4 试产试销

试产试销是产品在产线和市场验证的阶段。试产试销中发现的问题通过设计更改流程反馈开发整改。试产试销中的数量由试产前准备会议和试销会议决定。

5.7.1　小量试

5.7.1.1　工程部结构、电子、IE 工程师指导生产线生产测试并协调解决生产问题。

5.7.1.2　品质部 QE 领取产线机器进行验证。

5.7.1.3　开发工程师指导产线解决试产问题。

5.7.1.4　产线生产完成并且 QE 测试完成后，由工程部工程师组织召开试产总结会议并输出试产报告。

5.7.1.5　小量试要求更改项，启动设计更改流程通知开发更改。

5.7.2　营销试用

小量试产完成后，营销人员领取机器使用并输出《试用报告》，如需更改启动更改流程。

5.7.3　中量试产

中量试和小量试过程一样。

5.7.4　试销评审

5.7.4.1　产品经理组织试销评审会议，根据试产的结果决定是否进行试销。

5.7.4.2　营销部组织试销，试销完成后输出试销报告。

5.7.5　出货评审

第一批产品出货时，由品质部组织厂领导、开发、工程、营销、PMC、供应、品质对产品问题进行评估。

<table>
<tr><td colspan="4">程 序 文 件</td><td rowspan="5">受控印章</td><td rowspan="5"></td></tr>
<tr><td>标　　题</td><td colspan="3">新产品开发设计流程</td></tr>
<tr><td>文件编号</td><td colspan="3">QP25</td></tr>
<tr><td>页　　次</td><td colspan="3">第 15 页　共 15 页</td></tr>
<tr><td>版 本 号</td><td>0.0</td><td>生效日期</td><td>2009－04－01</td></tr>
</table>

5.7.6　结案

产品试销结束后，PCC 组织项目组成员结束项目。项目经理输出结案报告。

6　跨流程审批

6.1　在产品开发过程中特殊情况如需跨流程作业，可通过提交《计划变更表》由产品经理批准。在《计划变更表》中需注明变更任务内容、原因。

6.2　PCC 在接到《计划变更表》后，调整任务关系和时间，以满足实际需求。

7　派生机开发

派生机是工厂已有该造型的机器，而且只需做部分修改。派生机的开发步骤可以根据实际情况调节，但任务的删除需要在开发计划评审表中注明清楚。

8　设计变更

技术资料的变更都由开发部完成。依据《设计变更作业指导书》完成设计变更任务。

第二节　产品设计用户研究

一、产品开发设计之用户研究

1. 用户研究的目的

用户研究的首要目的是帮助企业定义产品的目标用户群，明确细化产品概念，并通过对用户的任务操作特性、知觉特征、认知心理特征的研究，使用户的实际需求成为产品设计的导向，使产品更符合用户的习惯、经验和期待。

用户研究的主要目的是了解人们对问题或现象的认知与态度是如何影响他们的行为的。这样的知识可以用于教育、营销、服务、管理、信息系统设计、服务系统设计、心理辅导、广告、公司形象管理、大众传播管理、组织动员、政治宣传等。用户研究是一门科学，是一种应用心理学。这种研究在国外十分普遍，是社会科学、管理学科、心理学、教育学等的基本研究方法的应用典型。用户研究是用户中心的设计流程中的第一步，它是一种理解用户，将用户的目标、需求与企业商业宗旨相匹配的理想方法。

2. 用户研究的价值

用户研究不仅对公司设计产品有帮助，而且让产品的使用者受益，是对两者互利的。对公司设计产品来说，用户研究可以节约宝贵的时间、开发成本和资源，创造更好更成功的产品。对用户来说，用户研究使得产品更加贴近他们的真实需求。通过对用户的理解，可以将用户需要的功能设计得有用、易用并且强大，能解决实际问题。

要实现以人为本的设计，必须把产品与用户的关系作为一个重要研究内容，先设计用户与产品的关系，设计人机界面，按照人机界面要求再设计机器功能，即“先界面，后功能”，同时二者要协调配合。

用户研究还能够帮助改善产品，如软件应用、手机、游戏等交互式产品，也包括消费类电器产品等。

3. 用户研究的步骤与方法

(1) 步骤一：前期用户调查

方法：访谈法（用户访谈、深度访谈）；背景资料问卷。

目标：目标用户定义；用户特征设计客体特征的背景知识积累。

(2) 步骤二：情景实验

方法：验前问卷/访谈、观察法（典型任务操作）；有声思维、现场研究、验后回顾。

目标：用户细分；用户特征描述；定性研究；问卷设计基础。

(3) 步骤三：问卷调查

方法：单层问卷、多层问卷；纸质问卷、网页问卷；验前问卷、验后问卷；开放型问卷、封闭型问卷。

目标：获得量化数据，支持定性和定量分析。

(4) 步骤四：数据分析

方法：① 常见分析方法。单因素方差分析、描述性统计、聚类分析、相关分析等数理统计分析方法。② 其他。主观经验测量（常见于可用性测试的分析）；Noldus操作任务分析仪、眼动绩效分析仪。

目标：用户模型建立依据；提出设计简易和解决方法的依据。

(5) 步骤五：建立用户模型

方法：任务模型；思维模型（知觉、认知特性）。

目标：分析结果整合，指导可用性测试和开发方案设计。

4. 用户研究的内容

内容包括用户群特征；产品功能架构；用户任务模型和心理模型；用户角色设定。

二、产品开发设计用户研究：统领大局

在产品开发设计过程中，用户体验研究是个非常重要的环节，而在整个用户体验设计过程中，用户研究非常关键，它也有很多形式。诺曼小组的作者之一 Christopher Rohrer，认为用户研究方法是以下四种形式的一些组合：

(1) 行为研究，观察人们做什么。

(2) 态度研究，观察别人说了什么。

(3) 定性研究，分析人们做事情的原因，提升方案。

(4) 定量研究，量化可测量的元素，并分析研究数据，如有多少潜在用户转换为真实用户或能成为产品消费的核心人群。

从用户研究中，我们能得到有关产品目标用户的详细资料。产品设计师、内容策略师和产品开发人员则可使用用户研究结果去改进设计、设计规范和原型。

三、适合产品设计开发的用户研究方法

用户研究对产品设计开发工作者来说是一个很好的工具，因为它能帮助产品设计师更好地了解用户的需求表达方式、用户的诉求核心点所在。

1. 人种学研究

人种学研究的独特之处在于这种研究是发生在用户的家中或办公室，目的是看到用户在他们真实生活环境中的状态。就像研究者在探险，希望看到身处野外的用户的真实状态。对产品设计师来说，人种学研究可以提供有价值的资料，来了解用户生活中的问题，以及这些问题给用户日常生活带来的影响，同时发现用户习惯的互动方式。

人种学尤其适用于以下情况：

（1）产品重新设计时，需要为产品使用者设计“友好互动操控界面”。

（2）目标用户与产品设计开发工作者截然不同的文化背景。

2. 日志研究法

日志研究适用于参与者在感觉不到难为情或压抑的情况下，分享如何使用产品或服务的真切感受。因为日志的私人属性，它通常用于个人化产品和服务，或者涉及敏感话题的研究中，比如，用来帮助疾病人群的设备产品设计开发研究或个人卫生设备设计开发研究。日志没有面对面访谈那么咄咄逼人，它也可以让产品设计开发研究人员从用户数天或数周的生活记录中识别出用户行为和需求模式。

产品设计研究开发工作者毫无疑问能从用户日志研究中受益：他们可以把目标用户写的日志当作样本，这样更能知道目标用户所需要的产品类型。

日志研究法尤其适用于以下情况：

（1）用户使用技术复杂的产品或服务，同时使用复杂的技术术语。

（2）用户的语言风格、产品使用习惯与公司的产品设计风格截然不同。

3. 用户反馈法

用户反馈是基于已经使用过的产品所产生的信息收集，这对产品设计开发研究工作者来说是非常完美的数据。通常情况下，公司会有自己的客服部，通过电话或问卷调查，收集到所有沮丧或生气的用户信息。然而事情总有两面性，在这种情况下，我们能从这类不开心的用户中挖掘大量的资料，他们表达了什么，如何表达的，在哪种情景下表达的，从而为今后的产品设计开发提供数据资料。

用户反馈法的另一个好处是产品设计开发研究工作者可以通过用户反馈了解到，当前的产品还有哪些缺陷，没有解决用户使用过程中的哪些实际问题。这对内容优先级的产品开发设计非常有用。

用户反馈法尤其适用于以下情况：

（1）在公司网站上分享了大量信息的企业。

（2）客户或团队不能确定用户优先级的产品。

（3）针对老用户使用且需要进一步提升的产品。

（4）公司名声不好，或有一大群客户或用户投诉。

4. 用户访谈法

用户访谈对产品设计师来说，通常是最有效的用户信息来源。产品设计开发工作者也渴望了解用户的需求、诉求、担忧和喜好！还有什么办法比聆听用户能更好地去营造一种友好的合作氛围呢？

产品设计开发研究工作者最明智的办法就是坐在访谈室里听听用户的声音。不能只看研究输出的重点结论。考虑研究时间的限制，标注用户原话中的重要语句和词汇，也能让产品设计开发工作者对访谈过程和结果有很好的感知。

访谈尤其适用于以下情况：

（1）产品设计开发团队已经准备为其他项目执行访谈了。

（2）产品设计开发团队不知道应该为目标用户传递什么内容。

5. 参与式设计

随着产品使用的普及、用户数量的增大及公司产品品种的日趋增多，用户和设计师的界限变得越来越模糊。但有种方法可以把他们联系得更加紧密，那就是参与式设计，即用户参与到设计师某一天的头脑风暴、草图甚至是原型创作中。虽然最终仍是设计师决定产品的下一步发展（因为最后的决定是需要同时考虑产品的体验和实际可行性的），但是参与式设计能让设计师听到用户的声音。设计组的成员经常参加参与式设计工作坊。产品设计开发工作者也可以成为其中一员。产品设计工作者需要做好记录，观察用户如何与原型互动，关注他们提出的问题，以及产品“一定要有”的东西。对产品设计开发工作者来说，参与式工作坊与访谈用户一样有用，因为设计工作室的头脑风暴环境通常让用户感到放松，更能对正在设计的产品做出自然的互动和反馈。

参与式设计尤其适用于以下情况：

（1）产品或应用正在设计中。

（2）用户有非常具体的需求和强烈的意见。

四、适用于产品设计开发的用户研究工具

一旦研究完成，就把掌握的用户信息投入实际开发设计中了。有些产品设计工作者在灵思泉涌时工作；另一些仅仅是按部就班的程序。然而，有许多可以利用的工具能使创作过程变得更加简单和有趣。许多工具都源自用户体验和内容策略，因而它们更能将用户研究所得资料转化成能引起受众共鸣的产品。这其中并没有强制使用的工具。它们适用于不同类型的产品开发设计人员，以方便设计开发人员去挑选，从而完成不同类型的项目。

1. 人物角色

人物角色，是将研究结果以一种易于使用的方式呈现。每个人物角色都是一个假设的人，用来代表目标用户。它包括组成这个独特人物的任何信息：用户的需求、诉求、目标、期望和沮丧。但是前提是，基于研究结果所得的人物角色才是有效的。换句话说，不要虚构一个人物角色！创造人物角色应基于用户访谈输出的信息。

人物角色通常包括照片、姓名、职业、平均年龄和该类用户如何度过他们的一天的信息。内容应尽可能详尽细致，这样就可以随时引用人物角色了。

人物角色尤其适用于以下情况：

（1）有多种用户类型，且每种用户类型都有明确的目标。

（2）不清楚用户具体是什么样的人群，这类人群的诉求点有哪些。

2. 核心价值

核心价值是一个帮助确定产品应呈现什么性能的工具。产品设计开发工作者与利益相关者一样能做决定，产品设计开发工作者可以从用户使用产品的路径开始思考：用户是从什么渠道了解我们的产品？是什么样的产品核心价值吸引他们来使用我们的产品？他们在使用产品过程中存在什么问题？

核心价值尤其适用于以下情况：

（1）企业有很清晰的商业目标，但是没有清晰的用户目标。

（2）企业拥有许多产品品种，但没有给用户展现清晰的产品线。

（3）企业也没有提供清晰的路径帮助用户全面了解公司整体产品类型。

3. 产品术语

许多产品设计开发工作者在从事产品设计开发工作时会被要求提供很多关键词，它们通常由营销部门、管理部门、财务部门等其他部门所需求，并在用户访谈、设计开发及宣传推广促销等方式时被使用和验证。这些词汇主要用于支持产品开发设计过程中的相关优化，并进一步称为日后宣传推广时的核心宣传点。产品术语表包括的内容很多，而不仅仅是关键词的陈列。通常术语表有四列：首选术语、定义、同义词、相关属性。

产品术语作为关键词一般由利益相关者或者营销部门予以定义，它们的含义是由产品内涵和市场特色所决定的，而不一定是词典中的解释！同义词则来自于用户研究，产品设计开发工作者可以利用这些同义词来丰富用户语言词汇库。产品术语给每个关键词赋予了意义，它能帮助产品设计开发工作者在设计开发产品时更灵活地使用关键词。

产品术语尤其适用于以下情况：

（1）用户习惯使用的词汇用语或者用户的文化背景基本类似时。

（2）当产品设计工作者感到他们在用同样的词汇来描述设计工作内容时。

4. 5W 研究工具

要想成为专业的产品设计人员，需要常常询问五个问题（简称 5W）：产品用途是什么？产品设计思想是什么？产品给哪些用户使用？产品使用的周期是多长？产品的核心特色是什么？回答好这五个问题，就能知道产品内容应该是什么了。接下来，设计创作时，把产品内容设想成与目标用户的对话，然后产品设计师就用自己的产品设计来完成这五个问题的答案即可。

5W 尤其适用于以下情况：

（1）项目有一些不同类型的用户。

（2）产品设计开发工作者写作遇到瓶颈。

五、适合于新产品开发设计的主要营销方式

1. 广告营销

广告营销是指企业通过广告对产品展开宣传推广，促成消费者的直接购买，扩大产品的销售，提高企业的知名度、美誉度和影响力的活动。随着经济全球化和市场经济的迅速发展，广告营销活动发挥着越来越重要的作用，是企业设计营销组合中的一个重要组成部分。

2. 广告交换

即寻求合适的、水平差不多的几个厂家，在 A 厂家产品上出现 B 厂家产品的广告，在 B 厂家产品上出现 A 厂家产品的广告，一般是供求关系链条的上下客户之间的广告交换更加有效。

3. 特价活动

新产品促销形式的较为普遍运用的一种方式，采用活动时间段或者特有身份享受特价的服务措施，比如在网站上线初期，前一万位会员享受高级会员待遇/前一万位会员享受折扣价格等，以吸引更多的用户来争抢有限名额。

4. 免费体验

免费体验就是让顾客通过对产品进行一段长期或短期的免费体验之后，对产品的性能和效果表示认可，并主动表达消费意向，商家再出售产品的一种符合市场变化发展的营销模式。通过让顾客来体验产品，尤其是体验新产品，从而抓住顾客的需求。星巴克、迪士尼、麦当劳、微软、IBM 等国际企业都是体验营销的积极倡导者。

5. 展会营销

行业展会是行业产品优势对比最直接的方式。一种是参加他人组织的同行业展会，一种是自己组织展会，邀请产业链上下游产品企业参加的交流展会，为产业链上下游企业提供对接机会，以巩固企业用户，亦可两者结合推出。

6. 产品推介会

行业产品推介会是新产品官方性推广的形式之一，在活动和行业会议、展会等交流机会上以向主办方出资的方式购买推介机会，造成新产品优势和强势的印象。

7. 关键词营销

关键词营销通过购买搜索引擎关键词排位来吸引客户。经统计，国内居民使用百度的概率为 75% ~ 80%（内地，尤其是北方地区）；GOOGLE 的使用概率为 15%（一般是江浙和沿海一带做出口多的地区；GOOGLE 现阶段的右边包年业务适合在全国各大城市推广）；其他（SOSO、搜狗、有道、中搜、3721 等）为 5% ~10% 。对于用户所需要的便民信息，人们第一反应是通过百度等搜索引擎检测，而最关注的一般是第 1 页的前 6 条，有效页面数为前 5 页，一般在第 1 页显示的网站找到了自己喜欢和满意的则不会再关注第 2 页和后面的页面。

8. 其他营销模式

除了上述营销模式外，还有其他一些营销模式，此处不再一一列举。总之，营销模式应该开展组合

的形式，即几种营销模式的同时组合开展，这样更符合目前整合营销的主流营销理念。

案例实务：苹果历代失败设计产品盘点

2015年12月12日，苹果官方宣布为iPhone 6/6s用户推出一款全新配件——Smart Battery Case，这是一款内置电池的保护壳，苹果官方称它能够为iPhone 6/6s的用户带来媲美iPhone 6/6s Plus的续航能力。这本是iPhone 6/6s用户的福音，但是这款保护壳的造型却让人眼瞎，遭到了诸多网友的吐槽，部分媒体也说很有可能把乔布斯气活过来。其实，回顾历史，对于工业设计美学十分讲究的苹果，也有过不少失败的产品，这里就带大家盘点一下苹果几大设计失败的产品。

1. Apple Newton：差劲的电池续航和不适宜的屏幕

Apple Newton是苹果最早的平板电脑，由苹果电脑公司于1993年开始制造，最初的Newton使用ARM 610 RISC CPU，具有触控屏幕、红外线、手写输入等功能，使用的操作系统是Newton OS。但不适宜的屏幕及糟糕的续航，使其始终在市场上找不到定位，需求量十分惨淡，该产品也最终在1997年停止生产。不过，Newton平板却为未来OS的设计指引了方向，同时告诉世人，什么是平板电脑。

2. Puck Mouse鼠标：完全不符合人体工学

苹果对于鼠标的设计似乎天生缺乏灵感，即便是现在仍然在售的Magic鼠标，也难以在鼠标阵营中排上名号，而这款苹果设计的Puck Mouse鼠标则更能被视作是操作者的噩梦。

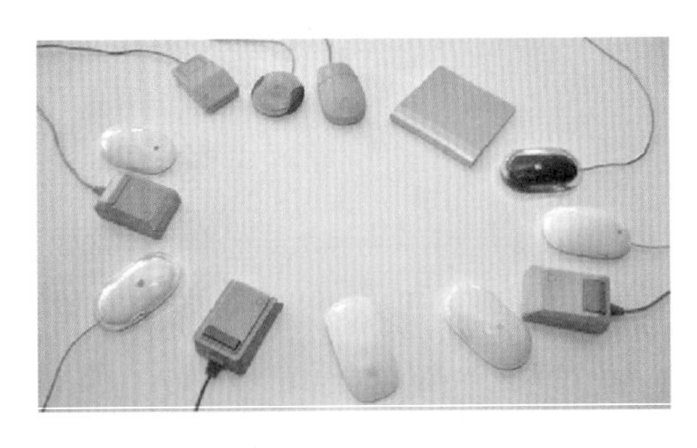
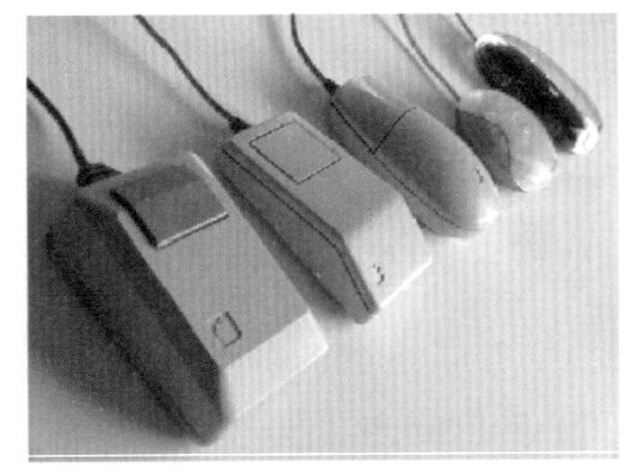

由于外形酷似冰球，人们将之称为“冰球鼠标”。这样别出心裁的外观设计确实赚了不少眼球，但是至于实用性嘛，那可就另当别论了。圆形的设计并不符合人体工学，用户在使用时长期抱怨手指和臂膀感到不适，这些反馈意见也最终迫使苹果重新考虑 Puck Mouse 的设计。这款鼠标仅在市场上存活了 2 年，2000 年便宣布停产。

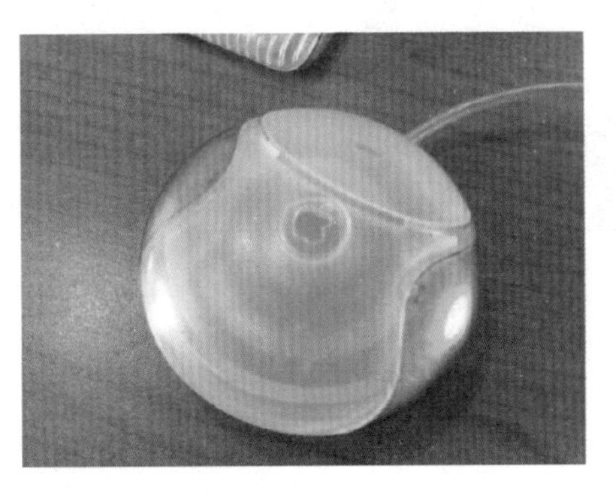
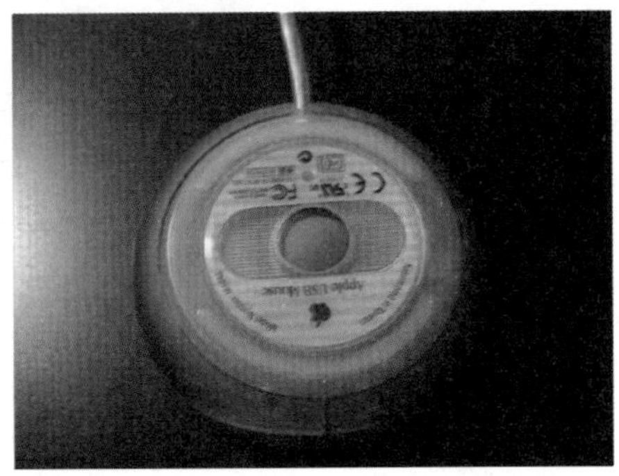

3. iPhone 4：深陷“天线门”

2010 年 7 月，乔布斯在加州 Cupertino 总部举行了一场新闻发布会，这是一场特殊而罕见的发布会。发布会并不是要发布什么新产品，而是官方对 iPhone 4 天线设计缺陷、是否召回问题机型、维修补救措施等一系列大家关心的话题进行了一一解答。

iPhone 4 毫无疑问是史上最经典的机型之一，在当时为了机身整体设计，iPhone 4 将手机的天线和边框整合在了一起，侧边的不锈钢框架天线分为两段，充当两个天线。其中一边负责蓝牙、WiFi 和 GPS 信号的接收，另一边负责通用移动通信系统和 GSM 手机信号接收。由于将天线与边框设计在了一起，导致消费者握机姿势不规范就会干扰到信号，使信号在短时间内彻底消失，这可以说是 iPhone 4 的一个重大设计失误。为了这个设计，苹果也为之付出了“天线门”的代价。

4. iPhone 6：摄像头是处女座的噩梦

2014 年 9 月，苹果发布 iPhone 6，业界再一次被苹果的工业设计能力所折服。更大更纤薄的金属机身，圆润通透的 2.5D 玻璃屏幕，加上出色的握持手感，iPhone 6 的外观设计一下子成了众多厂商模仿的对象。

不过，iPhone 6 外观设计方面唯一美中不足的设计是那颗凸起的摄像头，这种设计引来的首要问题就是磨损。根据一些手机“裸奔”用户反馈，在不带保护壳的情况下，镜头中心相对来说还比较安全，但边缘金属还是很容易遭到磕磕碰碰。另外一个问题就是手机难以完全水平放置，由于些许的突出，会引起手机平放时存在微小的弧度，简直是逼死强迫症。

当然，iPhone 6 摄像头凸起设计，一方面是要照顾到其超薄的设计，而另一方面摄像头组件的升级也带来了厚度的增加。在权衡这一对矛盾时，苹果显然把天平倾斜到了超薄的设计上。至于照相效果的提升，能否抚慰用户对摄像头设计的遗憾，则是见仁见智的事了。

5. 鼠标 Magic Mouse 2：充电时我怎么用

与上一代产品相比，Magic Mouse 2 的最大特点就是，内置更环保的可充电锂离子电池，使用 Lighting-USB 数据线约 2 小时充满，可续航约 1 个月。由于不再使用一次性电池，Magic Mouse 2 采用了全新内部构造，减少了活动部件。这种坚固却又更加轻盈的构造，以及更优化的底脚设计，令它在滑动时阻力更小，手感更加平滑流畅。

但是，让人失望的是，鼠标加入的 Lighting 充电接口位置十分违和。Lighting 接口位于鼠标背面，在充电时鼠标则完全无法使用，而且这充电姿势被众多网友吐槽太“销魂”，无法直视。

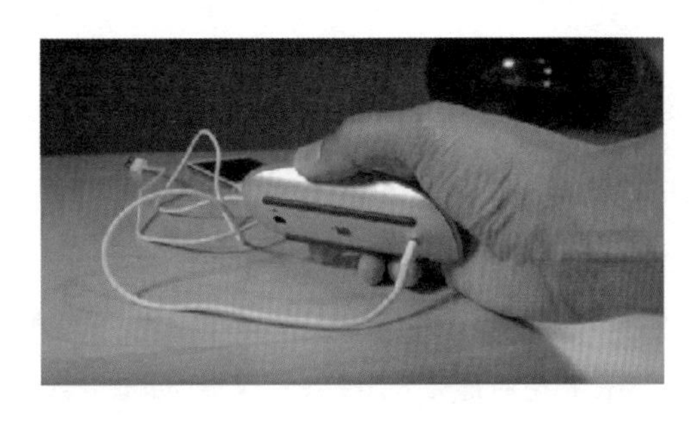

案例思考：

1. 请分别指出以上几款产品设计中存在的问题。

2. 请分别根据上述产品设计存在的问题提出改进建议。

3. 既然这几样错误产品已经设计生产出来，该如何营销才能最大限度地销售？

第三节　产品设计营销管理策略

一、导入期的营销管理策略

产品的导入期，一般是指新产品试制成功到进入市场试销的阶段。在产品导入期，一方面，由于消费者对产品十分陌生，企业必须通过各种促销手段把产品引入市场，力争提高产品的市场知名度；另一方面，由于导入期的产品生产成本和销售成本相对较高，企业在给新产品定价时不得不考虑这个因素。在导入期，企业营销的重点主要集中在促销和价格方面。一般有 4 种可选择的市场营销。

1. 高价快速策略

方法：在采取高价格的同时，配合大量的宣传推销活动，把新产品推入市场。其目的在于先声夺人，抢先占领市场，并希望在竞争还没有大量出现之前就能收回成本，获得利润。

这种策略主要适用于以下情况：① 必须有很大的潜在市场需求量；② 这种产品的品质特别高，功效又比较特殊，很少有其他产品可以替代，消费者一旦了解这种产品，常常愿意出高价购买；③ 企业面临着潜在的竞争对手，想快速地建立良好的品牌形象。

2. 选择渗透策略

方法：在采用高价格的同时，只用很少的促销努力。高价格的目的在于能够及时收回投资，获取利润；低促销的方法可以减少销售成本。

这种策略主要适用于以下情况：① 市场比较固定，明确；② 大部分潜在的消费者已经熟悉该产品，他们愿意出高价购买；③ 商品的生产和经营必须有相当的难度和要求，普通企业无法参加竞争，或由于其他原因使潜在的竞争不迫切。

3. 低价快速策略

方法：在采用低价格的同时，做出巨大的促销努力。其特点是可以使商品迅速进入市场，有效地限制竞争对手的出现，为企业带来巨大的市场占有率。该策略的适应性很广泛。

这种策略主要适用于以下情况：① 产品有很大的市场容量，企业可望在大量销售的同时逐步降低成本；② 消费者对这种产品不太了解，对价格又十分敏感；③ 潜在的竞争比较激烈。

4. 缓慢渗透策略

方法：在新产品进入市场时采取低价格，同时不做大的促销努力。低价格有助于市场快速地接受产品，低促销又能使企业减少费用开支，降低成本，以弥补低价格造成的低利润或者亏损。

这种策略主要适用于以下情况：① 市场容量非常大；② 消费者对产品有所了解，同时对价格又十分敏感；③ 存在某种程度的激烈竞争。

二、成长期的营销管理策略

成长期是指新产品试销取得成功以后，转入批量生产和扩大市场销售的阶段。在产品进入成长期后，有越来越多的消费者开始接受并使用它，企业的销售额直线上升，利润增加。在此情况下，竞争对手也会纷至沓来，威胁企业的市场地位。因此，在成长期，企业的营销重点应该是保持并且扩大自己的市场份额，加速销售额的上升。另外，企业还必须注意成长速度的变化，一旦发现成长的速度由递增变为递减时，必须适时调整策略。这一阶段适用的具体策略有以下几种。

1. 积极开展技术改造

积极集中必要的人力、财力和物力，积极开展技术改造或基本生产建设，以利于迅速增加或者扩大生产批量。

2. 有效改进产品质量

改进产品质量，增加产品新特色，在包装、款式、规格和定价方面做出改进。

3. 开阔发展细分市场

进一步开展市场细分，积极开阔新的市场，创造新的用户以利于扩大销售。

4. 努力疏通流通渠道

努力疏通并增加新的流通渠道，扩大产品的销售面。

5. 及时改变促销重点

改变企业的促销重点。例如，在广告宣传上，从介绍产品转为树立形象，以利于进一步提高企业产品在社会上的声誉。

6. 灵活运用价格手段

充分利用价格手段。在成长期，虽然市场需求量较大，但在适时企业可以降低价格，以增加竞争力。当然，降价可能暂时减少企业的利润，但随着市场份额的扩大，长期利润还可望增加。

三、成熟期的营销管理策略

成熟期是指商品进入大批量生产，而在市场上处于竞争最激烈的阶段。通常这一阶段比前两个阶段持续的时间更长，大多数产品均处于该阶段，因此，管理层也大多数是在处理成熟期产品的问题。在成熟期，有的弱势产品应该放弃，以节省费用开发新产品；但是同时也要注意到原来的产品可能还有其他发展潜力，有的产品就是由于开发了新用途或新功能而重新进入新的生命周期的。因此，企业不应该忽略或者仅仅是消极地防卫。企业应该有系统的考虑市场、产品及营销组合的修正策略。这一阶段适用的具体策略有如下几种。

1. 市场修正策略

企业通过努力开发新的市场来保持和扩大自己的商品市场份额。主要包括：① 努力寻找市场中未被开发的消费群体，例如使非使用者转变为使用者；② 通过宣传推广促使客户更频繁地使用或每一次使用更多的量，以增加现有客户的购买量；③ 通过市场细分化，努力打入新的市场区划，如地理、人口、用途的细分；④ 赢得竞争者的客户。

2. 产品改良策略

企业可以通过产品特征的改良，来提高销售量。主要包括：① 品质改良，即增加产品的功能性效果，如耐用性、可靠性、速度及口味等；② 特性改良，即增加产品的新的特征，如规格大小、重量、材料、质量、添加物及附属品等；③ 式样改良，即增加产品美感上的需求。

3. 营销组合调整策略

企业通过调整营销组合中的某一因素或多个因素，以刺激销售。主要包括：① 通过降低售价来加强竞争力；② 改变广告方式以引起消费者的兴趣；③ 采用多种促销方式，如大型展销、附赠礼品等；④ 扩展销售渠道，改进服务方式或贷款结算方式等。

四、衰退期的营销管理战略

衰退期是指产品逐渐老化，转入产品更新换代的时期，当产品进入衰退期时，企业不能一味维持原有的生产和销售规模。企业必须研究产品在市场的真实地位，然后决定是继续经营下去，还是放弃经营。这一阶段适用的具体策略有以下几种。

1. 维持策略

企业在目标市场、价格销售渠道促销等方面维持现状，由于这一阶段很多企业会退出市场，因此，对一些有条件的企业来说，并不一定会减少销售量和利润，使用这一策略的企业可配以商品延长寿命的策略，企业延长产品寿命周期的途径是多方面的，最主要的有以下几种：① 通过价格分析降低产品成本，以利于进一步降低产品价格；② 通过科学研究，增加产品功能，开辟新的用途；③ 加强市场调查研究，开拓新的市场，创造新的内容；④ 改进产品设计，以提高产品性能、质量、包装、外观等，从而使产品寿命周期不断实现再循环。

2. 缩减策略

企业仍然留在原来的目标上继续经营，但是根据市场变动的情况和行业退出障碍水平在规模上做出适当的收缩，如果把所有的营销力量集中到一个或少数几个细分市场上，以加强这几个细分市场的营销力量，也可以大幅度地降低市场营销的费用，以增加当前的利润。

3. 撤退策略

企业决定放弃经营某种商品并撤出该目标市场。在撤出目标市场时，企业应该主动考虑以下几个问题：① 将进入哪一个新规划产品区域，经营哪一种新产品，可以利用以前的哪些资源；② 品牌及生产设备等残余资源如何转让或者卖出；③ 保留多少零件存货和服务，以便在今后为过去的顾客服务。

案例实务：宝马公司新产品及营销管理策略设计

1. 营销策划的目的

开发新产品，并且推广销售。

2. 汽车行业背景概况

“从世界范围来看，连续十年保持20% 以上的增长率，在发达国家也是绝无仅有的。”工信部一位专家5日向《经济参考报》记者表示。中国加入世界贸易组织（以下简称“WTO”）十年来，我国汽车销量由2000年的207万辆增长到2010年的1 826万辆，年均产量增长率为24.3%。十年间，中国汽车销量占全球汽车销量的比重由2001 年的4.27% 迅速增至2009年的22.38%，跃为世界第一汽车产销大国。入世十年来，我国汽车产量增长了近8倍，是中国汽车业最快的十年，中国也一跃成为全球第一大汽车市场。更重要的是，入世后，中国汽车业通过对外开放促进对内放开和改革，初步形成了汽车产业竞争性的市场环境，形成“开放中确立大国竞争优势”的发展模式。

入世推动了“轿车进家庭”浪潮的兴起，进而使汽车产业形成了消费主导生产的良性循环，成为国民经济支柱产业。付于武介绍，十年来，由于加入了WTO，2001 年以后，社会资源进入汽车产业的渠道得以放开，2010年汽车产销量超过1 800万辆，占同期世界产销量7 800万辆的近1/4。2010年汽车销售收入4.35万亿元，总就业人数超过4 000万，占城镇就业人口的12%，税收9 500亿元，占全国总税收的13%，汽车零售业占社会销售零售总额的10%。

有专家曾表示，预计到2020年，国家一年至少需要4.5亿吨原油，其中汽车用油将占国家整个用油量的55%。而以石油为代表的不可再生类资源的全球性稀缺，注定新能源汽车发展是大势所趋。近年来，国家在公交领域、公用领域大力推广新能源汽车，并给予大量财政补贴。为了推动电动汽车进入家庭，从2017年6月1日起，国家在上海、深圳、杭州、合肥、长春5个城市（后追加了北京）开展私人购买电动汽车补贴试点。随着2011 年《节能与新能源汽车产业规划》正式出台，新能源汽车成为政策扶持的重点领域。迄今，新能源汽车示范推广试点城市已增至25个。政策扶持除了看得见的现金补贴，厂商在技术力量、配套设施、物资需求方面也会享受到相关扶持，这些促使厂家争打绿色能源概念牌。

自从“环境保护”的概念被提出的时候，人类就已经意识到环境对于人本身发展的重要性和不可替代性了。作为环境保护中的一个很大的方面——“节能环保”，就是减少已在使用的能源和污染物的排放。国务院办公厅2011 年12 月9 日正式公布了《中华人民共和国车船税法实施条例》（以下简称“条例”），条例规定，节约能源、使用新能源的车船可以免征或者减半征收车船税。同时，被盗车辆可以退税。新条例将于明年1 月1 日起施行。作为汽车产业，如何能够在科技发展的今天做到低排放甚至零污染，人们对于绿色汽车的需求越来越强烈，如何满足用户在对舒适性、安全性和发动机功率方面不断提高的要求，还必须高效、节能和最大限度地环保，这个问题一直考验着汽车制造业的大佬们。

3. 宝马公司背景概况

BMW，正式全称为巴伐利亚发动机制造厂股份有限公司（德文：Bayerische Motoren Werke AG），是德国一家世界知名的高档汽车和摩托车制造商，总部位于慕尼黑。BMW 经常被昵称为“Bimmer”，BMW 在中国大陆、香港与早年的台湾又常称为“宝马”。BMW 集团除了以“BMW”作为品牌商标销售各式汽车与摩托车外，也收购过多家外国汽车公司。目前 BMW 集团是 BMW、MINI、Rolls-Royce 三个品牌的拥有者。

BMW 集团的今天以高档品牌高效增长。当前，宝马集团是全世界最成功和效益最好的汽车及摩托车生产商。与此同时，宝马公司也面临着挑战：一方面，面临来自各种不同品牌的汽车竞争；另一方面，由于汽车行业不断推出新理念，而使得新品层出不穷。这些都给宝马公司带来无形的压力。

宝马公司将长期贯彻明确的高档品牌策略，在未来几年内，这将体现在大范围内的产品和市场攻势上。在注重品牌独特性的同时，宝马公司将通过推出新产品进军新领域，并把公司的各系列产品推广到更多的市场。宝马公司将进入一个新的境界。

4. 新产品概念

BMW Active 是为了满足日常驾驶需要而生的新型电动汽车，拥有 BMW 独有的操控特点，完全零排放，专为未来打造。

5. 宝马汽车新产品设计

BMW Active 支持全电力驱动。前后车底防锈处理板由抛光铝制成。基于 BMW 1 系双门轿跑车研发，拥有 BMW 独有的操控特点，完全零排放，专为未来打造。高性能电动机确保 BMW Active 动力强劲，动感十足。最大输出功率为125 kW（170 马力），250 N·m 的扭矩，百公里加速度仅需8.5 秒。先进的锂离子蓄电池、马达和电子设备取代了内燃机、变速箱和油箱，不仅确保了车辆的平衡性，更带来4 个座椅和200 升行李箱的充足空间。仅需3 小时，车辆即可完成充电，而一次充电可尽情驰骋160 公里之远。在安全方面采用新一代自适应式前安全气囊，在车祸发生时，该气囊可以根据乘员的体积及其他可能产生的变量，自动调整气囊的压力及体积大小，让乘员更舒适。

6. 宝马汽车产品开发

（1）市场竞争状况

豪华车品牌亦步亦趋的各个层面竞争，有可能在加剧竞争态势的同时导致国内豪华车市场格局的变化。一个明显的趋势是，奥迪一家独大，宝马、奔驰紧随其后，雷克萨斯、讴歌、英菲尼迪、凯迪拉克等日、美系豪华车品牌分食剩余市场，该格局将有可能演变为“三超多强”的格局，即奥迪与奔驰、宝马的差距进一步缩小组成第一梯队，剩余的豪华车品牌则在各自擅长的领域取得一定的市场份额。其中，奔驰提出了2015年度产销30万辆的具体目标，奥迪更是画出了未来三年100万辆的大饼。宝马目前在国内豪华车市场的份额是22%左右，而且一直保持稳步增长，今年的销量增速更是高于高档车市场增速的90%。宝马公司重视网络拓展和服务质量的提升，2011年新开了50家经销网点，年底将达到200家左右的规模，进口的网络规划宝马将从一线城市向二、三线城市倾斜，让纬度更广的消费者能够便捷地体验宝马的服务。

（2）宝马公司定位

一提起宝马，就联想起卓越的工程设计、高水平的制作工艺、创新的设计，最重要的是带来纯粹的驾驶乐趣。宝马品牌的培育过程，可牵扯到可持续性的成功，这是非常关键的，一个品牌的可持续性成功也在于它能够与时俱进，随着环境的变迁，时代的发展，经济的发展，环保、能源成为人们非常关注的课题。早在7年前，宝马公司就已经洞察到未来的趋势，而且制定了一个长期的高效动力策略，这个策略甚至于分短期、中期、长期，所以非常清晰。那么高效动力的长期目标，并不只是为了低排放而牺牲驾驶乐趣，而是在于达到最大程度的驾驶乐趣的同时，把排放降到最低，为此能满足日常驾驶需要的零排量新型电动汽车BMW Active应运而生。

（3）需求对象

总体来看，宝马汽车的消费者可以分为两类：富人阶层（新贵+成功人士）和中产阶层。

① 富人阶层占全国总人群的2%左右，家庭年收入为2 000万元以上，主要是房产投资商、公司CEO及合伙人、MBO企业主、矿主等。新贵人士一般40岁以下，较年轻，传统的成功人士一般较年长。② 中产阶层占群体的17%左右，年龄为32~45岁（大学毕业10年以上），一线城市家庭年收入为50~200万元，二、三线城市家庭年收入为30~100万元，受教育水平较高，已购房产，大部分已婚、有小孩。

7. 新产品上市各阶段策略

（1）营销宗旨

以强有力的广告宣传攻势顺利拓展汽车市场，宝马汽车准确定位，突出宝马车本身固有的特色，采取差异化营销策略；以产品主要消费群体为产品的营销重点；建立起点广面宽的销售渠道，不断拓宽销售区域等。

（2）产品策略

BMW、MINI和Rolls-Royce三个品牌各自拥有不同的传统、形象和市场定位，它们所代表的产品个性鲜明。在质量、安全性和驾驶乐趣等方面都执行高标准。最佳是宝马集团三种品牌的共同诉求。在宝马品牌的全部8个车型系列中，都在诉求一个众所周知的“Sheer Driving Pleasure”理念。

（3）价格策略。

新车定位在100~200万元，因为宝马追求的是高价政策，高价意味着宝马品牌的地位和声望及宝马汽车的高品质，高价表示了宝马品牌与竞争品牌相比具有的专用性和独特性，显示出车主的社会成就。

（4）销售渠道

采用品牌专卖模式，即4S品牌专卖店。以宝马汽车销售公司为中心，以区域管理为依托，以特许经销商为基点，集“整车销售、售后服务、零配件供应、信息反馈”四位一体，受控于制造商，直接面向终极用户的扁平化的分销售渠道模式。

（5）促销策略

① 广告营销。突出其环保的特点，以报刊、电视等广告投放为主流媒体。有效地利用网站、户外等媒体推广新车。策划期内前期推出产品形象广告；销后适时推出诚征代理商广告；节假日、重大活动前推出促销广告；把握时机进行公关活动，接触消费者；积极利用新闻媒介，善于创造利用新闻事件提高企业产品知名度。

② 体验营销。在中国，宝马启动了一个“感受完美”的试车活动。“感受完美”不局限于试车，还代表着创新概念、尖端科技和产品性能的卓越，以及一种汽车文化和生活方式。

③ 娱乐营销。在一些影片中产品植入，加大宣传。

④ 公益营销。今天，一个成功品牌的公司与它所承担的社会公益、责任是分不开的，但如何将商业成功与承担责任有机结合可能不少公司还在困惑中。宝马则将两者巧妙融合，因为社会责任才是宝马品牌美誉度的基础，关切社会才是品牌战略核心。这些理念反映出的主题包括行车安全、教育、不同文化间的交流等，如在中国，宝马开展了一个类似项目，以提高儿童的安全意识。

⑤ 精准营销。a. 精准的市场定位。区分哪些是宝马新车的需求对象，更有针对性地进行销售。b. 与顾客建立个性传播沟通。通过及时地处理客户订单、解答客户问题、关怀客户来维系客户关系。c. 提供个性化的产品。与精准的定位和沟通相适应，只有针对不同的消费者、不同的消费需求，设计、制造、提供个性化的产品和服务，才能精准地满足市场需求。d. 按照客户订单来完成整车配置并及时送达。e. 售后客户保留和增值服务。对于任何一个企业来说，完美的质量和服务只有在售后阶段才能实现。忠诚顾客带来的利润远远高于新顾客。只有通过精准的顾客服务体系，才能留住老顾客，吸引新顾客，达到顾客的链式反应。

第四节　产品设计营销策划管理实务

一、产品设计营销策划管理基本内容

1．*产品设计营销策划管理的概念*

产品设计营销策划管理是企业为了达到最有效的资源配置及管理，运用系统思维和科学的方法，对将要发生的产品设计营销策划行为进行超前规划和设计构思，从而有效谋划及营销管理的整体过程。

2. *产品设计营销策划管理的基本原则*

创新思维性原则、系统可行性原则、执行时机性原则、信息及时性原则、目标效益性原则、灵活可变性原则。

3. *产品设计营销策划管理的思维方法*

（1）灵感思维，如热线追踪法、训练右脑法、寻求诱因法、搁置问题法、西托梦境法。

（2）侧向思维，如侧向移入、侧向移出、侧向转换。

（3）逆向思维。

（4）组合思维，如同类组合、异类组合、重组组合、共享与补代组合。

（5）联想思维，如相似联想、对比联想、接近联想、因果联想、连锁联想、飞跃联想。

（6）想象思维。

4. *产品设计营销策划管理的分类方法*

（1）以策划的对象为标准，可以分为企业策划（树立良好的企业形象）、产品策划（推出新产品和扩大销量）、服务策划（提高企业信誉）。

（2）以市场发展程序为标准，可以分为市场选择策划、市场进入策划、市场渗透策划、市场拓展策划、市场对抗策划、市场防守策划和市场撤退策划等。

（3）以市场营销过程为标准，可以分为市场定位策划、产品定位策划、品牌策划、包装策划、价格策划、分销策划、促销策划等。

（4）以市场营销的不同层次为标准，可以分为市场营销的基础策划（市场调研策划和企业战略策划）与运行策划。

目前使用最广泛的是第三种方法。

5. *产品设计营销策划管理的实施与控制*

产品营销策划管理的实施是指将营销策划方案转化为行动和人物的部署过程，并保证这种过程顺利

完成，以实现营销策划管理所制定的目标。

6. 产品设计营销策划管理的控制方法

（1）年度计划控制（产品销售分析、产品市场占有率分析、产品营销费用分析、顾客态度跟踪分析）。

（2）盈利能力控制（盈利能力分析、选择最佳调整措施）。

（3）效率控制（销售队伍效率、广告效率、促销效率、分销效率）。

（4）战略控制（市场营销审计的特点有全面性、系统性、独立性、定期性）。

7. 产品设计营销环境管理

产品营销环境管理是指在企业产品设计营销活动之外，能够影响企业产品设计营销业绩，影响企业建立并保持与目标顾客良好关系的能力的各种因素和力量。产品营销环境的类型有如下两种。

（1）微观营销环境（直接营销环境或企业作业环境），包括企业本身、市场营销渠道企业、顾客、竞争者及公众。

（2）宏观营销环境，主要有人口、经济、政治法律、科学技术、社会文化及自然生态等因素。宏观环境一般以微观环境为媒介去影响和制约企业的营销活动。宏观环境因素与微观环境因素共同构成多因素、多层次、多变化的企业市场营销环境的综合体。

8. 产品设计营销策划管理之 SWOT 法

所谓 SWOT 分析，即基于内外部竞争环境和竞争条件下的态势分析，就是将与研究对象密切相关的各种主要内部优势、劣势和外部的机会、威胁等，通过调查列举出来，并依照矩阵形式排列，然后用系统分析的思想，把各种因素相互匹配起来加以分析，从中得出一系列相应的结论，而结论通常带有一定的决策性。

运用这种方法，可以对研究对象所处的情景进行全面、系统、准确的研究，从而根据研究结果制定相应的发展战略、计划及对策等。S（strengths）是优势，W（weaknesses）是劣势，O（opportunities）是机会，T（threats）是威胁。按照企业竞争战略的完整概念，战略应是一个企业“能够做的”（即组织的强项和弱项）和“可能做的”（即环境的机会和威胁）之间的有机组合。

优势：是组织机构的内部因素，具体包括有利的竞争态势、充足的财政来源、良好的企业形象、技术力量、规模经济、产品质量、市场份额、成本优势、广告攻势等。

劣势：是组织机构的内部因素，具体包括设备老化、管理混乱、缺少关键技术、研究开发落后、资金短缺、经营不善、产品积压、竞争力差等。

机会：是组织机构的外部因素，具体包括新产品、新市场、新需求、外国市场壁垒解除、竞争对手失误等。

威胁：是组织机构的外部因素，具体包括新的竞争对手、替代产品增多、市场紧缩、行业政策变化、经济衰退、客户偏好改变、突发事件等。

9. 产品设计营销策划管理之新产品

新产品指采用新技术原理、新设计构思研制、生产的全新产品，或在结构、材质、工艺等某一方面比原有产品有明显改进，从而显著提高了产品性能或扩大了使用功能的产品。既包括政府有关部门认定并在有效期内的新产品，也包括企业自行研制开发，未经政府有关部门认定，从投产之日起一年之内的新产品。用来反映科技产出及对经济增长的直接贡献。

对新产品的定义可以从企业、市场和技术三个角度进行。对企业而言，第一次生产销售的产品都叫新产品；对市场来讲则不然，只有第一次出现的产品才叫新产品；从技术方面看，在产品的原理、结构、功能和形式上发生了改变的产品叫新产品。设计营销管理中的新产品包括了前面三者的成分，但更注重消费者的感受与认同，它是从产品整体性概念的角度来定义的。凡是产品整体性概念中任何一部分的创新、改进，能给消费者带来某种新的感受、满足和利益的相对新的或绝对新的产品，都叫新产品。

（1）全新型新产品：应用新技术、新材料研制出的具有全新功能的产品，这种产品对企业或市场而言都属于新产品。

（2）换代型新产品：在原有产品的基础上采用或部分采用新技术、新材料、新工艺研制出来的新产品，与原有产品相比在质量和性能上都有提高。

（3）改进型新产品：对老产品加以改进，使其性能、结构、功能、用途有所变化，与换代产品相比受技术限制较小且成本相对较低，便于市场推广和使消费者接受。

（4）仿制型新产品：对市场上已经出现的产品进行引进或模仿，研制生产出来的产品，开发这种产品不需要太多资金和尖端技术，比研制全新产品容易得多。

10. 产品设计营销策划管理之促销策略

（1）促销组合的基本手段：广告、营业推广、人员推销、公共关系。

（2）产品促销组合的策略：

① 推式策略，指企业以促销组合中的人员销售方式进行促销活动。主要方法：举办产品技术应用讲座与实物展销，通过售前、售中、售后服务来促进销售，带样品或产品目录走访顾主。

② 拉式策略，指企业针对最后消费者，花费大量的资金从事广告及消费者促销活动，以增进产品的需求。主要方法：通过广告进行宣传，同时配合向目标市场的中间商发函联系，介绍产品信息，为产品打开销路；组织产品展销会、订货会，邀请目标市场客户前来订货；通过代销、试销促进销售。

二、产品设计营销策划管理的设计思维及营销思维因素

1. 设计思维因素

产品开发设计可以细分为设计前准备阶段和设计阶段，由于产品开发设计所涉及的内容与范围很广，其设计的复杂程度相差也很大，但无论何种产品，在产品的整个发展过程中都要受人们的生活观念、社会文化、科学技术、市场经济等一些共同因素的影响。因此，设计前准备阶段和设计阶段要充分考虑市场的发展。

（1）设计前准备阶段

设计前准备阶段是产品开发设计的第一阶段，是一个将具体问题转化为明确设计方向的过程。它通过信息收集与市场调研去探询市场上同类产品的竞争态势、销售状况及消费者使用的情形，在分析评估后，有机地与公司发展策略相融合，最终定义出产品的整体“概念”。设计前准备阶段必须通过各种调查分析方法正确评价市场中的消费因素，才能为后续的设计工作找准方向。

（2）提出设计阶段

在设计实践中，设计的提出会有多种方式，企业中的设计师是从企业决策层及市场、技术等部门的分析研究中获得设计任务；设计公司是受客户委托得到具体项目；自由设计师可以直接通过对市场的分析预测找出潜在问题进行设计开发。无论设计任务是由谁提出的，针对具体的设计项目，设计师与企业之间必须保持良好的沟通与协调，从而明确企业开发产品的目的、意图与方向，制定出准确的设计目标，创作出优秀的产品。

（3）具体设计阶段

这一阶段是设计师在汇合各方面的要求和建议后，结合自己的创意设计思维予以具体产品开发设计的阶段。这一阶段设计师主要是将前面所做的一切工作及相关事宜以产品设计的形式展现出来，为下一步工作奠定良好的设计基础。

（4）试验及实施阶段

这一阶段主要是将设计师设计出的产品以样品形式进行相关试验并根据消费者反馈和市场实际情况进行相关修改，在试验基本达到相关要求后，即可展开具体实施，如批量生产、批量投入市场等。

2. 营销思维因素

单纯的“为设计而设计”的时代已经过时了，产品设计中的营销思维是产品设计中的生命之源，没有营销思维，产品设计就没有生命力。

产品设计中的营销思维主要表现在以下几个方面：

（1）成本控制思维

产品设计是为了企业更好地经营和发展，而企业经营的本质是盈利，所以在产品设计调查和设计决策时都应充分考虑产品成本控制要素。

（2）满足客户思维

这是一个以满足客户需求为宗旨的市场环境时代，因此产品开发设计的基本思路是“尽最大可能满足客户的需求”。一般在进行产品设计前，均会对市场的需求情况做市场调研，并在此基础上进行产品定位。

（3）市场运营思维

对消费者需求的满足，对相关市场情况的调查已充分显示出产品开发设计的最终目标所在，如果企业产品没有销量，企业产品设计就没有存在的意义。

(4) 核心卖点思维

不管是哪种产品，产品开发设计者们都会针对消费者需求、针对产品的核心卖点进行思考，总结提炼出准确的“核心卖点”将大大促进企业销量的有效递增。

案例实务：柯达 v570　双镜头数码相机设计案例分析

2005 年 12 月底，柯达在各种公开场合对外透露将会在 2006 年初推出一款全新的数码相机，这款相机将具有“划时代的意义”，将“颠覆”传统数码相机的概念。随后几天，全国各大城市主要 IT 卖场都出现了一款具备双镜头、超广角及多项拍摄功能的轻薄卡片 DC，型号 v570，型号名称承袭柯达时尚 v 系列，在外形上也具备 v550 的诸多风格。这样一款相对独特产品的出现，立即引起了行业人士及消费人群的广泛关注。

作为柯达迈入 2006 新财年在数码相机产品领域的拓新之作，v570 毫无疑问地承担起柯达时尚数码新形象的重任。而相对新颖的机身及功能设计，更让 v570 充满魅力。本篇将从分析 v570 的产品策略出发，探寻其设计思路及市场意义。以期能帮助读者理解在双瞳之外，v570 背后所体现的产品设计的智慧火花。

1. v570 产品策略

定位：时尚而内敛的商务人士、专业摄影师的第二部相机。

早在 2003 年，和许多数码相机厂商一样，柯达也推出了名下的时尚数码相机，不过在设计理念上并未能给人留下较深刻的印象。反倒因为机型外观及功能过于保守，未能吸引日渐庞大的普通消费人群。而在 2005 年，应对连年亏损，柯达断然宣布数码转型加速，相应产品领域也出现了新气象，如在 8 月份针对时尚消费人群，强力推出新 v 系列两款相机 v530/v550，二者以方正简洁的外观、大屏幕及丰富的随机应用迅速获取目标人群关注，销量猛增，一改人们对柯达相机的传统认知。

而进入 2006 年，建立在 v530/v550 基础上的 v570，更可看作柯达趁热打铁，全力展现新时尚及专业魅力，并进一步巩固品牌认同度的发力之作。从功能及外形设计来看，v570 瞄准的是那些时尚而内敛的商务人士，或者专业摄影师。他们对数码相机功用性具有较高要求，如需具备丰富场景模式、超广角功能等，同时也期望机器方便携带、外形稳重。

解读目标人群，我们发现具有以上需求特性的用户群体实则非常庞大，而目前市场主流的时尚数码相机要么定位过于片面——纯粹外观制胜，要么功用性不强——无法满足高端人群的需求，更有以另类功能如播放 mp3 或者可防水来吸引眼球的时尚卡片型 DC 频频出现。真正切入到专业与时尚之间的卡片 DC 少之又少。v570 无疑是看到了这个空当。

2. 特色鲜明：修长身形、超广角、全景拼接

定位的清晰，让 v570 在功能及外观设计上显得大度而从容，相对特色非常明显。首先是身形吻合人们的时尚感观，色彩搭配黑白两色，满足用户群的职业诉求。而功能上恰当平衡专业与时尚性。专业性上，v570 具备专业摄影师或者发烧友创作所需要的 23 mm 超广角、全景拼接、高速快门、长时间曝光功

能等，用户还可手动自定义场景模式，而时尚易用性上，多种场景模式、丰富的随机处理如相框、画面色彩效果、连续拍摄等都不输同类。

案例思考：广角人群消费习惯如何培养，是否有那么大的消费人群？

双镜头的采用最直接的目的是为用户带来 23 mm 超广角，这也是 v570 体现其专业素质的最大亮点。而单独为了 23 mm 超广角设计出独特的双镜头模式，是否有些小题大做？

在访谈柯达产品设计人员时，他们认为，首先人们对数码相机拍照的想象空间会越来越大，最直接的体现应该就在对广角的需求上，例如在聚会或者大场景时，超广角就能大显身手，将普通相机不能拍摄到的场面尽收眼底，其次卡片相机目前还没有谁在超广角上下功夫，而恰在使用卡片相机的人群中，绝大多数需要超广角。而拥有超广角的相机无非就是价格高达 5 000 元以上的高端消费相机，无法满足卡片相机用户的需要。如此一来，用双镜头的形式来实现 23 mm 超广角，就能恰当地解决这一供需的难题。

不过话虽如此，真正的超广角消费人群是否如柯达想象中的那么广泛，人们会不会为了照片宽度买 v570 身上另一支定焦镜头的单，倒是需要市场来检验了。

3. 价格竞争：3 200 元的 23 mm 广角

产品的定价是产品策略的重点。目前 v570 的售价在 3 200 元左右，相对于目前的主流卡片相机，并不算高。况且柯达的价格策略往往带有某种进攻性，柯达认为 v570 是人们买得起的轻薄相机，而非不可触摸，这也有一定道理，毕竟 v570 用一支定焦镜头换来了前所未有的 23 mm 广角，这种功用在 v570 出现之前还只有通过购买高端消费相机才能实现，同时它还把前辈机型的优点吸收殆尽，形成另一种独特风格。这种价格定位无疑是成功的。

4. 设计方案分析

在产品既有定位（要专业比如广角，同时时尚好用）和瞄准使用人群（摄影师第二台）的基础上，如何实现时尚与专业的结合？

首先是采用双镜头设计，2 支镜头在不同焦段独立工作来实现 23 mm 超广角能力，充分显示出柯达设计师的智慧。此举既能实现 23 mm 的要求——因为是定焦的，还能保持卡片机身设计，同时没有引起价格成本提升。双镜头的奇妙构思，不但让多种要求同时实现，还一举打破传统数码相机单镜头设计思路，值得赞赏。

其次是在机身设计上，既延续了 v550 的诸多亮点，又引入了 psp、手机等设计思路，显示出整合优势的思路。比如为了配合白领女性及专业人群的定位，v570 整体色调为黑白两色，沉稳内敛。而机身的厚度和高度近似于一款手机，薄是其一，比较窄是其二，这样握在手里是非常舒适的，长时间握持不会觉得很累。而液晶屏幕、按键、镜头位置的方位设计更看得出 psp 的影子，例如镜头和液晶屏幕居中，两侧分别为按键，两只手握持相机非常稳当。

在拍摄功能设计上，一如 v550 的丰富，不过界面更加简洁。20 多种场景模式，还可以自定义场景模式——设计师说明，无论开机关机还是抽取电池，自定义的场景模式是不会改变的。另外像全景拼接、MPEG 拍摄等都增加了使用者的拍摄乐趣和使用需要。

把易用性及应该具备的专业素养结合在薄薄的机身上，是很多数码相机设计师所追求的，在2005年我们也看到了很多时尚相机朝这一方向走，比如三星i5、柯美x1、奥林巴斯u800等，它们一起营造了2005年卡片DC欣欣向荣的景象，也为消费者带来了更多的使用乐趣。柯达v570在配置上不算高，但设计思路不落窠臼，在整合专业与时尚二者上做出了很有意义的探索。

针对v550设计理念上的一些探讨就到此为止，有兴趣的朋友可以在文后讨论。

5. 市场意义分析

柯达自提速数码后，在渠道及产品领域做出了大幅度调整，比如大力推建数码影像网络、减少胶片生产投入、增加数码相机及其零配件、冲印打印器材的市场开发等。数码相机产品领域，2005年柯达推出了不下20款数码相机，其中最大的亮点还是8月份推出的全新v系列，全新形象和时尚定位，获得的市场反馈相当不错，而紧接着推出双镜头的v570，更说明其信心爆棚，着力消费领域的策略。由于在市场定位上非常明确，v570无论在设计还是功能上都具备明显差异性，目前还没有同类产品出现，可以说暂时抢得了既定消费空间（对23 mm超广角及功能性卡片相机有要求），细分市场行为相当成功。不过依笔者看，超广角时尚相机消费人群空间还在蓄势阶段，此一领域还有待开发，这样的话，v570难免还是要陷入卡片相机领域的激烈竞争中。

总体来看，尽管是作为第一款双镜头卡片DC出现在世人眼中，但柯达v570的设计理念是非常成熟并且巧妙的，超广角卡片相机的定性及价格优势使得它具备充分的理由直面消费人群。而着眼未来的数码相机产品战略，柯达也可借此机型再次昭告柯达在数码相机制造方面的专业地位，助力品牌渗透。

第五章　环境艺术设计营销与管理

第一节　环境艺术设计概述

一、环境艺术设计概述

环境艺术设计的叫法，始于20世纪80年代末，当时的中央工艺美术学院室内设计系为仿效日本，而将院系名称由“室内设计”改成“环境艺术设计”。一时间，全国众多设计院校步其后尘、纷纷效仿。改名称成了时髦，一阵风似的，很少有人冷静思考。几个认为改名不妥的专家出来呼吁也没人听，几年后，连那些当年积极带头的人也觉得改得不妥当。在中国，所谓的“环境艺术设计”就是指室内装饰、室内外设计、装修设计、建筑装饰和装饰装潢等。尽管叫法很多，但其内涵相同，都是指围绕建筑所进行的设计和装饰活动。要说有区别的话，那就是室内装修和室外装修的区别。由此可以看出，室内设计的叫法也很不妥，其限定性概念显然是将室外装饰设计排斥在外，致使围绕建筑外立面和小环境的装饰设计，出现建筑、室内、园林、景观等各设计施工行业竞相插足的现象；而环境艺术设计就其狭义（围绕建筑的室内外设计）上讲，叫法还算贴切，但其广义的概念和范围就没有了，环境艺术几乎涵盖了地球表面的所有地面环境和与美化装饰有关的所有设计领域。

环境艺术设计包括的很广，包括室内室外设计、园林设计、家具设计、建筑设计等。因此，既要掌握3D Max、AotoCAD、LS等软件，也需要掌握Photoshop等软件来美化做出效果图。

二、环境艺术设计的特性

1. 环境艺术设计的预见性

提升环境品质需求已是当代社会，更是未来社会追求的目标。中国环境艺术建设层面主要体现在室内设计和装饰、装修等内容上，环境艺术也侧重于此。但随着时代发展，环境艺术设计的内容将大大扩展，涉及的范围也将更加广阔。

2. 环境艺术设计的系统性

环境艺术设计是一项极其综合的系统性行为，包含着与之相关的若干子系统。它集功能、艺术与技术于一体，涉及艺术和科学两大领域的许多学科内容，具有多学科交叉、渗透、融合的特点。知识面宽、综合素质强、具有整体创意思维能力是环境艺术设计系统性的重点体现。

3. 环境艺术设计的特色性

从行业发展和管理的角度看，环境艺术设计是建筑设计系统中的一部分。从建筑学科群的角度，环境艺术设计被包含在这个大家庭之中，所以在建筑院校中发展环境艺术设计专业得天独厚。鉴于以上特点并结合其他专业特点，建设以建筑学为依托，侧重于建筑内环境设计、建筑外环境设计、公共艺术设计研究和教学的环境艺术设计专业体系是环境艺术设计发展的核心特色性所在。

4. 环境艺术设计的创造性

创造是设计的灵魂，创造性思维是人的生活环境对环境艺术设计规划提出的创作性艺术要求。创造是环境艺术设计的核心特征，也是生命活力之所在。

5. 环境艺术设计的适应性

在环境艺术设计方面，它所涉及的范围很广泛，围绕着建筑环境，小到一个标志设计，大到环境景观设计，都将是环境艺术设计师所要面对的工作。环境艺术设计对知识面、知识结构的要求将更高，它需要有相应的能力来适应并担负起这样的社会角色和责任。

三、环境艺术设计核心技术构成

1. 环境艺术设计——设计类素描

提到“素描”二字，好像人人都知道一些，甚至有些人还曾经画过几年。但是，对于实用艺术设计专业而言，设计类的素描与纯美术的传统素描有一定的区别，纯美术（纯艺术）的素描与设计类中实用美术（实用艺术）的设计素描是两种不同的过程，是两种不同的绘画手段。设计类素描是一门相对独立的学科，并非纯美术中的素描。设计素描是一种现代设计的绘画表现形式，以比例尺度、透视规律、三维空间观念及形体的内部结构剖析等方面表现新的视觉传达与造型手法，训练绘制设计预想图的能力，是表达设计意图的一门专业基础课。

2. 环境艺术设计——装饰色彩

“设计永远是年轻的！”环境艺术设计特别强调固有色、环境色、光源色等空间色彩关系的处理手法，懂得色彩构图艺术、把握色彩创作及视觉艺术是关键。

3. 环境艺术设计——平面构成、色彩构成、立体构成

平面构成、色彩构成、立体构成称为三大构成，如何将三大构成艺术融入实用艺术设计中是个重要问题。而其中，平面构成是一种设计语言，一种造型活动，是逻辑思维与形象思维相结合的构思方法，它以概念元素、视觉元素、关系元素、实用元素来体现平面设计中美的感受，打造学生艺术设计的思想，直接与应用设计接轨，创造视觉冲击力。

色彩构成是实用艺术设计的基础。“基础”是根，是脚，是艺术设计的根本和起点。如何控制色彩?

如何自如地运用色彩及构图？如何掌握审美价值的原理、规律、法则和技法？如何强化色彩在造型艺术中的特殊作用，启迪色彩运用灵感？这些都是非常重要和关键的问题。

立体构成是将二维平面的设计构思呈现成由平面和立面所构成的三维空间，是把平面变为立体的过程。立体构成具有较强的实用性，适用于各个行业。

4. 环境艺术设计——二维速写

手绘二维速写实用性极强，标志着一个人的绘画设计能力，并且直接和计算机软件接轨，是从事艺术设计工作人士的“看家本领”。涉及软质类、饰品类、工业产品类、生活日用品类、家具类、植物类、静态人物类、动态人物类、静态动物类、动态动物类。

计算机二维速写使用Windows系统中自带的最简单的画板工具来完成较为复杂的图案设计（并非使用Photoshop、CorelDRAW等这类软件），培养学生的绘画创作能力，真正体现艺术创作的真谛。如果设计人员用最简单的画板工具都能够独立地设计制作，那么一旦使用Photoshop、CorelDRAW等这类高级的二维平面设计软件工具，将会制作出更加精美的原创优秀作品。

5. 环境艺术设计——识图与制图

制图的基本知识及平面几何作图法，投影法制图原理，三视图的画法，点的投影，直线投影，平面投影及基本体的投影，截交线和相贯线的投影原理，组合体的六面视图画法，剖面与断面图的原理及画法，通过三视图绘制轴测图，三视图与轴测图之间的相互转换。

6. 环境艺术设计——平、立、剖

建筑施工图基本知识，建筑施工图的首页图、总平面图，建筑平面图、立面图、剖面图，结构施工图的内容及楼层结构平面图画法，屋顶结构平面图等有关内容。建筑装饰施工图的组成及原理，装饰施工图的平面、立面、剖面详图等。介绍各种户型的合理分配及家居的摆设，绘制室内的平面图、立面图、剖面图等。

7. 环境艺术设计——透视学

透视是艺术设计专业中极为重要的一门学科，是设计者们必须学会的重要手段课程，不懂透视，设计也就无从谈起。透视图的产生，透视特征，透视基本术语，视向，透视图的分类，平行透视的形成、特点及基本规律，平行透视的画法，平行透视的运用，平行透视效果图。圆的透视，回转体的透视画法，圆锥体、圆柱体的透视画法，半圆拱的透视画法，成角透视的形成及特点，成角透视的基本作图法，成角透视的运用，成角透视效果图。

8. 环境艺术设计——人体工程学

人体工程学主要研究人的行为习性、识途性、左侧、左转弯、从众习性、色彩与知觉的心理效应、温度感、重量感、醒目感、基本的室内色彩设计、室内的安全设计要点、常用的三维尺寸及卫生间、厨房、卧室的空间尺寸等内容。

9. 环境艺术设计——室内软装

（1）绿化装饰

室内绿化装饰是刚刚兴起的学科，利用浓缩的生态环境，达到一种精神行为。涉及绿化装饰的作用及利用部分植物减少污染。这种技术主要涉及室内绿化的基本要领、室内绿化装饰布局和配置原则与方法、室内绿化设计的基本形式及不同功能的室内空间绿化装饰等内容。

（2）家具陈设

家具陈设是室内环境设计中的辅助部分，是艺术设计所必须了解的一门学科，是室内环境物质功能的载体，也是文化品位的体现。主要包含点、线、面、体积、色彩、质感等元素组成的家具设计中的造型元素，家具中色彩的运用，固有色、色调、色块、质感、黄金比和视觉错觉的产生及运用等。

10. 环境艺术设计——三维空间

三维空间速写，是设计师必备的一门手绘技术，是集平行透视、成角透视、透视原理及效果图表现技法于一体的综合性绘画手法，同时也是对二维速写的一种升华。

11. 环境艺术设计——效果图技法

设计师头脑中的各种构思与设想是看不见摸不着的，而效果图表现技法正是表达设计师思想的最直接、最直观的设计手段。效果图表现技法是将二维图形的空间转化为三维图形空间的一个过程，效果图技法采用钢笔、彩铅、马克笔来完成三维速写及空间构成，通过沙发、茶几、灯饰、绿化、工艺品来完成空间效果。

12. 环境艺术设计——施工阶段

（1）施工工艺

装饰施工是一种附着性施工，包括：装饰施工基础工艺中连接件的钉类螺丝类的连接，壁纸板材和塑料装饰的胶粘，轻钢骨架，石膏板隔墙，镶贴面砖，织锦缎裱糊，软包工艺，油漆工艺，大理石板饰面工程，梳洗台、酒吧台的施工工艺等。

（2）施工质量

主要是指施工质量目标控制要点，影响工程质量的要素，事前控制，事中控制，事后控制，控制程序，质量控制方法，装饰工程质量的特征及其管理措施，装饰工程质量的评定方法，用设备功能及观感来检验，对照安装工程是否达标，室内装饰工程中电气、顶棚、墙面、门窗、楼（地）面、隔断、卫生间、门厅、过道的质量检验要求等相关内容。

（3）装饰材料

装修各类土木建筑物以提高其使用功能和美观，保护主体结构在各种环境因素下的稳定性和耐久性的建筑材料及其制品，又称装修材料、饰面材料。主要有草、木、石、砂、砖、瓦、水泥、石膏、石棉、石灰、玻璃、马赛克、软瓷、陶瓷、油漆涂料、纸、生态木、金属、塑料、织物等，以及各种复合制品。按主要用途分为三大类：地面装饰材料、内墙装饰材料、外墙装饰材料。

13. 环境艺术设计——造价预算

造价预算是对装修施工项目在未来一定时期内的收入和支出情况所做的计划。它可以通过货币形式来对项目的投入进行评价并反映工程的经济效果。它是加强企业管理、实行经济核算、考核工程成本、编制施工计划的依据，也是工程招投标报价和确定造价预算的主要依据。

建筑装饰工程通过装饰设计、施工管理等一系列建筑工程活动，对建筑装饰工程项目的内部和外部环境进行美化艺术处理，从而获得理想装饰艺术效果的工程全过程。也就是指建筑装饰项目从业务洽谈、方案设计、施工图设计、招标投标到施工与管理直至交付业主使用等一系列的工作组合，包括新建、扩建和对原房屋等建筑工程项目室内外进行的装饰工程，造价预算是建筑装饰工程的一部分。

四、环境艺术设计相关计算机软件技术

1. Photoshop

Adobe Photoshop，简称“PS”，是由 Adobe Systems 开发和发行的图像处理软件。Photoshop 主要处理以像素所构成的数字图像。使用其众多的编修与绘图工具，可以有效地进行图片编辑工作。PS 有很多功能，在图像、图形、文字、视频、出版等各方面都有涉及。从功能上看，该软件可分为图像编辑、图像合成、校色调色及功能色效制作部分等。图像编辑是图像处理的基础，可以对图像做各种变换，如放大、缩小、旋转、倾斜、镜像、透视等；也可进行复制、去除斑点、修补、修饰图像的残损等。在环境艺术设计中主要应用于装修效果图后期的美化处理工作及室内设计软装修效果图设计等。

2. CorelDRAW

CorelDRAW Graphics Suite 是加拿大 Corel 公司的平面设计软件；该软件是 Corel 公司出品的矢量图形制作工具软件，这个图形工具给设计师提供了矢量动画、页面设计、网站制作、位图编辑和网页动画等多种功能。

该图像软件是一套屡获殊荣的图形、图像编辑软件，它包含两个绘图应用程序：一个用于矢量图及页面设计，另一个用于图像编辑。这套绘图软件组合带给用户强大的交互式工具，使用户可创作出多种富于动感的特殊效果及点阵图像，即时效果在简单的操作中就可得到实现。该软件提供的智慧型绘图工具及新的动态向导可以充分降低用户的操控难度，允许用户更加容易精确地创建物体的尺寸和位置，减少操作步骤，节省设计时间。

3. CAD

CAD 技术作为杰出的工程技术成就，已广泛地应用于工程设计的各个领域。CAD 系统的发展和应用使传统的产品设计方法与生产模式发生了深刻的变化，产生了巨大的社会经济效益。目前 CAD 技术研究热点有计算机辅助概念设计，计算机支持的协同设计，海量信息存储、管理及检索，设计法研究及其相关问题，支持创新设计等。

CAD 技术一直处于不断发展与探索之中。应用 CAD 技术起到了提高企业设计效率、优化设计方案、减轻技术人员的劳动强度、缩短设计周期、加强设计标准化等作用。

在环境艺术设计中，CAD 技术主要应用于平面布局图、施工效果图等方面，对环境艺术设计项目施工环节具有重要的指导作用。

4. 3Ds Max

3D Studio Max，常简称为3D Max或3Ds Max，是Discreet公司开发的（后被Autodesk公司合并）基于PC系统的三维动画渲染和制作软件。

3Ds Max以效果图制作为主，工作环境主要由界面、视图类型及控制，显示方式等组成。3Ds Max具有创建标准几何体、扩展几何体、主工具行、绘制二维图形、编辑样条曲线、二维修改命令（Extrude挤压、Lathe旋转、Bevel倒角、Bevel Profile轮廓倒角）、编辑多边形（各层级的操作）、三维修改命令（Bend弯曲、Taper锥化、Twist扭曲、Noise噪波、Lattice结构线框、FFD变形）、合成物体（Loft放样、布尔运算）材质编辑器（基本参数、贴图方式、贴图类型、贴图坐标、贴图通道、材质类型）、灯光系统（标准灯光创建及参数，阴影类型及参数、光度学灯光创建与参数、Light Tracer光照跟踪、Radiosity光能传递）、摄像机的创建及参数、渲染类型与输出等强大功能，主要应用于室内外效果图设计（包括建模、材质、灯光、渲染等全部过程）。

5. Lightscape

Lightscape是一种先进的光照模拟和可视化设计系统，用于对三维模型进行精确的光照模拟和灵活方便的可视化设计。Lightscape是世界上唯一同时拥有光影跟踪技术、光能传递技术和全息技术的渲染软件；它能精确模拟漫反射光线在环境中的传递，获得直接和间接的漫反射光线；使用者不需要积累丰富实际经验就能得到真实自然的设计效果。

案例实务：不应该的装修陷阱

2016的年度词汇“蓝瘦、香菇”成了不少人装修日记的注脚。

传统家装历来是投诉的重镇，一方面装修流程时间长，涉及方面分类多；另一方面装修企业在监管上一直也存在不同程度的问题。而近一年来互联网家装进入家装行业，不但没有有效地改变传统行业的痛点，反而一定程度上引发了价格竞争。在这重压力下，家装问题变得多起来。

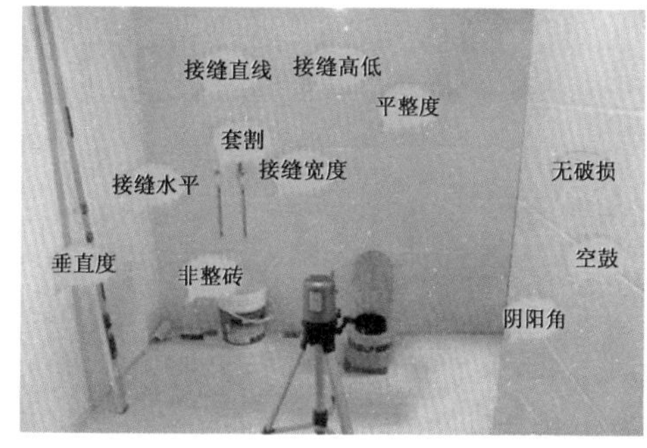

1. 令人无法容忍的施工瑕疵

安先生于2015年11月7日与装修公司签订一份装修合同，并于6天后开工。就像大多数业主一样，装修过程中他没有一直守在工地，而是定期过去查看，谁知随后便开始出现一系列令他措手不及的装修状况。

（1）失误频出，无法按时交房

当卫生间的淋浴隔断做好后，安先生站在里面体验了一下，发现比当初设计师出图纸时承诺的宽度要“捉襟见肘”，他赶紧找出平面图纸，发现图纸上淋浴间宽度标明为80cm，但拿卷尺实地测量后宽度仅60 cm，“别看20 cm听起来不算多，但是人站在里头洗澡的话还是有压迫感。”安先生说，他立即询问了装修队长，对方承认这是失误。类似状况还有水龙头安装粗糙、墙面不平整等。因为勘正这些失误，整个工程延期了6天才交工。

（2）弧形天花板，不平的墙面

到交房后，安先生以为事情终于告一段落，然而在验房时，他却发现当初选择在卧室安装嵌入式衣柜，衣柜的最顶端直接顶住天花板，然而衣柜工人却告诉安先生：他家的天花板是弯弧的，最顶端的板材也只能做成弯的。如今衣柜已经做好，如果要重新施工，衣柜也得撤掉。

另外在验房当天还发现不少质量瑕疵，而有些瑕疵难以修正，如门框和墙面有大量面积不平整，误差分别达0.6 cm到1.5 cm不等。业内人士表示，墙面和天花允许一定程度的误差，也要视面积大小而定，误差值在2 ~5 mm是正常范围，也符合国标。但是案例中墙面误差达到1.5 cm，甚至天花板的弧度都需要衣柜顶板弯曲才能安装，这些都是不符合国家标准的。此外，还有瓷砖的空鼓问题，一旦撬开重铺，周边的瓷砖又会受到损害。因诸多瑕疵无法入住，安先生提出按小区的房租水平6 000元/月进行赔偿。

（3）忽然“多余”不少装修材料

装修时家里的一面墙引起了安先生的注意，高2 m、宽0.7 m的墙，使用了60 cm×20 cm的瓷砖，在订货时批注25块瓷砖，然而实际使用时却只用了11 块，多余的瓷砖占了一半以上。按照当初签订的合同，多余材料应该退回，然而施工队却告诉安先生，这批瓷砖无法退，后来就堆在那里，打算当垃圾丢掉，安先生声明自己还要这批瓷砖，施工队才将瓷砖交还。

安先生认为：“这不仅仅是几块瓷砖的问题，为什么废掉的比实际使用的还多？而且合同中写好了可以退，为什么现在却说不能退？这些都应该有合理的解释。”

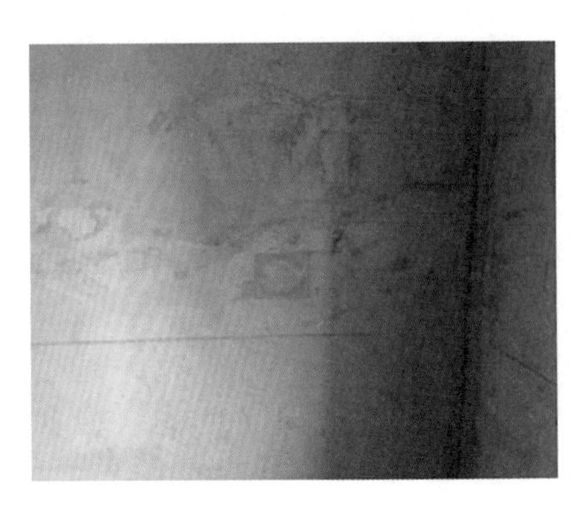

2. 装修公司买的板材甲醛严重超标

钟先生装修时选了一家比较正规的小的装修公司，价格实惠。签订装修协议时标明，房屋除瓷砖、门、防盗网、橱柜、房间吸顶灯外，所有工程包工包料均由该公司承包。装修基本完成后，接着双方协商：钟先生室内家具等均包工包料给该装饰公司，承诺使用生态环保夹板。

装好后，因担心甲醛和油漆问题，门窗一直开着通风，“那时候一进房间就辣得睁不开眼睛，于是我们就听包工头建议，又通风了 2 个月”。可随着气温不断升高，刺鼻味道又回到最初，“站久了眼睛就流泪。”经装饰公司负责人确认，解释说是房内镶边胡桃木的味道，于是装饰公司把镶边拆除，可过了半个多月，房间味道还是一样刺鼻。钟先生这才怀疑施工或者材料有问题。经过检测，发现使用的板材甲醛严重超标，国家规定为小于或等于 1.5 mg/L，结果测试出来的是数值 20.5 mg/L，严重超过国家安全标准。

3. 缺乏管理和监管的互联网家装

2015 年 12 月，黄小姐几经对比后，选择了互联网家装。“广告里说的一站式解决业主问题很有吸引力。”黄小姐解释，另外该平台宣传的“独立的第三方监理”“注重用户体验”让她决定来一次新尝试，“当然价格相对来说也比传统的家装公司略有吸引力。”黄小姐的新房房屋面积 40 平方米，面积不大，因此选择了最简单的装修方式，包括基础水电工程、地砖墙砖铺设。工程于 2016 年 1 月 5 日开工，按照合同 3 月 23 日竣工。

但是刚到今年 1 月，她就发现自家的装修工程暴露出各种严重质量问题。最开始她发现施工队竟然忘记给她家的洗手间留排水口，将洗手间洗手盆下方原排水口堵住，直接铺设地砖，导致后来要把卫生间瓷砖砸掉重新做排水口。类似错误还有地砖铺设太高，最后造成地砖与阳台推拉门之间存在宽度在 1.5 cm 左右、高度在 0.5 cm 左右的高差，形成一个凹槽。另外，冷水热水的水龙头也不在一条直线。

一位不愿透露姓名的项目经理说，现在大多数项目经理除了平台派单，也有自己的回头客源。双方与其说是雇佣不如说是合作，对项目经理的约束其实是有限的。这和不少非互联网家装也没有任何区别。“与其说他们是来监理，不如说是来收钱。”黄小姐说起当初十分吸引她的第三方监理也透出失望。当初了解这个平台时，黄小姐非常在意监理的部分，承诺在每一个重大装修节点都设置了监理验收环节，然而，实际情况却是监理形同虚设，“监理人员现场验收时整个过程走马观花，潦草完事，完全没有一丝敬业及专业精神。在匆匆看过一遍之后，其最终目的只是拿着 POS 机来收款。”

第二节　环艺设计目标客户研究

一、现状分析

当前，很多家装设计师在与客户沟通后，或到现场量房回来后，立即开始做预算，有些公司采用免费设计的方法吸引客户，设计师回来后就立即开始设计效果图，辛辛苦苦忙了三四天，效果图终于出来了，结果预约客户出了问题，有的客户还能过来看图，有的客户却一再拖延看图时间，有的客户干脆就不过来了，即使客户过来看了效果图，签单率也很低。设计师很苦恼：为什么这样辛苦忙碌，签单率却很低呢？

签单率不高有各种原因，比如竞争很激烈，别的公司报价低或别的公司品牌实力强或别的公司具备其他优势。但这些都不是主要原因，或者说只是客观原因，有一个重要的问题，就是作为设计师，有没有认真研究客户的需求，所做的方案，有没有真正抓住客户的心理。这其中缺少了一个环节：客户分析。

早在2500年前，中国的兵法圣人孙子就提出一个概念：知己知彼，百战不殆。打仗需要对敌人进行全方面的了解，避其实击其虚，就能战无不胜。商业活动也是这样，我们可以把客户当成我们的敌人，不过战胜这个敌人的方式，不是打倒他，而是征服他。征服客户的前提是能充分把握客户的需求，包括真实需求和潜在需求，满足客户各方面的需求，尤其是客户最需要最渴望最必须的需求。

如果没有研究客户的真实需求，盲目采取行动，或者回来就做预算做设计，最终只会白费力气，浪费大好的签单机会。所以，作为一个设计师，要想提高自己的签单水平，最关键的不是提高自己的设计水平，而是提高分析客户的水平，只有准确地对所服务的客户进行心理分析、需求分析，才能做出最令客户满意的方案，才能真正打动客户。分析客户的能力提高了，签单率自然就会提高。

换一个角度，把自己设想成客户，想象如果自己要装修房子，会选择什么样的公司，什么样的方案。根据现代心理学的研究，人们在选择某种东西时，或者是要做出某项决定时，一般有两个心理：第一个心理叫“最好选择心理”，另一个叫“最差淘汰心理”。大部分人都会遵循这两个心理规律，选择自己所需要的东西。

最好选择心理，就是在一堆方案里面，总是选择最好的。比如找对象，男人总希望找一个既漂亮又温柔、既聪明能干又温顺缠绵、既孝敬父母又友爱乡邻的女孩子，如果在一堆女人当中，有这样的女孩子，那这个肯定是他的最好选择。女人也是这样，既要帅气又要阳刚、既要有才还要有钱、既要体贴女人还要不拈花惹草、既要会干工作还要会做家务，这样的男人才是最理想的对象。那家装客户呢，也是这样，既要公司设计好、质量好、服务好、品牌响，还要公司收费低。

可是这样理想的女人（男人）也许身边没有，大家都有或多或少的缺点，那怎么办？从选择的角度，就是择其优，从当中选择比较好的，没有完美的女孩子，至少要找一个比较漂亮还温柔体贴孝顺父母的女孩子，如果再没有，那至少要漂亮还能孝顺父母的女孩子，如果再没有，那至少要漂亮的女孩子，当然有人也会选择不漂亮但孝顺父母的女孩子。这就是说，首先选择的总是优点多好处多的事物。可是世界并不能这么完美，在一堆优点都不多的事物当中，人们会怎么选择呢？

人们会采取“最差淘汰方案”，也就是说采取排除法，首先排除的是当中最差的人或方案，然后是其次差的，再次差的，最后留下一个虽有遗憾但缺点还是最少的。无论客户采取哪种选择心理，你都千万不能是优点最少缺点最多的，那样是永远也不会有机会的。从公司的角度来说，也许你不能让自己的公司竞争力最强，因为你只是设计师，但你可以选择去一个竞争力强的公司工作（并不是鼓励跳槽，而是没有竞争力的公司会浪费你的前途）。

当然，公司只是一方面，如果不能改变公司，那就要改变自己，让自己成为一个能让客户满意的设计师。要么能读懂客户，做出让他最满意的预算，要么从设计着手，做出让他最心动的设计方案，如果这两项都做不了，就要让自己成为一个客户喜欢的设计师，做不了让客户特别喜欢，就要做一个对客户还有些帮助的设计师。但是作为人，我们绝对不能把自己培养成“不是最差的那一个”，而是要奔着最高目标，把自己培养成最好的那一个，只有这样，选择你的客户才会更多。

所以，作为设计师，要能做出最适合客户的装修预算，做出最打动客户心理的设计方案，做一个让客户喜欢的人，做一个让客户信任的人，做一个对客户有帮助的人。而这一切都源于对客户的分析，没有分析，就不会知道什么才是最适合的预算，什么才是客户最欣赏的设计方案，客户喜欢什么样的人，客户需要什么样的帮助。

二、目标客户签单策略

要怎样分析客户呢？要分析客户哪些方面呢？分析客户后又该采取怎样的行动呢？分析客户的第一步是要了解客户，要搜集客户的相关资料，要学会在初次的接触中仔细观察客户，要学会利用客户的熟人来进一步了解客户。熟悉三国的人都知道，司马懿在与诸葛亮派来的使者谈话时，问了一句“孔明寝食及事之繁简若何”后，就得出了孔明命不久矣的结论。我们在与客户交往中要珍惜每一个机会，详细搜集客户的资料。

由于我们与客户接触的机会并不太多，所以要格外珍惜初次见面的机会，要观察仔细，不要粗枝大叶，以免错过客户的重要信息。如果客户是由朋友介绍过来的，我们就要通过介绍人进一步了解客户的信息。如果没有介绍人，那就要靠自己在与客户的沟通中，通过谈话，策略性地探听客户更多的信息。要知道每一个人都有很强的自我保护意识，所以问话要特别讲究艺术性。

最好的了解客户信息的方法，莫过于通过《家装调查问卷》来了解。事先设计一份好的调查问卷，引导客户填写此问卷，既能有效降低客户的警戒心理，又能掌握更多更全面的信息。所以设计师要学会利用调查问卷，策略性地引导客户填写，但也不能操之过急，以免客户拒绝填写或填写不实。

客户的基本信息比较好了解，通过观察、沟通就能了解得比较全面。一般来说，要搜集客户的以下基本信息：性别、年龄、民族、身高、文化、工作单位、职务、特长、兴趣爱好、家人（数量、年龄、身高、文化、爱好）、联系方式（家庭电话、办公电话、手机、邮箱、QQ）等，还可以了解客户对装修的认识，如装修日期（着急程度、何时入住）、装修选择（施工队、其他装修公司数量、第几个接触者）。

1．客户性别

这是最好了解的，但是要分清楚，你接触的客户，是不是最终的决策者。比方说，有些女客户过来了解装修，与你接触的虽是她，但她并不是最后的装修决定者，因此，你就要调整客户的对象。一般来说，性别不同，在性格上、心理上的需求也会不同，要注意分析。

女客户当家，满足女客户的需求就行了。男客户当家，除了满足男客户的需求外，还要充分照顾到女客户的感受。对女客户，做好细节比做好方案更重要！对男客户，就要通过理性的分析，通过整体方案和配套来打动他。同时，多与他沟通书房、客厅、看电视、阳台休憩等方面。男性好奇心比女性重，可以推出一些新方案或推出一些带“玩”的设计方案，比如室内养花、养鱼等，书房挂一些军刀武器等。

2. 客户年龄

不同年龄段的客户，其家装心理也不一样。

20～30岁的客户：经济基础比较差，方案应经济实惠同时带有时尚美感，他们多倾向于现代风格，玻璃、金属感比较容易接受。他们比较懒，所以对于一些配套服务会比较容易接受，同时由于社会经验不足，他们比较容易取得信任。重点是预算必须是他们能够接受的，至少让他们有能力承担。

30～40岁的客户：这一阶段的客户，属于压力最大的社会群体，既要维持生计，还要抚养子女，同时还要赡养父母，在单位工作的压力也比较大。所以，这一部分客户在家装中，更多体现出来的是经济实用。女性客户对美的追求更强烈，男性客户更渴望有一个能放松心情的家庭环境，在设计中，经济第一，家庭温馨的感觉次之，孩子教育也格外重要。

40～50岁的客户：这一阶段的客户，经济压力要比年轻人减轻许多，随着心理的逐渐成熟，他们对家更注重品位。由于经济条件好，所以他们相对而言，装修造价会比较高，经济已不是第一要素，品位逐渐成为家装第一要素。女性客户由于渐进入更年期，性情不太稳定，所以更要格外小心服务。

50～60岁的客户：这一阶段的客户，基本属于老年客户，女性在这时会显得特别务实，讲求实用，家里多以各种柜子为主，因为他们可储藏的东西实在太多了，所以装修时一定要考虑储物的需求。当然对于领导岗位的客户，追求品位追求品牌还是很强烈的。由于子女都长大成家了，所以他们特别希望与子女团聚，以享受天伦之乐，因此，对客厅、餐厅的家庭聚会功能考虑得就会比较多。

60岁以上的客户：如果是普通工薪阶层，到了这个年龄段，他们的收入不会太高，所以装修讲究实用，对环保虽有一定要求，但不是最重要考虑的因素。如果是退休金比较高的，他们也不会将房屋装修得特别时尚，而是更愿意花钱买一些实用的小家电，或者健身器材。

3. 民族习惯

今天的中国已经是多民族融合的社会，很多人对民族的概念已经很淡化了。在城市中即使有少数民族，他们的生活习惯与汉人也并无多大的不同（除了少数民族居住地区以外）。但是作为设计师，了解一些客户的民族信息，对设计对与客户的沟通还是有好处的。首先，作为设计师，不要有民族歧视心理，也不要对少数民族表现出太大的好奇。但是在设计中，必须尊重客户的民族习惯和民族特点，要了解该民族人民比较忌讳的色彩、物品和装饰品。同时，应该多了解一些该民族的风俗，历史英雄人物事迹，比较出名的风景名胜。在与客户沟通时可对这些做出比较欣赏、崇拜的表达，比如和蒙古人谈成吉思汗、草原狼，和新疆人谈阿凡提，谈新疆的葡萄、哈密瓜，这些都可以增进与客户的感情。

4. 身高体重

当着矮人别说矮话，当着胖人别说胖话，这是与客户沟通最基本的常识。

不过在设计时，应当将这些元素考虑进去，比如橱柜，如果女客户的身材不高，就应该相应地将橱柜设计得矮一些，以免客户在使用时不方便。如果客户家里有胖人，则应该将门口、客厅、餐厅等设计得比较宽敞，或者至少要造成宽敞的感觉。但千万不能将矮人家的门口设计得过低，以免他的朋友以此取笑他。

5. 文化修养

文化水平可能不会准确地知道，但也应通过分析得出结论。一般情况下，文化水平越高，家装的要求就越严，客户也就越细心，这一点设计师必须要注意。客户文化素质越高，设计师的工作就应该越认真越细致。这部分客户特别理性，只要工作确实做到细致入微，那也是征服他的有效手段。不要以为文化水平高的人好说话，大多数情况下恰恰相反。

6. 工作单位

在不同工作单位，客户对家装的要求或者说相处的方式也不一样。

公务员：在政府机关工作，能打动他们的方案往往是比较传统的，比如中式或欧式风格；在沟通中，他们渴望得到的是一种尊敬、崇拜，一切都要顺着他的想法；在信仰上，他们更相信一些吉利数字、吉祥物等。

老师与医生：当老师或当医生的客户，往往心很细，多数设计师把他们列为比较难对付的一类。但他们也有相应的好处，就是同事之间交往比较频繁，做好了一户，可以发展很多户。老师对数字比较敏感，医生对环保和室内的安全比较敏感，所以，老师家的预算一定要小心，数字一定要准确，尺寸一定要正确；医生家设计时，要考虑棱角、地面、石材对人的危害，要做到绝对安全。

企业管理者：在正规公司做管理的，特别注重流程，所以，做这样的方案，一定要把家装的各项施工流程列出来，并做到详尽细致。要想赢得客户的好感，还必须提前将各种资料准备好。另外，此类客户对设计师的工作流程也比较关注，如果一个设计师连自己的设计流程都做不好，那么又怎么能装修好客户的房子呢？

经商者：与经商有关的信息，是商人所比较关注的，比如时间、财运、成本等。设计师要想办法从时间上赢得客户的好感，为他节省时间，按照他的时间习惯来制订洽谈流程、家装流程，为他提出家装节省时间的方案，在装修中引入风水理论，给他摆正财位，这些都能打动他。多数商人都有成本概念，所以要帮他算清家装的实际营运成本，这点很重要。

外企白领：白领比较时尚，他们即使不是前卫者，也至少是能跟上潮流的人。白领的特征是时间紧、压力大，所以在家装中要考虑这两个因素，设计一个小酒吧、设计一个休闲区、设计比较好的家庭聚会空间（派对气氛）都能打动他。同时，白领是比较慵懒的，要根据他们懒的习惯，给他们做懒的家装。

不管客户做什么工作，不管他是否喜爱自己的职业，当面对外人时，他首先一定是对自己的职业有一种内心的偏护心理，所以设计师一定要肯定客户的职业，跟客户多沟通他职业范围内的知识或信息，让他有一种认同感。同时，如果在设计中，将他的职业考虑在内，一定也能打动客户。

7. 家庭背景

房子是给一家人住的，因此除了要了解客户的信息以外，还要综合考虑他的家人，最好应用场景式设计，将全家都纳入设计方案中，而不仅仅是为每个人设计房间。身为父母的，设计一种家庭教育环境；身为子女的，为他们设计一种关心父母孝敬父母照顾老人生活的方案；身为老人的，为他们设计一种与子女团聚的方案，设计一种与孙辈共玩乐的方案，都很能打动客户。

8. 装修日期

客户是不是急于装修，急于入住，这个信息也很重要。有些客户现在的房屋条件不好，因此在客户的潜意识中，有一种想搬进新居的强烈愿望；有些客户准备结婚，装修新房时间较紧迫，所以为他们争取时间，从装修时间上去满足客户。由于时间紧，他们可选择的空间就比较小，所以设计师要抓住这一点，尽量提前让他们看方案，然后在方案中对装修时间进行充分说明，以满足他们的需求。如果设计师过于缓慢，机会就被别人抢去了，因为客户没有太多时间一家家比较，感觉差不多就会定下来。

9. 装修选择

在与客户沟通中，设计师要充分了解，客户是想找施工队，还是想找装修公司，目前已经找了几家公司，我们是第几家，客户对前面那几家有什么看法，这些信息对签单而言特别重要！当然，客户为自我保护起见，不可能主动告诉你这些信息，这就需要分析。有些客户已经与其他几家洽谈得差不多了，但还想到别的公司去看看，以免上当受骗，所以他们需要直接报价；有的客户从别的公司那里学到了不少知识，所以问起来也比较专业。

如果我们是第一家，就要在两方面花力气：一方面要消耗客户的时间，让他没有时间去别的公司，或者到别的公司时显得比较疲倦；另一方面，要下大力气，形成第一印象，即让客户以我们公司为标准去比较别的公司。所以我们要给客户最高的标准，即报价是最低的，品牌是最好的，服务是最到位的，设计方案是最完美的，设计师是最专业的、最令他喜欢的，这样他去别的公司比较后，发现其他公司都没有我们好，他就会回来并且立即定下。

如果在我们之前已经有很多家公司为客户提供了服务，那么此时，对我们来说，就是要以最短的时间为客户服务，否则时间拖得过长，客户已经与别人定下了。同时，我们要以后入为主的姿态，形成客户最好的印象，只有各方面都比别人做得好，客户才会签单。如果我们自己不注意，没有最好的形象，没有最好的服务，价格也比别的公司高出很多，工作态度也很拖拉，那么在此时接待客户，不过只是浪费时间和精力而已。

10. 性格分析

性格是人际交往的第一要素，不同的人有不同的性格，不同性格的人所喜爱的东西不一样，所对应的心理状态也就不一样，对人际交往的需求也就不一样。不了解别人的性格，与人交往想成功赢得别人好感的机会并不大。了解别人的性格，避实就虚，投其所好，才能赢得别人的好感。家装也是这样，每个客户都有各自不同的性格特点，要学会分析客户的性格，采取他所喜爱的方式与之交往。

从情绪的角度，有人将性格归结为四种：活泼型性格、完美型性格、力量型性格和平型性格。有人将这四种性格与《西游记》中的四个主人公相对照，恰恰相符。唐僧是完美型性格，孙悟空是力量型性格，猪八戒是活泼型性格，而沙僧则是和平型性格。

（1）活泼型性格：活泼型性格情感外露，热情奔放。他们懂得如何从工作中寻找乐趣，然后绘声绘色地描述，再一次回味那些令人兴奋的细节。然后似乎总是说得多，做得少。只要他们在场，就永远是欢声笑语。可一旦遇到麻烦，他们就会消失得无影无踪，不成熟，没有条理，缺乏责任心。所以活泼型的人情绪波动很快，他们一会儿高兴，一会儿伤心，但又能很快高兴起来。他们接受新事物比较快，但缺乏持久性。

活泼型性格家装心理：活泼型客户就算是在家装上，虽有主见，但也经不住别人的劝说，施工改动性项目特别大。他们容易接受新的设计理念、新的家装材料，只要合作愉快，他们会为你介绍很多的新客户并乐此不疲，但是如果他们对家装不满意，也会到处传播。正是由于这个心理，所以与活泼型客户签单较为容易，后期也比较好相处，如果有这样的客户一定要抓住。

活泼型客户解决方案：对待活泼型客户，一定要满足他们爱说话的习惯，不要打断他们，要对他们的发言给予肯定并欣赏，这样，他们很快就会喜欢你。同时，给他们设计一些新鲜的东西，或采用一些新的工艺与材料，经常与他们联系，或一起吃饭、游玩，就能迅速增进双方的感情，取得他们的信任。后期维护好，经常保持沟通，就能为自己带来很多新客户。

（2）完美型性格：完美型性格往往是着眼于长远的目标，他们比其他性格的人想得更多，所以总是能够从一个更高的层面来看待问题，乐于为自已选择的事业做好规划，并确保每个细节都完美无瑕。完美型的人情绪波动期长，一旦陷入一种悲观情绪中，他们会很长时间沉浸在其中；同时由于过分追求完美，他们显得很苛刻，对周围人和事的要求都会很高。

完美型性格家装心理：他们总是先聆听设计师的发言，不管是满意还是不满意，都不轻易表态，对新方案他们总是不置可否，但却在内心里进行评价。

他们不会轻易透露他的家装想法，除非设计师真正打动他，找到他的需求。他们会联系多家公司进行对比，因此，他们最常用的选择方案就是“最好选择”或“最差淘汰”。他们也不会轻易为设计师介绍客户，以免因介绍失误而带来很多麻烦。

完美型客户解决方案：对待完美型客户，服务态度一定要认真，不能有丝毫马虎，因为他们既属于冷静的思考者，同时又属于很情绪化的人，对待他们不喜欢的人，他们会不屑与之交往。所以，各项工作都要做到非常认真、细致，同时不要急于求成，要给他们一个选择与对比的时间，因为他们绝不会轻易与别人签单。只要设计师做得足够好，还是有机会的。

（3）力量型性格：他们似乎永远充满活力，永远在超越自己的极限，他们的字典里有两个重要的词：目标和成功。他们在意工作的结果，对过程和人的情感却不太关心，喜欢控制一切，经常强硬地按照自己的意愿发出指令，显得霸道、粗鲁和冷酷无情。

力量型性格家装心理：他们往往有自己成熟的家装见解，要求设计师必须严格按照他的方案去做。在设计方案上，他们更关注于实用，对功能性的要求比较高，不喜欢很花哨的东西，对一些特别新颖的方案也不太容易接受。他们要求设计师和施工队必须有很高的工作效率，不能拖拉，必须按时完成。

力量型客户解决方案：① 满足他们的领导欲，要学会聆听，而且要听得仔细，因为他们没有耐心再说第二遍；② 不要与他们反驳；③ 只要按照他的要求，他就会很快签单；④ 即使客户说得不对，也不要反驳，只要按照正确的方式把事做好就行了，因为他们更关心结果。

（4）和平型性格：这种性格的人情绪内敛，他们是处世低调的乐天派，总是能够充满耐心地应对那些复杂多变的局面。习惯遵守既定的游戏规则，在风暴中能保持冷静。他们似乎总是没有主见，不愿负责，缺乏热情，做事马虎、懒惰。

和平型性格家装心理：他们会很认真地听设计师发言，并且乐于接受设计师的建议，即使设计师的工作有些许失误，他们也会表现出不太在意的样子，但他们不会急于交订金或签单，他们对于量房的每一个公司都会给机会，都愿意去认真了解，他们可以说是所有客户中最好相处的人。

和平型客户解决方案：对于和平型的客户，设计师就要积极联系，主动把握，因为他们至少不会直接拒绝你，愿意去公司看一看，所以，多跟他们联系，直到让他们觉得不好意思拒绝了，就会签单。一般遇到这样的客户，大多数人都采取这种死缠烂打的方式。当然，有一个前提，设计师必须把各方面的工作做到位，在价位上客户能够接受才行。

当然，人的性格都是多面性的，每个人身上或多或少都有一些其他性格的影子，而绝对不是单纯某一性格的人，只不过某方面表现突出一些，我们就将之归结为某种性格的人。了解客户的性格，一方面可以通过客户的表现自己做分析，另一方面也可以与客户做一个性格测试的游戏，既活跃了气氛，同时也可以借机更准确地了解客户。

11．心态分析

除了从情绪上对客户进行性格分析外，还可以从心态上对客户进行进一步分析。人的心态可分成三种：积极型、悲观型和务实型。积极型又可称之为乐观型，即对事物的看法比较正面积极。悲观型则恰恰相反，凡事都先往坏处想，他们的口头禅是“万一……”，即便口头不说，内心也是这样想的。务实型的人，喜欢一切从现实需要出发。

（1）积极者的心态分析：① 口头禅：没什么大不了的。② 心理暗示：我们应该去往好的方面发展，我们可以做得更好，我们要去做哪些事。③ 行为：愿意配合别人。④ 结果：已经很不错了，如果再做好一点，就会更好了。⑤ 语言：经常赞同别人，说“对”。

积极者的家装解决方案：积极的人希望家可以装修得更好，因此设计师就要顺应客户这一心理，推出最完美的方案，提出更好的方案，一般他们都会接受。同时，设计师要善于为这一部分客户造梦，营造出令他们向往的未来家庭梦想，在语言上要有诱惑力，当他们为你这个梦想而动心时，就会不惜一切代价去实现这一梦想。

（2）悲观者的心态分析：① 口头禅：万一要是……。② 心理暗示：事情不会这么顺利，他不可能对我这么好，就算做了又有什么用呢。③ 行为：不愿意配合别人。④ 结果：真是这种结果，幸亏我自己及时发现，要不然还不定出什么差错呢。⑤ 语言：经常反对别人，说“不”。

悲观者的家装解决方案：悲观者的悲观恰可以做文章，他悲观你比他更悲观，要把家装中可能出现的问题尽量扩大化，让他产生恐惧心理：如果你找小公司装修，万一他们做不好，你已经与他们签订合同了，你有什么办法？你想要便宜，那就得用一些便宜的材料，那可是不环保的材料，万一老人或孩子受到伤害，那就不得了了……他们会说（是，是，那就得提前防范，不能这样……）。

（3）务实者的心态分析：① 口头禅：不管……我先……。② 心理暗示：不要想得太多，先把自己该做的事情做好了就行了。③ 行为：利于自己的就配合。④ 结果：对自己所取得的结果比较满意了，不会想得太多。⑤ 语言：你说得不错，我已经……。

务实者的家装解决方案：对于务实的客户，要让他感到现在的方案就是最好的，没有必要再到处跑，耽误时间和精力。

在设计时，不要考虑得太远，满足他现有的需求即可，不要引领他去选择一些特别高档的产品或材料，那样也只会徒劳无功。预算和设计也采取务实的作风，不求太高也不求太低，适中他们就会接受。

12. 经济分析

设计师要想顺利地与客户签单，一个重要的问题，就是要在装修造价上与客户的实际支付能力形成默契。如果不了解客户的实际支付能力，做出来的家装预算要么超出客户实际支付能力太多，要么不能满足客户对家装档次的要求。所以，要想做好预算，就必须要对客户的经济能力和支付意愿做出准确的分析。

目前，家装界做预算走入了一个误区，就是完全根据公司报价来做，有些设计师更是没有灵活性，给客户选择的余地都不大。殊不知，完全按照公司报价来做预算，只是公司的一厢情愿，并没有考虑客户的实际情况。但也不能完全按照客户的经济能力和支付意愿来做预算，那样就会违反公司的利益。所以，必须将二者有机结合起来。

如何分析客户的经济能力和支付意愿呢？经济能力是指客户的经济实力，也就是他有多少钱。支付意愿就是指客户愿意付出多少钱。经济能力是最重要的，即使客户的支付意愿再强烈，如果没有足够的资金，那也是一句空话。经济能力是客观条件，支付意愿是主观努力，二者平衡才能顺利完成签单。支付意愿够了，经济能力超出当然没问题，经济能力不够时，如果还想顺利签单，就要保证二者的差别不能太大，一般来说，不会超出 3 000 ~5 000 元。

在调查了解客户的经济能力和支付意愿时，一般客户不会主动露底，只能依靠设计师自己去观察去分析。

经济能力的调查方法：

（1）看客户的房屋本身，如房屋的起价、总价、地段、面积，这些因素是很关键的，经济能力不高的客户，一般不会在市中心房价较高的地方买房，即使买也不会买太大的房子。

（2）看客户买房的付款方式：客户是一次性付款，还是借款买房，还是贷款买房。掌握这方面的信息，再进行进一步的经济能力分析。

（3）通过客户的衣着和交通工具来了解：多数情况下，客户的衣着、交通工具与他的经济能力是相匹配的，极少数虚荣者和藏富者除外，通过多次的接触应该就能分清楚。

交通工具是主要分析因素，但同时还应该结合客户的工作单位和年龄段来分析。如果客户比较年轻，即使开着时尚靓车，也不能据此就断定他的经济能力，因为现代年轻人追求时尚，不管有钱没钱，先买一辆汽车过过瘾再说；有一些客户开的是单位的车，需要要加以区分；有一些客户刚开始接触时，也许骑的是自行车，但不排除他有好车故意藏富，所以交通工具只是分析的一个方面，不能作为经济能力的绝对论据。

（4）通过观察客户日常的消费：客户抽什么样的烟，喝什么样的酒，饮什么样的茶，甚至买什么样的饮料，用什么样的纸巾，带什么样的手表与皮包，用什么样的手机，通过这些进行进一步论证。

（5）通过客户的朋友来分析：应该说客户在什么层次，他所交的朋友大多也就在什么层次，所以看他朋友的消费能力就可以从侧面判断客户的经济能力。

（6）看或者问客户在装修主材上使用哪些品牌或档次：通过多方面的分析，最终可以得出客户的经济能力，但还不能据此做预算，还要研究一下客户的支付意愿。并不是客户有钱，他就愿意花更多的钱来装修，有些客户虽然有钱，但他不愿意在装修上花太多的钱，所以他的支付意愿就会大大低于经济能力，预算做得过高他一样也不能接受。

13. **认知分析**

客户对家装或家装行业的认知，对能否顺利签单也很重要。这里从三个方面来分析：① 客户对家装本身的认知；② 客户对家装行业的认知；③ 客户对公司的认知。

客户对家装本身的认知又分为多个方面：① 对家装材料的认知；② 对家装流程的认知；③ 对家装设计的认知；④ 对家装施工工艺和质量标准的认知。从客户对这些方面的认知程度来划分，有这么几种：非常了解，几乎是专业水平；一知半解，似懂非懂；一点也不了解，完全属于外行。

能够达到专业水平的客户可以说是极少数，这种客户要么自己曾经在家装行业工作过，要么经手打理的装修非常多。客户非常专业的情况下，对设计师而言，既是好事，也不是好事。好的方面是设计师不用费太多唇舌与客户进行相关的沟通，施工中客户的配合也会比较到位；不好的方面就是设计师的工作和公司的施工，有了很明确的评判标准，设计师和公司在细节上必须做到位。

多数客户都是家装的门外汉，但也有一些客户或者曾经看见过装修，或者事先学习了一部分家装知识，可以说对家装处于似懂非懂的境地。如果客户自认是个门外汉，要么客户会对设计师言听计从，要么客户自己会多方比较，防止自己上当受骗。最可怕的客户，就是似懂非懂的客户，他们总是用自己不太专业的水平去指导专业的家装从业人员。遇到这种客户怎么去面对呢？

要结合客户的性格进行分析，如果客户是活泼型的性格，由于他们的性格中具备这一因素，所以设计师不要与客户争论，与客户关系融洽后，在适当的时候，平心静气地再与客户进行沟通，一般他们都能接受，因为活泼型客户不是固执的客户。如果客户是力量型性格，设计师对客户的意见就要俯首听命，千万不要与客户发生争执，在适当时候可以拿出有理有据的方案，如果客户能接受那就最好，客户接受不了，还是应该听从客户的。

由于多数客户对家装本身的认知不够，所以设计师在与客户第一次见面时，就应该用自己的专业知识，全面详细地对客户进行一次家装培训，用自己的专业去征服客户，同时，也给其他公司的设计师制造一种难以超越的专业局面。由于设计师给客户做了相关的家装知识培训，形成了专业专家的客户心理暗示，在今后的工作中，客户就会唯设计师之意而从，从而达到主动引导客户的目的。

客户对家装行业的认知程度设计师也要充分了解，客户了解多少家装修公司，心目中理想的家装公司概念到底是什么，客户是否认定品牌装饰公司就是好公司、能提供好服务、能制造好家装。了解这一点，就能够知道客户心目中对选择家装公司的一个排名顺序，并可根据客户内心的排名，进行有针对性的沟通。

最后，我们还要知道，在客户心目中是如何看待公司的。有些设计师只是埋头做预算做设计，殊不知客户与谁签单并不完全只看预算和设计，在客户选择的过程中，客户会在内心进行一个综合的比较。一个理性的客户，会对各个公司的品牌实力、经营能力、施工能力、公司管理规范、售后服务保证等进行分析，再结合预算合适、设计方案比较完美来确定在谁家签单。

因此，在与客户谈判的过程中，应该重点分析公司的各项优势，把公司给客户完全讲透，这一点恰恰是很多设计师没有做到的，多数设计师只是沉浸在“我们比别人更便宜”“我的设计方案比较好”这两方面，这样就把客户选择家装公司的目光给聚集到这两方面上，如果别的公司更便宜、设计方案更好，那岂不就是没有机会了？所以，要让客户把目光聚集到公司各方面的对比上来。

三、从家装的各种风险化解方面与客户进行逐一的沟通

（1）价格风险——选择我们风险最小。

（2）设计风险——选择我们风险最小。

（3）施工风险——选择我们风险最小。

（4）质量风险——选择我们风险最小。

（5）管理风险——选择我们风险最小。

（6）售后风险——选择我们风险最小。

（7）综合风险——选择我们风险最小。

与客户逐一介绍公司是如何风险最小的，公司的预算有何特点；设计方案具备哪些方面的优势；公司是如何管理工程质量的；公司在市场经营当中，采取哪些策略；公司能够持续经营下去的保证是什么；公司的售后服务又如何肯定能够兑现；等等。经过综合对比，要让客户心中形成“只有找我们，装修才是最有保障的”的认识。

案例实务一：家装设计中客户常问问题的回答技巧

1．当客户只讲出大概要做什么东西，询问笼统报价时，应该怎样回答？

答：家庭装修的费用，需要确定三个方面的内容才能概算：① 大概的设计方案；② 所选择的价位，主要是根据材料等级、工艺标准及施工队伍的等级来划分的，还可以根据家庭的经济承受能力进行初步的选择，当然，每一级的价位都拥有一个很高的质量价格比；③ 装修的工程量。如果在以上三个方面都不确定的情况下就笼统地报价，带有很大的欺骗性，是公司严厉禁止的。请客户提供平面图和各房间的尺寸，我们在短时间内就能做出基本的概算。如果没有平面图和尺寸，可以安排上门测绘，并免费设计平面布置图。

2. 当客户觉得设计师所在公司的报价比其他公司高时，应该怎样回答？

答：家庭装修的费用划不划算，不能简单地以价格的高低来衡量，比较准确的衡量标准应该是质量价格比。这里所说的质量包括三个方面的内容：① 材料的等级；② 工艺标准；③ 工程质量。在三个方面内容都不确定的情况下谈价格高低或在这三个方面内容都不对等的情况下比较两家公司的价格都是不科学的，也容易使客户上当受骗、蒙受损失。比如，做一樘门的油漆，甲公司用一个 40 元日工刷了一天，那么这樘门的油漆工费是40元，而乙公司用一个 70 元的日工做磨退工艺，共用了两天，那么这樘门的油漆工费是140元，且不说乙公司多用了多少油漆，单是油漆工费就是甲公司的好几倍。这樘门的价格和油漆质量也可想而知。因此，在家装行业中常常会出现这样的情况，装修项目叫同一个名称，价格却是有高有低。总的来说，我公司的质量价格比是目前家装市场内最划算的公司之一。

3. 当客户提到为什么某一装修项目中主材价格并不高，而公司的报价却很高时，应该怎样回答？

答：客户看到的价格只是主材的价格，可能忽略了该项目中所包含的辅料、工费、运费、二次搬运费、机具磨损费、管理费、税收、公司的合理利润等诸多因素。有些项目中的工费比材料价格高许多，这样把所有的费用加起来，报价自然显得比主材价格高许多。如果单纯比材料价格，由于公司与许多名牌建材厂商有着长期固定的合作关系，进的货比个人购买的还要便宜一些。

4. 当客户问能否将地板的购买安装包括在整个工程项目中时，如何回答？

答：公司与地板生产厂商有长期的合作，可以为客户推荐并享受厂家对公司的优惠价格，但品种选择、安装、付款等均由客户直接与地板商约定。

5. 当客户询问公司两级价位有何区别时，应该怎样回答？

答：公司的报价主要是根据客户不同的需要制定的，它们的主要区别是依据材料的等级、工艺标准和施工队伍的等级三个方面的不同而产生不同的价格，但是无论客户选择哪个等级的报价，公司都会提供同样热情和完善的服务，同时，它的质量价格比也高于其他公司。

6. 当客户询问为什么在不同级别的报价中，有时某一施工项目（如铺墙地砖）使用的主材、辅料都相同，但工程报价却不相同时，应该怎样回答？

答：有时不同级别报价中的某一装修项目虽然都使用的是同样的材料，但由于工人的等级不同或者施工工艺的不同，往往在报价上会产生一些区别。我们固定的 7 个施工队伍，通过严格考核分为甲、乙两个级别，分别享有不同的取费标准。如中档乳胶漆工艺，甲级施工费9元/m^2，乙级6元/m^2。

7. 当顾客询问“你们公司广告做得那么多，是不是把费用都摊在我们身上”时，应该怎样回答？

答：公司走的是“品牌化、规模化”的经营道路，广告虽多，但由于公司规模大，广告费摊销下来所占的比例却比小公司低，这就是规模化的优势之一。另外，鉴于我们公司在家装行业的知名度和影响力，许多媒体对公司的宣传报道都是免费或极其优惠的，因此，客户不必担心承担了公司的广告费用。

8. 当客户询问报价中材料、人工和利润的比例时，应该怎样回答？

答：直接材料费和直接人工费大概占总造价的80%，房租及设计人员、助理人员、其他管理人员的工资、税资等各种费用大约占15%，公司利润一般在5%左右。

9. 当客户询问公司是否能提供更多的价格优惠时，应该怎样回答？

答：装饰公司也遵循了“市场”的普遍规律，即：由于多家公司在一起激烈地竞争，价格越来越低，服务及质量越来越高，各家公司的利润越来越低并且趋向一致。公司的价格也一样，目前的利润已经相当低。但是随着家装市场的竞争加剧，一些不规范的公司为了承揽工程纷纷降价，甚至进行大幅度的优惠、促销活动，业内人士都很清楚，其实质并非是让利，而是在施工过程中偷工减料，以及与其相伴随的质量低劣，而我们公司有相当品牌知名度，连续两年获“某某市家装十佳企业”等称号，我们坚持为客户提供优质的工程服务，并制定了规范的质量保障体系进行层层把关，坚决杜绝通过降低工艺标准、质量标准进行低价竞销的事情发生，因此，我们在目前利润较低的情况下很难再进行优惠。

10. 当客户询问“你们做出的工程预算，今后是否会有大的变动”时，应该怎样回答？

答：当客户确定的装修项目今后没有变动时，我们的报价一般是不会变的。但有时通过图纸做出的工程预算，会与实际情况存在一定偏差，这需根据实际工程量进行最后决算，多退少补。当然如果客户在工程施工过程中对原设计进行修改或增减，我们会以变更的形式把价格变化报给您，认可、签字后通知施工。

11. 当客户对“首期付60%，中期付35%”的付款方式持有异议时，应该怎样回答？

答：现在所有正规家装公司使用的合同均是室内装饰协会统一制订的范本，我们无权改动其中的任何一项规定。付款方式也是一样，室内装饰协会之所以这样要求，正是为了通过规范化管理，确保家装消费者的利益，因此依照这个方式付款，对客户将来依靠法律手段保护自己的合法权益最为有利。如果更改了，我们得不到市场质检部的认可，客户也将失去第三公正方的保障。款项付清后，在室内装饰协会存押公司10万元质保金，用于对客户工程质量的保证。

12. 当客户询问“为什么物业管理部门已经收取垃圾消运费，你们还要收取垃圾清运费”时，应该怎样回答？

答：我们公司收取的垃圾清运费，是指从客户的家中运至小区内由物业管理部门指定的垃圾堆放点的费用，其中包括人工和垃圾包装袋费用，而物业管理部门收取的垃圾清运费，则是指将已运至小区内堆放点的垃圾再运至城外指定垃圾倾倒场的费用。

13. 当客户询问为什么物业管理费和物业管理押金一定要由客户承担时，应该怎样回答？

答：在我们所做的预算中，并没有含物业管理费和物业管理押金，因此尽管有些物业公司借口保护客户利益强调物业管理费和物业管理押金应该由装饰公司来交，但是公司没有义务（大部分属于不合理收费或乱收费）也没有能力（利润很薄）交纳这两种费用。我们公司是非常正规的家装公司，不可能像其他公司那样从客户的装修费中挤压出这部分费用交给物业，而作为业主，您在与物业公司打交道时是占上风的，因此应该由客户交纳这部分费用。

14. 当客户询问为什么在总部交款开发票，还要另交3.3%的税金时，应该怎样回答？

答：作为进入家装市场的企业，我们已向管理部门统一交纳了固定税，如果再开发票，就更要重复交税，因此需要另收3.3%的税金。

15. 当客户询问雨季施工是否会影响施工质量时，应该怎样回答？

答：严格来讲，雨季施工对施工质量是有影响的，板材吸收水分，容易产生变形，油漆层易起雾，但这些影响只是微不足道的。装修的质量不是靠季节来决定的，决定因素是管理和工艺，公司在多年的工程实战中积累了丰富的施工与管理经验，并有一套行之有效的办法，能够保证施工质量不受气候变化的影响。无论是雨季还是非雨季施工，都会为客户提供同样高质量的家装服务。

16. 当客户询问公司如何保证在施工中使用真材实料时，应该怎样回答？

答：关于材料质量方面，客户大可放心。我们公司作为正规家装公司，几年来已具有良好的品牌形象，绝不会为这一点点的小利，而伤害企业好不容易建立起来的品牌形象和长远利益。因为一旦出现此类现象，公司的品牌形象和经济效益将会受到严重损害，因此公司比客户更重视材料的质量问题。我们在施工材料的选择上十分慎重，材料都是由本公司的工程监理负责采购的，材料进场后，还要由客户认可，在工程进行中，本公司的巡检员要对材料和工艺进行全面检查，工程部主管还要进行抽查，以确保材料的质量。

17. 当客户问我们只包清工可以吗，应该如何回答？

答：可以。包工包料、包清工、部分包工包料三种方式都可以。建议与正规的公司合作，采用包工包料方式完全可以放心。因为公司的材料采购部与正规的材料厂商合作，无论是优惠的价格还是质量的保证都是经得起考验的。客户甚至可以跟随我们进货。而包清工则会给客户增加很多麻烦，首先，自己买料不一定买到货真价实的材料，还要自付运费，再有，工程出现问题无法追究是材料还是施工质量的问题。

18. 当客户询问“我们已存有少量材料，想用在工程中，你们是否愿意为我装修”时，应该怎样回答？

答：可以。但我公司有统一、规范的报价系统，为了确保每一位客户的利益，必须严格按照统一、规范的程序来报价，因此在前期报价时，还应该按照公司的有关程序统一报价，中期预决算时，则可按照相应价格抵加。

19. 当客户询问实木与实芯有何区别时，应该怎样回答？

答：实木是实实在在的木头，实木的内外均是同一种材质（但不一定是一整块木头）；而实芯则是以多层板或实木结合在一起的木制品，内外并非同一种材质。目前家庭装修一般以多层板为主，其优点在于可以减少因实木内在的互应力而导致的变形，且成品外观与实木大致相同。

20. 当客户询问是铺实木地板好还是铺复合地板好时，应怎样回答？

答：实木地板脚感好，纹理色彩自然，硬度稍差，淋漆的实木地板用的是进口uv漆，无须保养；但实木地板由于是自然的，纹理、色彩差别较大，铺装时需打木龙骨，价格相对较高。强化复合木地板吸取了实木地板脚感好，纹理色彩自然的优点，以及高强化复合木地板安装容易的优点，价格介乎实木地板和高强化复合地板之间，但硬度是三者之中最差的。

21. 当客户询问是做清油的好还是做混油的好时，应该怎样回答？

答：清油与混油的主要区别在于二者的表现力不同。清油主要善于表现木材的纹理，而硬木的纹理大多比较美观，因此清油大多使用在硬木上；混油主要表现的是油漆本身的色彩及木材本身的阴影变化，对于木质要求不高的，夹板、软木、密度板均可。

部分装修建材知名品牌

案例实务二：深圳知名装饰公司部分别墅设计师作品欣赏

马晨乔，深圳市誉巢设计研究院副院长、设计总监。

宋九龙，深圳市红石别墅装饰设计合伙人，国家注册高级室内设计师。

柯志强，鸿升装饰公司设计总顾问，深圳市室内设计师协会（SZAID）第三届理事，中国高级室内建筑师，2014 年荣获国际室内设计文化节：大中华区十佳样板房设计师。

黄俊潜，深圳市韵城企划董事，擅长娱乐空间，会所设计，商业空间，办公空间，陈设艺术，曾就职于香港 FRANCK SIU 设计集团及香港英特设计顾问有限公司多年。

钟海龙，深圳市天高国际设计研究院设计总监、董事，海龙工具创始人。

王五平，深圳太合南方建筑室内设计事务所设计总监，深圳优秀室内设计师，深圳室内设计师协会（SZAID）理事，中国建筑装饰协会授予“新锐设计师”称号。

段文娟，深圳市伊派室内设计有限公司设计总监、总经理，高级室内建筑师。

第三节　环艺设计营销管理策略概述

一、环艺设计季节性营销管理策略概述

环艺设计行业和其他行业一样，是有淡季与旺季之分的。比如运输行业，每年一到春运（多集中在1~2月）和暑运，都是最好的旺季；另外，“五一”劳动节、九月份学生开学、“十一”国庆节等都是小旺季。商场、超市的旺季多集中在11月至次年2月，这期间节日众多，又恰值中国的农历春节，人们采购衣物、年货、礼品的就比较多。而环艺设计行业由于其行业的特性，再结合中国的传统节日状况，在淡季、旺季的划分上，有自己的特点。下面结合制订营销计划及每个月特征进行分析。

1. 关于环艺设计行业季节的划分

环艺设计行业季节可分为三种：淡季、平季和旺季。

（1）淡季

每年的1—2月和7月，可以说是环艺设计行业的淡季。1月份，由于气温比较低，墙面刮腻子不容易干燥，同时，又临近年关，中国的春节都在阳历的1—2月，人们忙于过年，把心思花到装修上的客户可以说是少之又少。同时，由于各家装公司都要放假，农民工的心思也基本是回家过年，即便有客户想这个时候装修，也要等到年后开工。因此，对中国大部分地区来说，1—2月都是绝对的淡季。7月相对而言也是淡季，一方面，因为7月正是中国最炎热的时候，部分装修工程不利于在炎热季节施工，同时，7月又是安徽、江苏、江西等地装修工人（比较集中的地方）回家收割水稻的农忙时间，所以，对大部分地区来说，7月都是淡季；另一方面，7月份的天气炎热，无论是客户还是家装公司的工作人员，都不愿意在户外活动，业务员们在7月份颇希望找一个阴凉的地方坐一坐（事实上多数业务员也确是如此），这期间即使有大量的业务员外出做业务，一般也很少产生效果。中国江淮、江南等地，每到6月份都会进入雨季，雨季又称梅雨，一般持续10~30天，这种天气，空气湿度很高，不宜进行装修施工。

（2）平季

业务量不多，但也不是绝对的旺季的中间月份，称为平季。平季一般在2月底至3月上旬，6月份、8月份也是平季。平季要么临近淡季，要么临近旺季，都是二者的过渡期。

（3）旺季

3月中下旬至6月上旬，9—11月都可以说是家装的旺季。从农历上说，每年元宵节后一个礼拜就进入装修旺季了，一般持续3个月。南方地区下半年的9—11月应该说是最好的旺季，因为此时南方地

区的雨季和炎热天气都已经过去，部分地区夏季的台风、热带风暴也已经结束。

（4）每个月对应的装修季节状况

具体分析见表 5-1 。

表 5-1　每个月对应的装修季节状况分析

月份	淡旺季	天气状况因素	人员因素
1	淡季	气温较低，空气干燥	受春节影响，部分工人提前回家
2	淡季	气温较低，空气干燥	春节期间，忙于过年
3	旺季	气温回升	无不良因素
4	旺季	温度适宜，部分地区有风沙	无不良因素
5	旺季	温度湿度相对最好，有风沙	受到此间外出旅游的影响
6	平季	温度较高，部分地区进入雨季	北方部分工人回家收麦子和播种
7	淡季	温度最高，湿度也高，部分地区有台风和热带风暴	南方部分工人回家收割水稻
8	平季	温度较高	无不良因素
9	旺季	气温适宜，秋高气爽	无不良因素
10	旺季	气温适宜，秋高气爽	受到此间外出旅游的影响
11	旺季	气温开始下降	无不良因素
12	平季	气温较低，空气干燥	临近年底，客户单位工作较忙

二、环艺设计企业营销计划与季节性划分的关系

有很多环艺设计企业在制定企业营销目标时，多采用的是平均法，即首先制定年目标，然后平均分配到每个月，而这种分配方式是不科学的。我们知道，每个月的营业额与三方面的因素有关:

（1）客户实际的装修意愿。在 1 月份、2 月份、7 月份三个月客户的装修意愿是最低的，这就导致当月市场上的客户总量相对而言是比较低的。

（2）公司自身的施工能力。在 6 月份、7 月份公司的施工能力受到工人回家收割的因素影响会下降，而 1 月份、2 月份工人因急于回家过年，没有心思干活，施工能力也下降。

（3）公司人员的工作状态。7 月份、8 月份两个月受到天气炎热的影响，12 月份、1 月份两个月受到天气寒冷的影响，业务人员的工作状态都会受到很大的影响。同时，1 月份、2 月份两个月员工急于回家过年，对待工作的热情也会不够。

基于以上 3 个因素，应当采取相应的办法，尽量结合当月的实际情况，合理制定当月的工作计划的业绩目标。因此，对于装修公司而言，一年中取得业绩的最佳时期应当是家装上的旺季和人员工作状态的最佳时期。比如，假定年营业额是 500 万元，那么应当在旺季的 6 个月当中完成全年计划的 2/3，而其他的淡季 3 个月、平季 3 个月，则完成全年计划的 1/3。采用这种营业额目标的制定方式，才是最科学的。

三、环艺设计家装企业小区营销淡旺季

环艺设计家装企业做小区业务，也要对小区内的装修进行季节性划分，针对不同的季节开展相关的宣传活动。有些家装企业从不研究小区家装的淡旺季，盲目在小区进行投资，结果造成很多的财力、物力和人才资源的浪费。小区家装从什么时候开始进入旺季呢？首先要研究小区的构成和分房时间，不同的构成和不同的时间会造成不同的小区旺季。

（1）小区的构成因素有以下几个：

① 地段与房价。小区的档次越高，房价越高，位置越好，那么其对应的客户群的家装消费力也就越高，在家装时间选择上会比中低档次的小区要零散。一般来说，中低档次的小区，集中装修的时间比较统一，而高档次小区，由于客户多数不止一套住房，购买后不急于居住的情况比较多，所以此类小区的装修旺季不太明显。别墅区就更是如此，由于别墅房销售较慢，客户的居住意愿不急，客户的工作也较忙，所以装修基本上比较零散。

② 户型面积。户型面积越小，装修越集中；户型面积越大，装修越零散。

③ 小区内部设施。小区交房时的内部设施也直接决定着小区装修是否集中，如果交房时小区的水电还无法供应，那么装修短期内就无法开始；小区内的道路、下水道的铺设如果没有及时完成，也会影响到装修的集中性。

小区的分房时间不同，装修的集中时间也会不同。先说一般时间，即先抛开分房的具体时间看小区的装修旺季：

① 分房前。由于客户没有拿到钥匙，装修的可能性不大，因此是淡季。

② 分房时。此时客户急于对房屋的结构、水电、门窗进行验收，同时对于装修的对比性还不太了解，所以，敢于第一个吃螃蟹的客户不多，但由于分房的客户量比较大，少数客户急于居住，装修还是比较早的，因此分房时是平季。

③ 分房后两周。由于这期间客户对房屋的结构也比较了解，再加上左邻右舍开始有装修开工，因此，多数客户开始考虑装修事宜，此时，真正进入小区的装修旺季。小区的装修旺季一般持续 3 个月，如果小区入住率比较高，那么在 3 个月内装修的，要占到总入住户数的 40% ~60% 。

④ 分房后三个月。小区开始进入装修小旺季，因为前期着急入住的都已经装修，不着急入住的，此时会腾出一部分时间来装修，他们也走过很多公司，看过很多左邻右舍的装修方案和施工质量，心中比较有数了才开始装修，这一阶段大约持续 3 个月。

⑤ 分房后半年。小区装修的淡季。

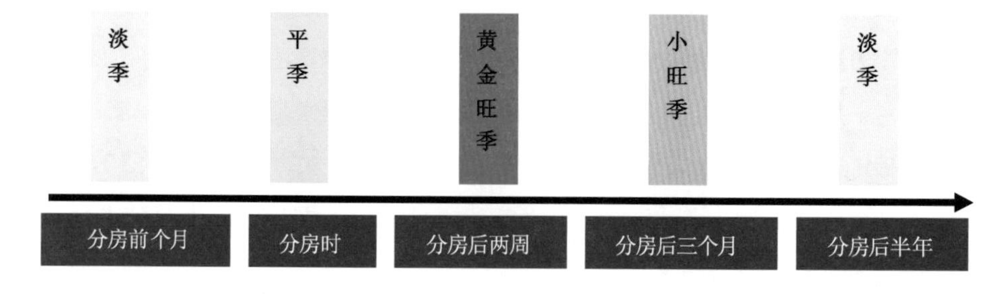

由于存在季节性和传统节日的影响，因此，不同的分房时间，所对应的小区装修淡旺季也不一样，

具体分析见表 5-2。

表 5-2　小区分房时间看小区淡旺季

交房月份	旺季月份	小旺季月份	平季月份	淡季月份
1 月	3 -5 月份	6 月份、9 月份	1 月份	2 月份，7、8 月份
2 月	3—5 月份	6 月份、9 月份	7 月份	2 月份
3 月	3—5 月份	6 月份、9 月份		7—8 月份
4 月	4—6 月份	9—10 月份	7 月份	
5 月	5—6 月份	9—10 月份	7 月份	8 月份
6 月	8—10 月份	11、12 月份	6 月份	7 月份
7 月	9—11 月份	12、3、4 月份	7 月份	8 月份
8 月	9—11 月份	12、3、4 月份	8 月份	1—2 月份
9 月	9—11 月份	12、3、4 月份		1—2 月份
10 月	10—12 月份	3、4 月份		1—2 月份
11 月	11—12 月份，3—5 月份	6 月份		1—2 月份
12 月	3—5 月份	6 月份	12 月份	1—2 月份

四、环艺设计家装企业小区营销淡旺季管理策略

由于小区家装也存在淡旺季之分，因此在做小区营销时，也要采取适当策略。

为了迎接小区家装的旺季，为了在旺季多做业务，应当在小区分房之前就开始准备策略和活动。

1. 分房前——低价渗透策略

要有目的地在新小区做几个样板间，采取低价渗透方法，有了样板间，在新小区交房时和新小区的旺季，才可以更好地开展业务。有些公司选择在分房前做活动，在此时做活动有利也有弊，利的地方是能够让更多的客户对设计师留下印象，从而去了解设计师所在的公司，但如果此时没有拿下更多的客户，或者给更多的客户留下一些负面的影响（如公司管理不好、公司价位太高等），在小区进入旺季时，就很难让这些客户再回头。最理想的策略是，分房前做样板间，分房后开展促销活动，因为分房后客户准备装修的心理和时间都比较充沛。

2. 分房时——宣传引导策略

分房时是客户最集中的时候，一般业务人员或家装公司在分房前后寻找客户是最困难的事，但分房时却能见到很多客户，此时大批客户集中在物业办公室等待领钥匙。但此时客户并不急于装修，因此，分房时我们的主要任务是寻找客户，建立更多的客户资源。此时，我们的主要策略有两种：一是加强对企业品牌的宣传；二是加强对客户的引导。我们可以让公司更多的业务员集中于此处，以搜集到最多的客户信息。

此时量房也是很好的时机，但为了提高效率，建议公司提前做好户型测量，并做好户型解读，如果能够在交房前，将公司的优惠措施、小区的各种户型平面图、各户型解读、各户型的装修设计方案、客

户家装的注意事项，都在该《装修方略》上详细说明，那么既能起到很好的宣传作用，同时也节省了量房的时间，提高了量房的效率，使交房期间我们能够接触、服务到更多的客户。

由于真正的小区家装旺季是在两周以后，因此，为了促使我们在旺季做到更多的客户，我们应该在分房后的两周内，签下更多的单并尽快开工，使我们在该小区迅速形成“家装规模效用”。可以这么说，哪个公司最先做到“家装规模效用”，哪个公司在该小区就能做到最多的客户量。

3. 分房后两周——快速掠取策略

大部分客户都会在分房后的三个月内装修，因此必须在此时抓住更多的客户，如果此时没有抓住足够多的客户，那么这些客户是不等人的，他们都要实施装修。此时，应当是家装公司小区广告宣传最猛烈的时候，配合我们前期形成的小区家装规模效用，争取在小区做到更多的客户。

4. 分房后三个月——客户细分策略

一般来说，多数家装公司会把精力集中在小区的装修旺季，到了小旺季时，大部分公司已经将精力转移到新的小区去了，此时小区的业务人员逐渐减少，有时甚至都没有业务员，家装公司广告投放也逐渐减少，有的公司将广告牌都撤到别的小区了，但是此时实际上还是小旺季，如果能反其道而行之，小旺季也能做不少业务，因为之前已经在小区形成了更大的签单规模，后期装修的客户能够看到如此大的签单规模，能够看到如此多的装修样板间，对增加他们的装修信心有很大作用。

但是此时，前来看房的客户量是很少的，安排业务人员在此蹲守有点浪费且不出效果，那应该怎么办呢？此时就要发挥客户资源的作用了，把前期记录、积累的客户电话找出来，进行认真的客户细分，区分清楚这些客户都处于什么情况，是已经装修好，还是正在装修，还是在选择考虑中，是与公司接触洽谈过，还是未接触洽谈过，等等。同时要进行小区的装修情况登记分析，把目前还没有装修的客户给筛选出来，通过电话营销做好小旺季的工作。记住，此时庞大的签单量就是最好的促销广告！

5. 分房后半年——联合营销策略

如果是商品房，可能会在此期间又产生新的购买，多数家装公司已经将宣传人员、宣传广告都撤出了，我们应当在此时加强与小区物业公司、小区周边建材商、房产商等其他商家的联合营销，把这些公司人员，尤其是与客户接触最为贴近的物业管理人员、售楼人员、建材商店员等发展成为我们的业务员，通过他们继续我们在本小区的小旺季。整体来说该小区装修已经进入淡季，但对家装企业来说，还是可以创造小旺季的。

五、环艺设计企业旺季营销管理策略

1. 旺季营销管理的阶段划分

环艺设计企业旺季营销管理可分为四个阶段：

（1）第一阶段：策略准备阶段。

（2）第二阶段：策略实施阶段。

（3）第三阶段：旺季营销阶段。

（4）第四阶段：资源整合阶段。

我们知道，旺季是指市场、客户为公司提供的可以做大、做好的机会。可这个机会如何把握，就需要我们自己认真去研究、搞策划。

首先，在时间安排上要有充足的准备。旺季可能3月底来临，不能等到3月下旬才开始进行旺季营销的策划，更不能等到4月份、5月份旺季都差不多快要结束时才开始准备，那就会错过这个大好的旺季！由于做营销策划需要一段时间，根据营销策划的内容，再实施营销策划项目的洽谈、准备，又需要一段时间，期间可能会出现一些意外，这就需要我们调整策略或合作伙伴，还会耽误一段时间，因此，要想在旺季做出一些成绩，至少要提前两个月进行准备。营销策划20天，促销活动准备20天，策略调整20天，最迟也要提前1个月进行，为各项工作预留出10天左右的时间。

很多公司在做营销策划时，准备时间不足，策略的临时性比较大，这就导致很多策略经不起推敲，旺季营销中容易出现很多的疏漏！一般来说，淡季来临时，就要开始考虑下一个旺季的营销计划，充分利用淡季的时间做旺季的准备。比如，1月份是淡季，又值过年的时间，我们从这时开始就准备来年3月份旺季营销的策略；6月份开始进入淡季，我们利用7月、8月这两个月时间，进行旺季的准备工作。

为做好旺季营销，抓住旺季的第一批客户，要在旺季来临之前，将营销策略实施出去，广告投放出去。也就是说，3月下旬会进入装修旺季，至少要提前20天就开始进行旺季营销优惠措施的广告宣传，因为广告宣传通常都有一个滞后效应，不可能今天做广告，今天做宣传，明天就会有很多的客户，客户阅读广告，客户之间相互传播也有一个过程，从阅读广告到客户对广告内容进行分析、甄别还有一个过程，如果不提前做宣传，就会错过旺季的第一批客户。

家装旺季一般都持续3个月左右的时间，在这期间，不仅要做好营销服务工作，还要进行持续的宣传，只有这样，才能抓住旺季一批又一批的客户。只有不放过每一批客户，才能使旺季营销的利益最大化。

旺季结束了，但旺季营销的工作还没有做完，这段时间我们积累了大量的客户资源，趁旺季结束时，对客户进行回访、梳理，使我们能够继旺季之后，再有一个小旺季。有些公司，旺季结束以后，业绩一下子下滑很快，原因就是没有充分利用旺季积累的客户资源。如果能够充分利用，那么旺季结束后的平季，又可以做一个小旺季了。

2. 旺季营销管理的时间安排

（1）淡季进行旺季营销的准备

这一点我们在上面已经做了详细论述，这里重点说一下“准备”。“准备”产生结果，也就是旺季的业绩来源于淡季的提前准备。准备这个过程绝不能忽略，准备工作的精细程度决定了结果的大小。

（2）旺季营销管理的三个时期

第一阶段是旺季的开始阶段。这一阶段重点要抓的是第一批客户，第一批客户的重要性在这里要提醒广大的装修公司朋友重视起来，第一批客户至少具有两个作用：一是提升业绩和人气，对于下一批更多的客户工作进行预演，也是检验的过程；二是带动下一批客户，由于第一批客户有很多朋友、同事、邻居都有可能在下一批当中成为我们的准客户，所以抓住了第一批客户，就为第二阶段做了很好的准备工作。

第二阶段是旺季中的超黄金阶段。这一阶段大量客户装修，市场上各种资源都比较紧张。相对于第一阶段，第二阶段的客户能够进行更充分的准备，其选择的时间要更宽裕一些，选择面也更广一些。

第三阶段是旺季的收尾阶段。这一阶段的特点是装修的黄金时间即将过去，如果错过了这个黄金时间，客户可能又要等到下一黄金时间，所以这一阶段，客户的装修心理往往是赶紧装修，比较急迫。比如，有些客户会想，马上就要进入炎热的夏季了，夏季装修那么热，空气湿度也比较高，这时装修会不太好，所以，急于选择公司马上开展装修。

第一阶段：投放广告，制定吸引第一批客户的营销策略。

第二阶段：投放广告，抓住最大的客户量。

第三阶段：投放广告，宣传的策略则偏重于装修时间的紧迫性，抓住旺季中最后一批客户。

（3）旺季准备平季和淡季的策略

相对平季、淡季准备旺季攻势，我们也要利用旺季来进行平季、淡季的营销策略的制定，如果这一工作做得好，就能创造小旺季或淡季不淡。

由于淡季是家装整体行业的淡季，所以可以充分联合其他的材料商、家具商，做大规模的联合营销活动，推出反季节家装。这时其他材料商对于淡季营销也都缺乏有效的方法，因此对于做活动的支持力度会更大，我们要充分利用联合营销这一优势策略！

3. 旺季营销管理之促销

（1）以小区图片展形式开展促销

促销主题：效果图设计。

宣传重点：公司的整体设计能力。

促销方式：以流动车的形式，在各小区进行现场展示，这种形式需要制作出很多易于收放的宣传展架，在小区入口处圈定一个几十平方米的面积，进行现场展示。同时可以推出现场部分优惠措施，派几名设计师进行现场讲解。

还有一种小区图片展的形式，就是在公司内进行主题展示，可以进行如“某某小区某某户型设计展示周”，通过业务人员或报纸吸引客户到公司参展。这种形式花费不多，主题性强，但效果没有上面那种效果好。

（2）以主题套房设计风格开展促销

这种促销又分为两种，一种是图片展示，另一种是房间展示。图片展示和小区图片展一样，将家庭空间分为特定的主题空间，分类进行展示，比方说“客厅完全设计展”，展示几百幅各式各样的客厅图片；“儿童房主题图片展”，展示上百款儿童房设计方案。

还有一种就是现场参观形式，将部分客户集中起来，到公司专门制作的主题房间进行参观，我们选定的主题房间，应该在设计理念上具有创新性和感染力；如果没有专门制作的房间，也可以与老客户联系，或将已经竣工的工地，作为参观现场。

（3）与其他建材商合作开展联合营销

这种形式近年来很流行，大公司经常采用。需要组织很多的材料供应商或家居产品供应商，租用大型的会场，进行现场促销活动。

（4）以赠送实用礼品形式进行促销

礼品促销都被用惯了，多数客户可能会对这种送礼的形式并不感冒。所以，单独进行礼品促销“签单送大礼”“来就有礼”等效果并不好，可以结合一些主题性的活动进行，这样以主题活动吸引客户，以促销送礼带动现场订单达到前后呼应的方法是比较见效果的。那就要研究，送什么礼最合适？近来有一些家装公司打出“送千元手机”或“送笔记本电脑”的广告，这都是很不成熟的送礼观。送礼不能跳出家装产品的范围，这样既有吸引力，同时也节约成本。我们看到移动公司搞优惠活动，一般促销的都是手机充值卡、送手机报或送话费等，由于这些赠送的产品，本身也是移动公司的产品，相对而言成本就会更低。我们送客户什么呢？由于是家装，所以就送家装产品，比如说“送300元地板”或“1米橱柜”或“送一个鞋柜”，这样既让客户感到可以少订一些这样的产品（省下的还是家装的钱呀），同时我们的成本也是最低的。还可以“送窗帘”“送洁具”等。如果是“来就有礼”，那么我们就送客户一些实用的东西，有的公司送“钥匙扣”等没有实际意义的产品，还不如干脆送客户“洗衣粉”“香皂”或“家具蜡”等。

六、环艺设计企业旺季中人才管理策略

（一）提前准备各项人才

旺季的一个特点是客户量大，如果想在旺季多做业务，那么相对应的工作量就会增加很多，所以要提前准备各方面的人才。

1. 淡季招人

由于淡季很多公司业务量不足，人才看不到公司的发展希望，多数会在此时考虑重新选择公司，所以趁此时进行旺季的人才储备是最好的时机。淡季招人具有如下特点：

（1）很多人才不会在旺季离职，因为此时正是他们挣钱的最好时机，如果错过了这一时期，也就等于错过了他们挣钱的最好时机，所以旺季多数人才会选择坚持。

（2）由于淡季中人才思变的心理强烈，因此是招聘的最好时机。很多公司到了旺季才想到要招人，这时招人一般是很困难的。为了招聘更多更好的人员，淡季开出的工资要足够有诱惑力，这样就能为旺季进行很好的人才储备。

2. 淡季培训

淡季相对而言，客户总量少一些，我们就要利用此机会，对公司内的全体人员进行相关的培训。这时做培训的主要目的，就是让大家以最好的工作状态和工作能力，去争取旺季中更多的客户。从单位的价值上来说，淡季培训要比旺季培训更有价值，因为旺季的时间是用来找客户做工作的，如果此时人员还在培训，就会错过很多客户。

3. 准备哪些人员

考虑到旺季的工作量，在淡季就要进行各方面的人才储备，包括业务人员、设计人员、施工人员、工程管理人员。淡季也是施工的淡季，很多施工人员急于寻找淡季的活源，此时也恰是考察施工队施工质量和施工能力的时机。

旺季的业务量决定了旺季的施工量，有些公司旺季营销工作做得好，但是接着出现施工队伍力量不足的问题，也就是施工反过来会影响业务的发展。这个问题一定要在淡季就做好准备，因为接一个业务来之不易，千万不能因为此时施工队伍不够，而放弃签单。所以应当根据旺季营销计划，制定相应的施工队伍增加策略。

（1）即使是在旺季，我们也不能让单个施工队伍的施工量超过他的施工能力，这样就会带来工程工期无法保证和质量无法保证等一系列问题。

（2）为了促进施工队伍建设，可以在旺季来临之前，召开一个施工队伍建设大会，由工程监理或其他人员或其他渠道推荐的施工队伍集中参加，现场讲述公司的优势、公司的营销方案和给予施工队的优惠政策，通过这个渠道，可以迅速召集一批有实力的工程队伍。

（二）如何提高人才的工作效率

1. 提前量房，做户型准备

我们应当趁淡季或业务不多的时候，进行市场开发的调查、整理工作，提前将各个小区的所有户型准确测量出来，做好平面图、户型分析，也可做出户型装修方案研讨，将经过所有成员讨论后形成的方案装订成册，事先让每个设计师对经过讨论的户型进行熟悉，这样不仅可以节省量房测绘的时间，也会因为事先对各户型有所准备，从而让设计师更加轻松地应对各种客户和各种户型，增加我们的签单机会。

公司内部应当建立一个作品库，可以将各设计师、各小区各户型的作品汇集到一起，这样，单个设计师可以共享所有成员的作品和方案。

同时，为了提高工作效率，应当采取一定的措施，让客户自行了解公司的各项优势。如果客户在接触公司之前，或者在接触公司工作人员之前，就能够自主了解公司的优势，这就省去了工作人员为客户一一介绍的大量时间。如何做到这一点呢？通过下面几个方式，可以让客户更好地了解公司情况：

（1）建立功能详细的网站。

（2）由接待人员带领客户参观店内的主题布置。

（3）在在建工地制作主题宣传墙。

（4）制作能充分反映公司各项优势与特色服务的宣传册或电子杂志。

2. 内部预交底，节省现场交底的时间

现在很多公司，少了一个内部预交底的程序，这样就会在现场花费大量的时间去进行交底，现场交底的时间过长，就会浪费设计师、施工队、工程监理甚至客户的时间。应当将可以在公司内部交代的部分，在内部先做好交代，这样在现场只要重点做现场放线和水电路改造的交底即可。内部交底着重介绍设计样式、材料、颜色，预算和工程量的大小，由设计师、工程监理、施工队三方交底，交底完以后，再进行工程发包。

3. 加强沟通，节省员工相互熟悉的时间成本

员工之间彼此不熟悉，就会增加相互了解的时间成本，比方说设计师与业务员之间不太熟悉，新来的业务员对设计师不了解，他就无法和客户事先进行设计师推崇，双方在现场的配合程度也不默契。为此，我们可以通过公司早会或内部活动，让新老员工尽快地熟悉起来，做到面对第三方时能够心照不宣，非常默契和省时。比方说可以采取这个办法，每天开早会时，让员工交换位置，相互交叉而坐，可以在早会开始前给两分钟相互交流，这个方法很省时，大家也能尽快地相互了解。当然，还可以通过内部的体育活动，让员工尽可能快地完成相互配合。

4. 建立规范，树立标本

纠正员工错误的最经济的办法，就是树立一个好的正确的标本。一些家装公司，总是反映员工出现这样或那样的错误，但就是不给员工一个正确的蓝本。这里举几个公司内部规范（标本）的例子：

（1）预算成品标本——给员工一个打印出来的带封面的成品预算书，这样员工就可以按照这个预算书的版式、封面、格式进行预算书的制作。

（2）合同的范本——给出一个正确的合同范本，教授员工正确地填写合同。

（3）工程质量标准——给施工人员一个质量达标的标准，这样就没有客户标准，没有工人标准，也没有监理的标准，只有一个统一的标准。

（4）工艺标准——给施工人员、设计人员一个施工工艺标准，这样在设计时与施工时的工艺就能达到统一，避免因工艺问题造成不必要的误会和纠纷。

（5）人员标本——每个月评比出公司的“明星”，让他们介绍自己的工作经验，把好的东西分享给其他同事，人员标本既是一个典范，也是相互竞争的体现，能给公司带来一些向上的活力。

（三）关于旺季中运用人才的一些问题

1. 人才积极性的问题

人才积极性直接关系到公司在旺季的业绩，因此，建议各家装公司采取下列活动：

（1）建立极具诱惑力的奖励制度，奖要奖得让人心动

旺季是黄金季节，这一时间段要倍加珍惜。为了提高人才的积极性，必须要让人才们相互竞争，要让员工有争取高工资、高奖金的机会。有些公司在人员的经济激励上下的功夫不够，员工们连获取高额奖金的机会也没有。建议公司设立人员业绩奖金和竞争奖金，尤其是竞争奖金，第一名可以奖励 3 000 ~ 5 000 元，用高额的奖金让每个员工都眼红。

（2）每天开展早会培训，加强对员工的励志教育

目前一些中小型公司，根本没有早会培训的习惯，建议各公司建立早会培训的制度，利用早会培训的平台加强对员工的励志教育。无论是家装的业务员还是设计师或是施工监理，其产生成绩的最根本都来自于态度，态度决定一切。早会培训做好了，既是公司企业文化的一部分，也是规范管理的一个很好的展示。

（3）利用《崭新人生启动》，对公司内的所有员工进行个人启动，人们奋斗的动力，来自于其对生活压力的体验和对于成功的渴望，《崭新人生启动》可以在一定程度上让员工明确自己肩上所有的责任，从而让员工开始梳理自己的人生目标，实践证明，《崭新人生启动》可以让员工与公司之间进行良好的沟通，是团结员工的很好的方法！

2. 人才疲惫的问题

家装行业的旺季周期很长，一般持续三个月左右，还要再加上小旺季，员工在这么长的时间内连续工作，很容易出现疲惫不堪的现象。员工出现疲惫的原因主要有两个，一是长时间得不到休息，现在家装行业平时加班的可能性很大，为了抓住客户，员工在量房回来以后，就要加班加点做平面图、预算、方案，有时可能加班到深夜，有的设计师连一周休息一天的机会也没有，连续几个月下来，谁也受不了；二是员工的心理疲惫，每天重复同样的工作，设计师每天都在电脑面前工作，显得很枯燥，部分设计师甚至开始厌倦这种工作方式。员工们出现的身体和心理上的疲惫，自然就会反映到工作上，要么是工作容易出错，要么是接待客户时没有了激情。因此，作为公司的领导，要善于发现这个问题，并及时找到解决办法：

（1）从情感上关心员工，对于加班的员工，应当发放加班工资，并可为加班的设计师准备一些食品饮料，让员工感到公司的温暖，不要让员工产生公司不关爱员工的感觉。

（2）公司应当不定期组织团体文化活动，这个活动也许只要两个小时，比如组织员工去唱歌，或者开展一项内部的体育比赛，如羽毛球比赛、踢毽子比赛等，再准备点小礼品，一般每一周或隔一周举办一次，让员工享受到参与活动的乐趣。当然，如果公司能够组织员工去旅游就更好了，把公司内的员工分成两批，第一个月去一批，第二个月再去一批，但是要求员工努力创造业绩，公司实现既定的业绩目标后，就兑现承诺。

3. 工作失误的问题

旺季中工作量大，容易出现失误的机会也多，员工工作失误主要分为以下几类：

（1）设计和预算失误。一般以预算失误较多，预算失误当中，又以丢项漏项、计算失误占主要部分。

（2）合同失误。一般以付款方式、总价款与税款、材料说明等失误居多。

（3）施工失误。施工失误又以设计失误、色彩失误、材料质量和品牌问题、工程质量问题等居多。

（4）管理失误。管理失误主要体现在发包不及时、开工不及时、工地管理混乱、公司内部程序混乱、部门合作不协调等方面。

七、环艺设计企业旺季广告营销管理策略

1. 什么时机做广告

由于环艺设计企业在一个年度内分为不同的淡旺季节，因此广告宣传也要选择合适的时机。只有时机选择恰当，做广告才能达到更好的效果。

（1）旺季来临前半个月做广告宣传，吸引旺季第一批客户。一般来说，3 月下旬进入家装旺季，那么就在 3 月上旬开始广告宣传；9 月份进入下半年的家装旺季，那么就在 8 月下旬做广告宣传。此时广告宣传的目的就是抓住旺季的第一批客户。在广告宣传的策略上，可以采用样板工地征集、上半年家装趋势发布等形式。

（2）旺季中间的广告宣传跟进。旺季持续三个月，要想在旺季的中间段抓住更多的客户量，就应当在旺季当中的 4 月底、10 月初进行大量的广告宣传，此时的目的是抓客户量，因此内容以促销为主，或者采用“家装团购签单发布会”“家居产品博览会”或“地板主题促销家装签单会”等形式。

（3）旺季的末期广告宣传带动小旺季。在 5 月底、11 月底，可以通过广告宣传抓住旺季最后一批客户，同时也为小旺季准备客户量。旺季末期的特点是家装黄金时间段即将过去，广告宣传的策略要偏重于让那些还没装修的客户积极行动起来，可以说采取的是逼迫客户赶紧装修的办法。

（4）淡季也要通过广告宣传和营销策划，创造出淡季不淡的局面。淡季的特点是很多客户不急于装修，只有少数客户因为着急居住或者此时有时间准备装修，因此广告宣传必须带有更新客户观念的策略。此时，应当用大量的优惠活动，让部分客户感到此时装修最便宜，从而带动客户量。就像一些商场采用反季节销售的方式，夏季销售冬季的服装，冬季销售夏季的服装，部分客户正是因为看到季节所带来的价格差异从而购物。

2. 广告的篇幅与形式

（1）形象广告长年做，促销广告季节做

旺季和淡季做的广告，统称为促销广告。此时做广告的目的，主要是促进当时消费。如果公司有实力，那么可以采用平时利用报纸栏目冠名或中缝广告或户外广告的形式，做公司的形象广告，这样可以提高公司的知名度。但是有了一定的知名度还不够，还需要带来及时的客户量，这就需要做促销广告。旺季前半个月建议做 2 期 1/3 版以上的报纸广告，旺季中间做 2 ~3 期 1/2 版或以上的广告，旺季末期做 2 期 1/3 版的广告，一年两个旺季就是做 12 期的广告，淡季各做 2 期广告，全年的广告总期数在 16 ~20 期。不需要做到每期都做。同时在旺季促销期间，要更换户外广告，将形象广告暂时撤下来，换上促销广告，活动结束后再换回形象广告，既能让户外广告予人以新鲜感，同时又能带来巨大的影响力。

（2）广告形式的选择要把握好

目前可资利用的广告形式，主要有户外广告、报纸广告、小区广告三种，但是家装公司可以利用小区的工地做更好的广告宣传。这里说的工地广告，是指在工地的外墙做一面墙的广告，这个广告能吸引楼上楼下左邻右舍的客户，是最经济的广告形式之一，既不用付物业费，印刷费也很便宜，喷绘就可以，一般花费不到 100 元。如果在小区开工 10 个工地，也就是说做了 10 个整墙的广告，以每个广告影响 10 户计算，10 个工地至少要影响 100 个准客户，甚至更多。小区的广告牌应直接以小区促销活动为主，这样产生的效果要更好，多数公司在小区里做形象广告，起不到很大的作用。

八、环艺设计企业营业额提升营销管理策略

1. 影响营业额的三个因素

要想提高营业额，就要研究产生营业额的三个因素。对于家装行业来说，营业额产生的因素分别是客户量、签单率、签单额。首先解释一下这三个词语。

（1）客户量：通过各种渠道到公司去了解的客户总量，是指咨询客户总量。

（2）签单率：指签单客户量与咨询客户量的比值，比值越大，说明签单率越高。

（3）签单额：指单个客户最后成交的工程预算总金额。

要做大营业额，其实就是要做大这三个因素，使客户量最大化，签单率最高化，签单额最多化。

2. 客户量的三个因素

（1）客户总量

客户总量决定着潜在客户量，潜在客户量又决定着准客户量，准客户量又决定着最终签单量。一个市场能不能做大，就是看这个市场有没有做大的先决条件，那就是客户总量。不要想着自己能占有100% 或 80% 的客户，如果一个县城每年只有 1 000 户的交房量，不要想着这 1 000 户都能做上，或者最少能做到 50% ，那是不太可能的，在家装界很少有公司能将业务做到当地市场的 20% 以上。那么在客户量不够的情况下怎么办？要想做得更好，就只有通过外埠扩张，把自己的业务发展到外地市场去。

客户总量总是随着房产开发的程度、每年的季节变化不断变化的。客户总量分为两种：一种称为绝对客户总量，也就是当地所有的可能购房并装修的客户总量；另一种是相对客户总量，就是指在一个单位时间段内，真正准备装修的客户总量。绝对客户总量决定着最终成绩的大小，相对客户总量决定着当前所能够做到的成绩的大小。换言之，绝对客户总量决定未来的业绩，相对客户总量决定当前的业绩。

在每年的旺季，都是相对客户总量最大化的时候，如果此时没有让客户知道公司，走进公司，没有签单，那么就会错过相对客户总量。这就是一些公司旺季做不起来导致最终做不起来的原因。

（2）客户渠道

客户渠道决定着公司的客户总量。没有渠道就没有真正的客户。旺季，是相对客户总量最大的时候，如果此时没有足够的客户渠道，就不能抓住市场上准备装修的客户。这里要研究两个问题：一是装修的旺季，公司的客户渠道够不够广，够不够深；二是小区的装修旺季，公司有没有足够的客户渠道，能不能抓住小区的最大客户量。

（3）客户策略

客户策略决定了客户渠道的结果。有些公司也建立了一些客户渠道，但是还是反映客户量上不去，这是为什么呢？就是没有针对不同的客户渠道采取相对的策略。

① 广告宣传。旺季要想产生业绩，就不要做形象广告，形象广告起不到多大的作用。要做广告就做产品广告、促销广告，在平时可以做部分形象广告和营销广告。

② 业务宣传。业务员渠道要想产生业绩，最好不要用散跑的方式，应当采用小区操作的方法，同时，要为业务员准备好宣传用的各种武器，为业务员解决好进小区做业务的一些必备条件，让他们能顺利地进小区去宣传。

3. 签单率的三个因素

（1）市场定位。这是最主要的，就是公司所定位的客户群。有很多公司都想做大客户，做高档客户，这只是美好的愿望。公司进行市场定位的时候，要考虑三个方面的因素：一是公司实力（店面规模、人才规模、施工能力、管理能力），如果实力不够，那么定位于中高档客户就只是公司的一厢情愿。二是客户对公司的整体判断，也就是在客户心中，究竟是怎么样的公司，比如有些公司的宣传让客户形成这是一个大公司，价位肯定高的认识，实际上价位并不高，适合一般客户，但如果多数客户对公司形成了这样的认识，那么就会有一大部分客户望而却步。公司的宣传定位准确，这点非常关键。三是公司所定位的客户群的市场总量如何，这个总量能不能满足公司业绩发展的需要，比如有些公司，定位于高端客户，但市场上的高端客户数量有限，那么就无法满足公司的发展目标，所以，有些公司会在高端的基础上，又往下进行定位，将客户延伸到中端客户。市场定位越准确，来的客户有效率就会越高，如果公司是高端定位，但每天来的都是中低端客户，那么签单率就不会太高。

（2）公司优势。优势决定签单率。在公司的市场定位中，公司的优势越高，签单率也就越高。公司没有相对的优势，即使人员再优秀，签单率的提升也是缓慢的。优势越高，与同行业的差距越大，签单率提升的速度也就越快。

（3）设计沟通。设计师良好的沟通，可以抓住更多的客户。目前多数公司所认为的签单率，都是集中在设计师这一环，签单率不高责任都推到设计师身上，设计师的设计能力、沟通能力当然是影响签单率的一个重要方面，但是还比不上公司的整体优势，毕竟一个人的优势是竞争不过一个公司的整体实力的。公司首先要做的是提升公司的整体竞争力，做好这一步的同时，加强对设计师或其他员工的培训，让员工形成良好的内部竞争态势，这样，签单率才能进一步得到提升。

4. 签单额的三个因素

（1）装修档次。也就是客户档次，客户对于家装的装修要求越高，每单的金额也就越高。做低档客户，每单 2 万元，做高档客户，每单 5 万元，差别就形成了。

（2）装修项目。装修的项目越多，户型越大，自然造价就会越高。

（3）配套服务。在装修之外，还为客户配套主材、家具、家电、饰品等，就可以在装修金额的基础上，再挣一个配套服务的营业额。

第六章　数字媒体艺术设计营销与管理

第一节　数字媒体艺术设计概述

一、数字媒体艺术设计相关内涵

1. 媒体的概念

（1）媒体有两者之间的含义，被传播学借用来表示信息传播的一切中介。

（2）媒体有三种形态：实体物质形态、物质能量和波动形态、符号形态。

2. 数字媒体的概念

（1）媒体与新媒体

数字媒体是一个以数字技术为中心的媒体概念，而新媒体是以时间先后予以对比的媒体概念。

（2）数字媒体与多媒体

多媒体是指将相关文字、图像、声音、视频、动画等多种感觉媒体综合集成在一起，进行加工、传播、表现、储存的信息载体。能够将多种媒体进行综合集成、加工、储存、表现的技术称为多媒体技术。

3. 数字媒体艺术设计

数字媒体艺术设计是一个跨自然科学、社会科学和人文科学的综合性学科，集中体现了“科学、艺术和人文”的理念。该领域目前属于交叉学科领域，涉及造型艺术、艺术设计、交互设计、数字图像处理技术、计算机语言、计算机图形学、信息与通信技术等方面的知识。这一术语中的“数字”反映其科技基础，“媒体”强调其立足于传媒行业，“艺术”则明确其所针对的是艺术作品创作和数字产品的艺术设计等应用领域。

“数字媒体艺术设计”是艺术类专业，与传统意义上的“艺术”有所不同，数字媒体艺术专业定位学科领域有一定的交叉和细化，是关于媒体领域的，表现方式为数字化的，也就是“换笔”了的艺术类专业。在新修订的《普通高等学校本科专业目录（2012年）》中，“数字媒体艺术专业”学科门类属于艺术学的“1305设计学（可授艺术学学位）”。这是一个新专业，它体现了社会分工的细化、融合和时代的进步与发展。事实上，当我们从工业社会迈进信息社会门槛的时候，艺术家与科学家都不约而同地猛然发现，艺术与科学竟然同处一个载体中，以至于达到密不可分的程度。这种密不可分的现象，几乎遍及艺术与科学的任何一个领域，舞蹈、音乐、绘画、戏剧、电影等，一切都离不开新技术，有了新技术，传统的艺术形式才更加绚丽多彩。艺术需要借助科学技术来塑造形象，创造更新、更奇、更异的艺术效果；科学也同样需要调动一切艺术手段，证明和推销自己的新技术，依赖艺术无边的想象来创新。信息社会为艺术与科学的结合，提供了更广阔的天地；艺术与科学也在这个广阔的新天地里，上演着更加引人入胜的一幕。数字媒体艺术专业应运而生，理所当然地走在了艺术与科学携手的最前沿。

法国19世纪著名文学家福楼拜在谈到艺术与科学的关系时，曾经做过一次非常生动的比喻，他说：越往前走，艺术越要科学化，科学也要艺术化。两者在山麓分手，回头又在顶峰汇集。中国当代著名画家李可染在谈到东西方艺术发展时，也打过一个类似的比方，他说：学艺像爬山，有人从东边爬，有人从西边爬，开始相距很远，彼此不相见，但到了山顶，总要碰面的。钱学森曾说：从人的思维方法来看，科学研究总是用严密的逻辑思维，但科学工作往往是从一个猜想开始的，然后才是科学论证。也就是说，科学创新的思想火花是从不同事物大跨度联想激活开始的。而这正是艺术家的思维方法，即形象思维。接下来的工作是进行严密的数学推导计算和严谨的科学实验验证，这就是科学家的逻辑思维。换言之，科学工作是源于形象思维，而终于逻辑思维。也可以简单地说，科学工作是先艺术而后科学的。这里没有搬这些伟人出来唬人的意思，但是以他们的经历和成就及他们的学识之丰厚，说这些话一定不是空穴来风，应该还是很有说服力的。

“数字媒体艺术设计”就是这样一个科学与艺术在一个相当的高度上的结合体。相对于一般学生或者非专业人士来讲，这个“高度上的结合体”的确有些陌生和望尘莫及，甚至很可能让专业人士也常常感到头晕目眩。这正说明了它具有广阔的发展空间和潜力，提示我们身处其中大有可为。但这个“高度上的结合体”绝不是空中楼阁，而是高楼，这就更加需要夯实的基础。这个“基础”既要具备传统的艺术造型和设计能力，又要具备数理基础；既要具备充满想象的形象思维，又要具备严密线性的逻辑思维。

数字媒体艺术设计的主要领域是基于网络的网页设计、网络广告设计、网络动画设计、网络视频设计、网络游戏设计；基于软件的界面设计、交互设计；基于传播媒体的电视频道包装设计、多媒体出版物设计等。

二、数字媒体的类型

1. 对传统媒体改造形成的数字媒体

（1）数字广播

数字广播采用数字技术对声音进行加工、传输，具有高保真、远距离的优势，其声音质量可以比AM、FM广播提高数百倍，达到CD的质量。

(2) 数字电视与电影

数字电视因数字信号的高可靠性和抗干扰能力，能够达到高清晰度的电视画面，并可实现互动功能。数字电视经历了局部数字化和全系统数字化阶段。

(3) 数字出版物

传统出版物以纸为承载媒介，而数字化出版物以数字媒介为载体。

2. 数字娱乐媒体

数字娱乐媒体主要体现为数字游戏、网络数字游戏等。数字游戏又可以分为三种类型：一是以网络为载体的网络游戏；二是计算机游戏（单机游戏）；三是游戏机游戏。

三、数字媒体艺术设计的特征

(1) 丰富的作品形式

图形作品、动画作品、视频作品、网络作品、互动装置作品。

(2) 作品的不确定性

数字媒体艺术设计作品的不确定性主要表现在两个方面：① 作品主要通过计算机来呈现，计算机的处理能力、显示设备的大小、显示质量的优劣各不相同，同一个作品在不同计算机上呈现出来的结果就会存在差异；② 交互和互动作品呈现的内容和结果具有不确定性。

四、数字媒体艺术设计相关技术内涵

1. 图形与图像的概念

(1) 图形主要指描绘物体的轮廓、形状或外部界限。

(2) 矢量图形单元包括封闭的轮廓线和内部填充两个基本要素，轮廓线有线型、粗细、颜色之分；内部填充也有单色、渐变色、图案等选择，各图形单元可以独立进行移动、放缩、旋转等编辑。

2. 图形与图像的区别

矢量图形只记录生成图形的算法和特点，数据量小，占用储存空间少；位图图像是以点的方式记录，需要记录每一个点的颜色，数据量相对于矢量图形大，占用储存空间大。

3. 数字动画的主要类型

① 动画影片

这类动画是以电影院、电视为主要传播渠道，在画面质量和声音质量上要求很高，而且制作成本也高，一般由专业公司生产。

② 网络动画

这类动画在网络上传播，一般由个人创作和制作，在内容上不像动画电影那样完整和严谨，在动画水平上参差不齐。在制作技术上有 GIF 动画、Flash 动画、三维动画三种，以 Flash 动画为主。在形式上有情节动画、MV、贺卡动画，以及动画标识、动态表情、动态形象等。

③ 三维动画软件

3Ds Max 和 MAYA 是目前最为流行的三维动画软件，3Ds Max 是业界应用最广的建模平台。MAYA 是目前世界上最为优秀的三维动画的制作软件之一，是相当高端而且复杂的三维电脑动画软件。

4. 数字视频

（1）数字视频的概念

数字压缩机技术是数字视频发展的关键技术之一。MPEG 标准，是运动图形和声音的压缩编码标准（H.261、H.262、H.264 标准），数字视频文件格式有 AVI、MOV、MPEG、RM。

（2）数字视频创作形式

① 实拍视频

这种视频的创作形式就是按照事先设计好的镜头脚本要求，利用摄像机对实景进行拍摄，得到视频创作的素材，然后进行剪辑、编辑、配音、添加字幕等工作，最后完成渲染，将作品压制到储存介质上。

② 剪接视频

剪接视频不需要拍摄素材，而是根据自己的创意在已存在的视频素材中去截取需要的镜头，然后进行重新组接，形成在情节和意义上与原有视频完全不同的全新视频作品。剪辑视频是利用蒙太奇原理，不同镜头之间或改变镜头先后顺序进行组接，都会产生不同的意义。

③ 计算机视频

计算机视频是指利用三维动画软件制作的视频，场景、角色、服装、道具、灯光、气氛及物体、角色的运动都是由计算机制作的，画面是利用软件中的虚拟摄像机进行拍摄。

④ 合成视频

利用视频合成技术，将两个或多个视频在同一时间段内进行叠加、融合、透叠、运动等操作，形成新的视频画面，这样的视频称为合成视频。

五、数字媒体艺术设计相关技术与系统

1. 动作捕捉技术与系统

从技术角度看，动作捕捉技术就是测量、跟踪、记录物体在三维空间中的运动轨迹。从应用角度看，动作捕捉的目的是希望将捕捉到的运动轨迹赋予动画或游戏内的角色。

（1）动作捕捉系统的组成

传感器、信号捕捉设备、数据传输设备、数据处理设备。

（2）动作捕捉系统的技术类型

机械式运动捕捉、声学式运动捕捉、电磁式运动捕捉、光学式运动捕捉。

2. 互动投影技术与系统

（1）互动投影的技术原理

互动投影是一种新型的多媒体展示技术，利用先进的计算机视觉技术和投影显示技术来营造一种奇幻动感的交互体验。

（2）互动投影系统的组成

信号采集部分、数据处理部分、成像部分、辅助设备部分。

(3) 互动投影类型

地面互动投影、立体互动投影、台面互动投影、球面互动投影。

3. 虚拟现实技术与系统

(1) 虚拟现实的概念

虚拟现实是一个可以创建和体验虚拟世界的计算机系统。

(2) 虚拟现实的基本特征

多感知性、沉浸性、交互性、构想性。

4. 前进中的自然界面技术与系统

(1) 多点触控技术与系统

利用双手的多个手指来控制屏幕上的多个点，从而实现利用手势来进行交互，向自然语言交互迈向了一大步。

(2) 语音交互技术与系统

语音识别技术就是让机器通过识别和理解过程把语音信号转变为相应的文本或命令的高技术。

(3) 图像识别技术与系统

要识别某个图像，在人的记忆中必须储存有这个图像的记忆模型，成为模版。当此图像与记忆中的模版匹配时，则能够被识别。

数字作品案例：

数字电影阿凡达

数字三维游戏蜘蛛侠

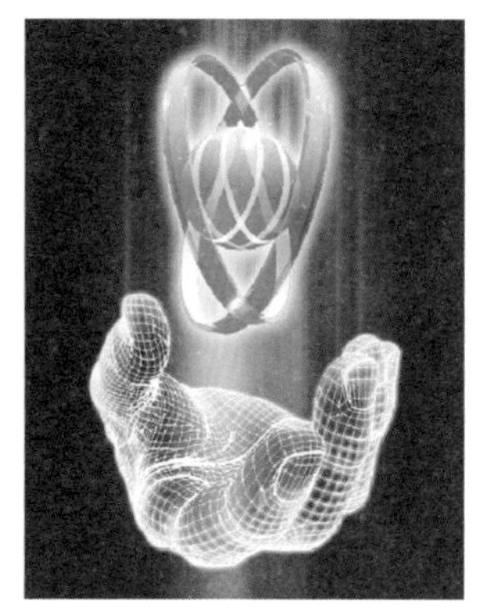

数字三维广告

数字出版

数字动画

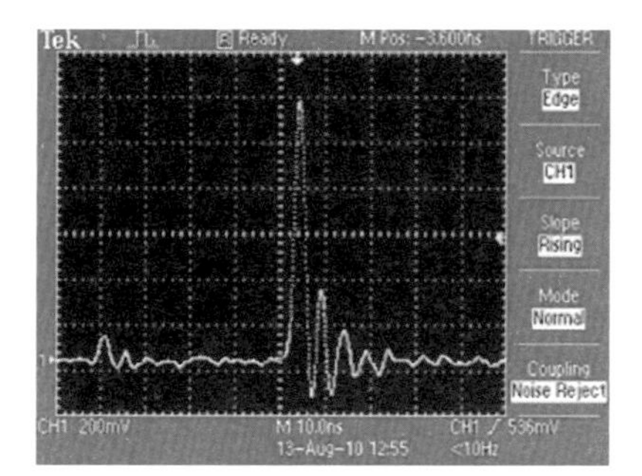

数字存储

数字虚拟现实

第二节　数字新媒体目标市场营销管理策略及实务

一、数字新媒体的内涵

数字新媒体是新的技术支撑体系下出现的媒体形态，如数字杂志、数字报纸、数字广播、网络、桌面视窗、数字电视、数字电影、触摸媒体等。相对于报纸、杂志、广播、电视四大传统意义上的媒体，新媒体被形象地称为“第五媒体”，是以数字信息技术为基础，以互动传播为特点，具有创新形态的媒体。

阳光文化集团首席执行官吴征认为：“相对于旧媒体，新媒体的第一个特点是它的消解力量——消解传统媒体（电视、广播、报纸、通信）之间的边界，消解国家与国家之间、社群之间、产业之间的边界，消解信息发送者与接收者之间的边界，等等。”BlogBus副总裁兼首席运营官魏武挥认为新媒体是“受众可以广泛且深入参与（主要是通过数字化模式）的媒体形式”。中国传媒大学黄升民认为构成新媒体的基本要素是基于网络和数字技术所构筑的三个无限，即需求无限、传输无限和生产无限。

可以肯定的是，“数字新媒体”是建立在数字技术和网络技术的基础之上，延伸出来的各种媒体形式。“新”最根本体现在技术上，也同时会体现在形式上，有些新媒体是崭新的，比如互联网；而有些是在旧媒体的基础上引进新技术后，新旧结合的媒体形式，比如电子报纸。

数字新媒体就是能对大众同时提供个性化的内容的媒体，是传播者和接受者融汇成对等的交流者，而无数的交流者相互间可以同时进行个性化交流的媒体。

与传统媒体的内涵相对应的是，数字新媒体的表现形式随着技术的革新不断变化，如它随着数字技术、无线传输技术、卫星、宽带等通信渠道的增加而变化，也随着客户终端载体如手机、电脑、数字电视等的发展而快速地转变。事实上，不管形式如何变化，传播渠道的细化是市场需求的产物。据不完全统计，目前比较热门的新媒体达到近30种，其中数字电视、楼宇电视、手机多媒体、网络新媒体等是较为主流的新媒体，如数字杂志、数字报纸、数字广播、手机短信、移动电视、网络、桌面视窗、数字电视、数字电影、触摸媒体等，其中移动电视包括数字移动电视和手机电视。目前的市场发展中，移动电视成为新媒体中与传统媒体电视结合最为紧密的新媒体形式，它实际上是对传统电视媒体经营模式的一种创新，基于“让老百姓随时随地看电视”成为可能的传播模式下，创造出巨大的市场，让人在不知不觉中达到产品营销的目的。较互联网上的新媒体形式，移动电视的市场效应更加明显，是目前覆盖非常广泛、发展前景较为开阔的新媒体形式。

二、数字新媒体的应用

近两年来，随着科技的飞速发展，数字新媒体越来越受到人们的关注，成为人们议论的热门话题。随着当前计算机技术的不断提高和应用程度的深入，结合国外先进的行业经验，出现了在公众场所非常受欢迎的新媒体。

数字新媒体已经成为银行、星级酒店、智能大厦、学校、政府等公共场所必不可少的子系统，目前国内很多银行、星级酒店、智能大厦电梯口及其他地方的液晶显示屏幕均采用单机 DVD、VCD 播放模式，且所有发布的内容都由广告公司专业制作并由他们进行发布，这样存在很多方面的弊端。采用数字新媒体，可以轻松地构建一个集中化、网络化、专业化、智能化、分众化的大型智能化大厦平台，提供功能强大的信息编辑、传输、发布和管理等专业媒体服务。

三、数字新媒介环境

互联网作为新的公共领域的崛起，引起了舆论研究者们极大的兴趣和关注，显然，互联网出现短短十来年就改变了舆论的走向，人们无法视而不见。本书强调的新媒介环境不仅仅指互联网，同时也指互联网和纸媒体、广播、电视所构成的新的传播环境和舆论生态。

以往的传播学研究表明，舆论作为公众意见的集合体，不是个人意见的简单相加，它或是由新闻媒体的议程设置所诱导，或是由意见领袖所引领，并由二级传播（甚至多级传播）的机制在其中发挥作用而产生。因此舆论的自发性是有条件的，即在某种意义上，舆论的形成和流布是与传播方式和渠道密切相关的。今天新媒介环境极大地，或者说是根本上改变了舆论（意见）的形成模式、传播方式和扩散速度。因此研究当下的舆论状况，必须先解析今天的媒介环境。

网络既是公共领域又是舆论本身。作为公共领域，网络上有讨论，有争辩，有意见的交换、交流和汇集，也有意见的排斥、批驳和冲突。可以说，网络有着最大的公共性、包容性和未经加工的原生态性（相对于传统纸媒而言）。在网络上，各种意见都能有表达的机会，如果说“真理面前人人平等”的说法有些夸张，那么“网络面前人人平等”并不是一种多大的奢望。另外，网络的匿名性加大了人们网络表达的勇气（这里不是指谩骂和诬陷等不良和违法行为），可以帮助某些人克服“人微言轻”的卑微心理。

网络同时又是一种舆论媒体，人们上网搜索、浏览，就如同是阅读报纸、杂志，网络上的意见和议论似乎直接构成了舆论或舆论的组成部分。网络既作为公共领域，又作为舆论阵地的双重特性，使得舆论的范围扩展到以前难以涉及的领域。

网络舆论有媒介偏向。哈贝马斯在其《公共领域的结构转型》一书中，曾有专章讨论“公众舆论概念”，他认为，公众舆论可以区分出两种不同的政治交往领域：一个是非正式的、个人的、非公共的意见系统；另一个是正式的、机制化的权威意见系统。哈贝马斯的这种两分法也许适用于传统纸媒，但在互联网时代，这一“正式和非正式”的界限很快就被冲破。我们倒是能从另一个角度即媒介偏向的角度来探讨舆论。

网络舆论或网络意见，是有媒介偏向的，即偏向于经常使用网络的人群。这类人群，我们一般认为是年轻的网民，其实，今天的4亿网民中，什么年龄、什么阶层的人都有。这里有个人的习性和偏好，也有文化和技术素养在起作用。当然媒介偏向还有更紧要一层的含义，即表现在内容的传播或扩散上的偏向。

舆论研究最初发端于新闻学，新闻报道的议程设置所涉及的“要闻”和“事件”，往往会成为舆论的中心“议题”。所谓“要闻”原本是指重大的政治、经济事件或灾难报道等，然而，在网络时代，对于重大议题的设置，不仅有作为把关人的新闻机构，同时也有不同身份的网民，他们从自身的感受出发，部分甚至深刻地左右着网络舆论。在此种情形下，娱乐报道和媒介文化往往会成为每天的要闻和议题，这些传统视野中的花边新闻、明星轶事、娱乐事件等，在新媒介环境下成了大事件，成了重要议题。另外，以往只能在报纸副刊上出现的娱乐性、消遣性内容，在点击率的作用下，在网络上受到极大的关注，要闻的概念发生了改变，原有的报道板块被重构了。

传统意义上的重大事件不是天天都有的，然而“要闻”是天天都应该要有的，如果没有，也必须使其有。当媒介文化摆上了议事日程，要闻就有了媒介文化的偏向，舆论也就有了媒介文化的偏向。也就是说，社会舆论的关注点更多地偏向媒介热门事件。这是社会价值偏向所致，这一现象曾称之为“媒介价值观”，即这一价值观与日常生活的价值观不同，更多是受社会趋同心理影响，受制于媒体报道，认为媒体报道的事件就是大家关心的事件，而大家关注的事件就是自己应该关注的。这一心理，反过来又推进了媒体对某一事件的报道深度和频率。而某些舆论就在这种氛围中诞生。

媒体相互的关注、转载和竞争也是一种舆论环境。这样的环境，缩短了舆论的酝酿期，使“起于青萍之末”的网络个人意见，仅几天工夫就成为呈燎原之势的社会舆论，更遑论某些社会性事件。如“周老虎”事件、“唐骏门”事件、王宝强婚姻事件等，就是在网络、纸媒和电视的相互引用和转述中成为重大“要闻”的。

这里还可以足球运动为例。足球比赛风靡世界与电视录播技术的发展直接相关，多机位的电视录播和日臻完善的剪切、编辑技术，使得电视在足球转播方面占尽优势。然而，网络和纸媒并不甘落后，尽管它们没有动感的画面和绚丽的色彩，没有高质量的视屏，但就是不能缺席。缺席意味着无视公众，缺席意味着罔顾民意。特别是世界杯赛期间，足球占据了第一要闻的位置，是人们言谈的重要话题，也是舆论的中心。大众媒体纷纷上阵，形成了合围之势。正如八年前“媒体人”的说法：“世界杯来了！从明天起，做一个幸福的人；从明天起，耽误一点别的事，连上帝都会原谅！”真够煽情的！但如果不看世界杯呢……就不幸福吗？……且慢，问题是怎么能不看呢？所有的媒体都在报道世界杯，似乎所有的人都在议论世界杯。世界杯不只是奖杯，还是巨大的漩涡，它将所有的一切统统吸附其中。当然，真正的漩涡来自大众传媒，来自形成合围之势的新媒介环境。

由此，对舆论的关注和研究，必须从新闻学视角进入社会心理学视角、文化传播学视角或媒介学视角，即不仅要关注舆论本身，更要关注电子社区、网络议题、社会心理、新生代媒介素养、媒介文化等发展变化的情形，因为这些都是新舆论环境的组成部分，舆论的形成、扩散、变化甚至逆转，是与以上各种构成要素息息相关的。

四、以腾讯为例分析数字新媒体目标市场营销管理策略

腾讯公司是近几年来中国数字新媒体的领头羊（中国第一，全球第三），其运营和管理模式更值得我们全面地检索和研究。

1. 腾讯公司的简介

腾讯公司（腾讯控股有限公司），成立于1998年11月，当时公司还只是5个人的创业团队，创业资本仅有50万元，同许多刚开始创业的互联网公司一样，资金和技术曾经成为腾讯公司最大的问题，公司经营一度举步维艰。腾讯曾为凑出必需的营运资金而四处奔波、夜不能寐，甚至试图卖掉QQ软件，幸运的是借助深圳历届高交会这个平台，获得了第一笔风险投资，加快了创新的步伐，步入了快速发展的轨道。今天的腾讯公司已经从12年前10多平方米的一间办公室，变成了高达190多米建筑面积达8.8万平方米的腾讯大厦，从当年形单影只的一只小企鹅，发展成为服务4亿网民全球市值名列第三位的创新型互联网企业，是目前中国最大的互联网综合服务提供商之一，也是中国服务用户最多的互联网企业之一。成立十多年来，腾讯一直秉承一切以用户价值为依归的经营理念，始终处于稳健、高速发展的状态。腾讯把为用户提供“一站式在线生活服务”作为战略目标，提供互联网增值服务、移动及电信增值服务和网络广告服务。通过即时通信QQ、腾讯网、腾讯游戏、QQ空间、无线门户、搜搜、拍拍、财付通等中国领先的网络平台，腾讯打造了中国最大的网络社区，满足互联网用户沟通、资讯、娱乐和电子商务等方面的需求。

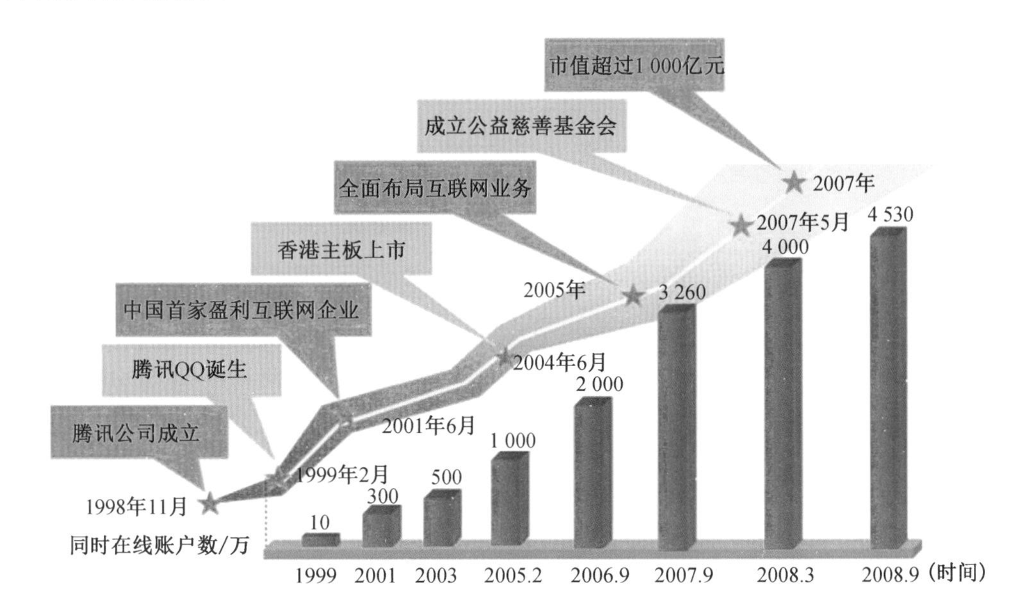

2. 腾讯公司发展历程

从腾讯公司的发展历程当中可以看出，腾讯从一个赔钱的免费即时通信软件，一跃成为中国市值最高的互联网企业。它从最初单一的只生产QQ这种即时通信工具，渐渐地发展成集用户沟通、资讯、娱乐和电子商务等方面为一体的机构。当然，他们在一步一步壮大的过程中也遇到了各种困难，也走过岐路，但是工作人员对公司的热爱让他们坚强地走下去，也让我们看到了今天他们创造的奇迹。

3. 腾讯数字新媒体营销管理策略之创新管理核心策略

十余年间，中国互联网领域几家巨头的股价市值发生了巨大变化，腾讯股价较 5 年前升近 20 倍，总市值达到了 3 332 亿港币（约合 427 亿美元），比百度市值高 23%，在国内多家互联网公司里面遥遥领先，坐稳头把交椅。马化腾孵化的这只小企鹅成为一个 10 亿多人使用的即时通信工具，其中近 6 亿人是其忠实的用户，这不能不说是中国互联网发展的一个奇迹。这奇迹的创造，正是得益于腾讯 QQ 推出以来出色的营销管理策略。

（1）模仿创新。产品的模仿创新：中文版即时聊天工具 OICQ、离线消息、QQ 群、魔法表情、移动 QQ、炫铃等。商务模式的模仿创新：渗透到门户、游戏、搜索、电子商务等领域。产品研发创新机制：腾讯研究院、QQ 网实验室、用户体验观察室。腾讯的逻辑就是：建立起一个从信息输入的创新到体验生产的创新再到商业模式的强大创新平台。

（2）引入国际风险投资。1999 年，引入 IDG 和盈科的两笔风险投资，共 220 万美元，成为腾讯的“救命稻草”。

（3）准确的市场定位。QQ 把目标客户群锁定在中国最具消费潜力的年轻人身上，并根据消费群体的特征来设计与开发产品的功能、形式与风格，使他们对腾讯 QQ 的黏性度与忠诚度与日俱增。

（4）QQ 基本服务的免费开放使用。腾讯要维持用户的增长和用户的黏性，就必须要放弃基本服务的收费。

（5）提供个性化的增值服务。将新闻资讯、互动娱乐、社区博客、商务、购物等与即时通信平台链接起来，围绕 QQ 开发出 QQ 会员、QQ 空间、QQ 秀、QQ 音乐、QQ.COM，提供一站式的在线生活来丰富用户的体验，增强用户的黏性。

（6）新媒体业务的社区整合平台——腾讯成为媒体、搜索、社区、即时通信业务、游戏、电子商务这六大业务的整合平台（实现主要网络盈利模式的“通吃”）。未来腾讯的媒体、搜索、社区、即时通信业务、游戏、电子商务这六大业务更可能以大社区为核心进行业务整合。大社区化即从“网尽天下事”向“网尽身边事”转化，与传统报业网站合作，建立区域性网络平台（如大楚网、大渝网、大成网、大豫网）。

（7）跨媒体化合作。2010 年，腾讯和湖南广电的芒果传媒将达成战略合作协议，双方将共同投资 2.2 亿元拓展“互动传媒”业务。

4. 腾讯数字新媒体营销管理之人才管理核心策略

腾讯公司的管理理念：关心员工成长；为员工提供良好的工作环境和激励机制；完善员工培养体系和职业发展通道，使员工获得与企业同步成长的快乐；充分尊重和信任员工，不断引导和鼓励，使其获得成就的喜悦。腾讯有多种员工福利，增强了员工的归属感。

（1）固定工资：根据员工岗位性质及所负责任为员工提供业内富有竞争力的固定工资，并且每年均会对绩效表现优秀的员工进行薪酬调整。

（2）年度服务奖金：年度结束后，会为每一位在公司服务到年末的员工提供年度服务奖金。

（3）专项奖励：对于在年度内表现优秀的员工和工作团队，提供“星级员工”“星级团队”等公司级或系统级专项奖励，以体现对优秀员工/工作团队的即时认可和奖励。

（4）股票期权：为有志于在公司长期发展且绩效表现持续优秀的骨干员工提供公司股票期权，旨在让员工能分享公司业绩增长，使员工个人利益与公司发展的长远利益紧密结合在一起。

（5）员工保障计划：完善的保障计划，包括国家规定的养老保险、医疗保险、工伤保险、失业保险，同时还提供最高保额10万元的人身意外伤害保险/寿险，以及每年一度的健康体检。

（6）员工带薪休假计划：为员工提供除法律规定的公休假日及婚假、产假等法定休假外，工作满一年以上的员工，根据工作年限可享受7～15天带薪年假。

5. 腾讯数字新媒体营销管理之服务管理核心理念

在经济得到改善、中国互联网行业取得增长的环境下，腾讯多元化和平台化的业务模式在2009年取得优异的财务和运营业绩。即时通信服务QQ最高同时在线账户数于2010年3月突破了1亿，在中国互联网史上树立了一个新的里程碑。

随着中国互联网的不断发展，我们目睹了用户对优质服务的需求不断增加，以及来自经验丰富、资金充足的竞争对手的竞争加剧。为了保持腾讯在这个充满活力和竞争激烈的行业中的位置，未来几年该公司需继续在研发、技术性的基础建设、人才发展和品牌等方面增加投资。长期来说，这些投资将对公司和股东有利。在中国互联网蓬勃发展的今天，腾讯公司作为中国最大的网络公司之一，它的一举一动都影响到广大网民的在线生活方式和上网习惯，其未来发展前景的基础在于能否继续维持其庞大的用户群，其收益前景则取决于能否发现新的盈利模式，使得腾讯能从其巨大的用户群获得更多利润。模仿是腾讯长期坚持的一项政策，也是腾讯最受非议的地方。单纯的模仿不可取，而是应该深入分析消费者心理和需求，做到形式模仿、细节超越。腾讯可以考虑改变多元化的方式，如果腾讯将精力专注在网络接入通道的建造上，而把各种细分的服务分包给其他更专业的公司，不但自身的研发风险能够得以降低，还能借其他公司的能力来充实自身的实力。这样，腾讯就转变为“互联网超市”。当然，它卖的不是各种实实在在的商品，而是层出不穷、丰富多样的在线服务。

案例实务：腾讯门户网络数字新媒体的营销管理模式解析

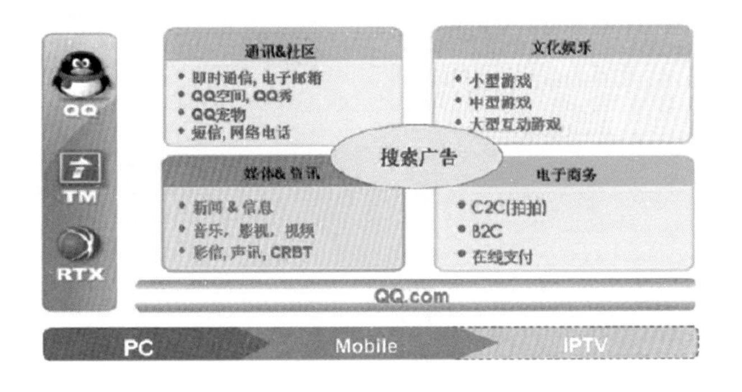

（1）以QQ会员、QQ秀、QQ空间为代表的互联网增值业务。通过增值业务服务QQ会员、QQ服饰、QQ空间的道具饰品来获取利润，2005年取代移动及电信增值业务收入，成为腾讯最主要的收入来源。

（2）以移动QQ、手机图片铃声下载等为主的SP增值业务收入。通过网络注册的手机成了移动的QQ，"PC对手机"及"手机对PC"的互动模式，短信业务量大增，并通过与电信运营商分成获得收益。

（3）网络广告收入。

（4）电子商务模式：C2C平台——拍拍网。

（5）第三方支付工具——财付通。腾讯的财付通主要是为拍拍网提供支付服务，做其强有力的后盾。

（6）网络游戏。2005年第三季度推出自主研发的网络游戏产品"QQ幻想"。

（7）品牌衍生收益。QQ卡通品牌的外包则成为腾讯的一个特殊收入来源。腾讯与服饰商东利行合作，推出了QQ品牌专卖店，同时，腾讯还推出了独立的衍生品牌"Q-GEN"，放大QQ的品牌外延，纵深发展服装业。

第七章　设计项目营销与管理

第一节　设计项目管理概述

一、项目管理概述

1. 项目基本含义

美国项目管理协会认为项目是一种被承办的旨在创造某种独特产品或服务的临时性努力。一般来说，项目有明确的目标和独特的性质，每一个项目都是唯一的、不可重复的，具有不可确定性、资源成本的约束性等特点。

“项目”一词最早于20世纪50年代在汉语中出现（对共产主义国家的援外项目）。项目是指一系列独特的、复杂的并相互关联的活动，这些活动有着一个明确的目标或目的，必须在特定的时间、预算、资源限定内，依据规范完成。项目参数包括项目范围、质量、成本、时间、资源。项目是一个特殊的将被完成的有限任务，它是在一定时间内，满足一系列特定目标的多项工作的总称。项目的定义包含三层含义：第一，项目是一项有待完成的任务，且有特定的环境与要求；第二，在一定的组织机构内，利用有限资源（人力、物力、财力等）在规定时间内完成任务；第三，任务要满足一定性能、质量、数量、技术指标等要求。这三层含义对应着项目的三重约束——时间、费用、性能。项目的目标就是满足客户、管理层和供应商在时间、费用、性能（质量）上的不同要求。以下活动都可以成为一个项目：①建造一栋建筑物；②开发一项新产品；③计划举行一项大型活动（如策划组织婚礼、大型国际会议等）；④策划某品牌推广；⑤ERP的咨询、开发、实施与培训；等等。

2. 项目管理基本内涵

所谓项目管理，就是项目的管理者，在有限的资源约束下，运用系统的观点、方法和理论，对项目涉及的全部工作进行有效地管理。即从项目的投资决策开始到项目结束的全过程进行计划、组织、指挥、协调、控制和评价，以实现项目的目标。

项目管理是第二次世界大战后期发展起来的重大新管理技术之一，最早起源于美国。有代表性的项目管理技术比如关键性途径方法（CPM）和计划评审技术（PERT），它们是两种分别独立发展起来的技术。其中 CPM 是美国杜邦公司和兰德公司于 1957 年联合研究提出的，它假设每项活动的作业时间是确定值，重点在于费用和成本的控制。PERT 出现是在 1958 年，由美国海军特种计划局和洛克希德航空公司在规划和研究在核潜艇上发射“北极星”导弹的计划中首先提出。与 CPM 不同的是，PERT 中作业时间是不确定的，是用概率的方法进行估计的估算值，另外它也并不十分关心项目费用和成本，重点在于时间控制，被主要应用于含有大量不确定因素的大规模开发研究项目。随后两者有发展一致的趋势，常常被结合使用，以求得时间和费用的最佳控制。

20 世纪 60 年代，项目管理的应用范围也还只是局限于建筑、国防和航天等少数领域，但因为项目管理在美国的阿波罗登月项目中取得巨大成功，由此风靡全球。国际上许多人开始对项目管理产生了浓厚的兴趣，并逐渐形成了两大项目管理的研究体系：其一是以欧洲为首的体系——国际项目管理协会（IPMA）；其二是以美国为首的体系，如美国项目管理协会（PMI）。在过去的三十多年中，他们的工作卓有成效，为推动国际项目管理现代化发挥了积极的作用。

3. 项目管理的特征

（1）普遍性

项目管理作为一种一次性和独特性的社会活动而普遍存在于人类社会的各项活动之中，甚至可以说人类现有的各种物质文化成果最初都是通过项目的方式实现的，因为现有各种运营所依靠的设施与条件最初都是靠项目活动建设或开发的。

（2）目的性

项目管理的目的性要通过开展项目管理活动去保证满足或超越项目有关各方面明确提出的项目目标或指标，以及满足项目有关各方未明确规定的潜在需求和追求。

（3）独特性

项目管理的独特性是项目管理不同于一般的企业生产运营管理，也不同于常规的政府和独特的管理内容，是一种完全不同的管理活动。

（4）集成性

项目管理的集成性是项目管理中必须根据具体项目各要素或各专业之间的配置关系做好集成性管理，而不能孤立地开展项目各个专业或专业的独立管理。

（5）创新性

项目管理的创新性包括两层含义：其一是指项目管理是对于创新（项目所包含的创新之处）的管理；其二是指任何一个项目的管理都没有一成不变的模式和方法，都需要通过管理创新去实现对于具体项目的有效管理。

（6）临时性

项目管理是一种临时性的任务，它要在有限的期限内完成，当项目的基本目标达到时就意味着项目已经寿终正寝，尽管项目所建成的目标也许刚刚开始发挥作用。

4. 项目管理的发展

项目管理是美国最早的“曼哈顿计划”开始的名称。后由华罗庚教授于 20 世纪 50 年代引进中国。现在的我国台湾地区称之为“项目专案”。项目管理是“管理科学与工程”学科的一个分支，是介于自然科学和社会科学之间的一门边缘学科。项目管理是基于被接受的管理原则的一套技术方法，这些技术或方法用于计划、评估、控制工作活动，以按时、按预算、依据规范达到理想的最终效果。

在冷战的史普托尼克危机（苏联发射第一颗人造卫星）之前，项目管理还没有作为一个独立的概念。在危机之后，美国国防部需要加速军事项目的进展及发明完成这个目标的新的工具（模型）。在 1958 年，美国发明了计划评估和审查技术（PERT），作为“北极星”导弹潜艇项目。与此同时，杜邦公司发明了一个类似的模型成为关键路径方法（CPM）。PERT 后来被工作分解结构（WBS）所扩展。军事任务的这种过程流和结构很快传播到许多私人企业中。随着时间的推移，更多的指导方法被发明出来，这些方法可以用于形式上精确地说明项目是如何被管理的。这些方法包括项目管理知识体系（PMBOK）、个体软件过程（PSP）、团队软件过程（TSP）、IBM 全球项目管理方法（WWPMM）、PRINCE2。这些技术试图把开发小组的活动标准化，使其更容易预测、管理和跟踪。项目管理的批判性研究发现：许多基于 PERT 的模型不适合今天的多项目的公司环境。这些模型大多数适用于大规模、一次性、非常规的项目。而当代管理中所有的活动都用项目术语表达。所以，为那些持续几个星期的“项目”（更不如说是任务）使用复杂的模型在许多情形下会导致不必要的代价和低可操作性。因此，项目识别不同的轻量级的模型，比如软件开发的极限编程和 Scrum 技术。为其他类型项目而进行的极限编程方法的一般化被称为极限项目管理。

5. 项目管理的分类

项目管理本身属于项目管理工程的大类，项目管理工程包括开发管理（DM）、项目管理（PM）、设施管理（FM）及建筑信息模型（BIM）。而项目管理又分为三大类：信息项目管理、工程项目管理、投资项目管理。

（1）信息项目管理：指在 IT 行业的项目管理。

（2）工程项目管理：主要指项目管理在工程类项目中的应用，投资项目及施工项目管理。其中，施工板块主要是做到成本和进度的把控。这一板块主要使用工程项目管理软件来把控。

（3）投资项目管理：主要用于金融投资板块的把控，偏向于风险把控。

设计项目项目管理作为项目管理中的一个新型分支，主要隶属于工程项目管理中，如环艺设计工程项目管理、产品设计工程项目管理等。

二、设计项目管理的内涵及主要任务

1. 设计项目管理内涵

设计项目管理是由设计单对项目设计阶段整体工作进行有效管理，通过质量控制、进度控制、投资控制等关节点对设计整体过程从技术上和经济上予以全面而详尽的安排，并在与项目委托方的协调过程中，对项目设计的具体实施阶段予以监督和验收的整体过程。

设计项目管理从管理学内涵而言就是通过计划、组织、指导及控制等管理手段对设计资源进行合理配置，对设计项目全过程进行高效整合，综合协调及优化。作为对具体设计项目的管理，它是具有务实性、目的性、可操作性的项目管理过程。与一般管理的不同之处在于，它将管理的对象具体到设计项目，但它仍是管理的一部分，所以管理的理论也对之适用。

项目是在一定约束条件，如资金、时间、质量等条件的约束上具有明确目标的具体事项。我们知道一个工程包括前期调研、项目设计、整理修改、实际施工、监督管理、运行验收等阶段，而设计只是完成工作的一部分，更需要关注的是前期可行性研究和后期实施监督。在这样一个知识经济时代，设计项目管理是重要的业务手段和管理活动，是在项目活动中运用相关知识、现代工具和相关技术以便达到或超越利益相关者对项目的期望。项目管理者依据项目特点和变化规律，利用系统管理方法，通过对项目的计划组织，指导和控制以实现项目全过程的动态管理，从而有效实现项目的综合协调与优化。

2. 设计项目管理主要任务

（1）设计项目范围管理

设计项目范围管理是为了实现设计项目目标，对设计项目的工作内容进行控制的管理过程。它包括设计难度的界定、设计素材的规划、设计规划的调整等。

（2）设计项目进度管理

设计项目进度管理是为了确保设计项目按时完成的一系列管理过程。它包括设计流程排序、设计时间安排、设计进度规划、设计流程控制等工作。

（3）设计项目成本管理

设计项目成本管理是为了保证完成设计项目的实际成本和费用不超过预算范围的管理过程，如人工成本、材料成本、建设费用等，以及预算控制等工作。

（4）设计项目质量管理

设计项目质量管理是为了确保设计成果达到客户所规定的质量要求所实施的一系列管理过程。它包括质量规划、质量控制和质量保证等。

（5）设计项目人力管理

设计项目人力管理是为了保证所有项目关系人的能力和积极性都得到最有效地发挥和利用，所做的一系列管理措施。它包括组织的规划、团队的建设、人员的选聘和项目班子建设等一系列工作。

（6）设计项目沟通管理

设计项目沟通管理是为了确保设计项目相关信息能高效传递而采取的一系列管理措施。它包括信息渠道、信息传输和信息反馈管理等相关工作。

（7）设计项目风险管理

设计项目风险管理主要涉及项目可能遇到各种不确定因素而导致的风险，如资金风险、执行风险、验收风险、品牌风险等，而应对这些风险，企业就必须予以及时制订相关对策并采取相关风险控制措施等。

（8）设计项目集成管理

设计项目集成管理是指为确保项目各项工作能够有机地协调和配合所展开的综合性和全局性的项目管理工作和过程。它包括项目集成计划的制订、项目集成计划的实施、项目变动的总体控制等。

三、设计项目管理的主要方法

设计项目管理的主要方法为“量化管理”和“优化管理”。

1. 设计项目量化管理

项目量化管理是在经过对全球上百家百年标杆企业的跟踪对比、分析后总结出的唯一适用于所有这些企业的共同的成功奥妙，它从根本上回答了建立“百年企业”的最终方法是什么。

设计项目量化管理是一种从设计目标出发，使用科学、量化的手段进行项目设计工作的管理过程，它涵盖客户目标制定、项目组织建设、项目具体分工、项目进度管理及项目量化考核等内容。

设计项目量化管理标志着设计类企业管理的先进性，是现代管理的终极模式。它是一种基于市场研究和调研数据做出营销量化决策的科学管理思想，覆盖了设计项目管理的多个关键命题：组织结构如何优化、人员如何开展培训、设计项目如何顺利开展及规划等。“企业量化管理”在国际上是最为前沿的一整套企业管理的模式，被誉为“企业终极管理模式”。

2. 设计项目优化管理

（1）优化基础管理

优化基础管理工作是企业走内涵扩大再生产的需要，也是企业健康发展、提高效益的关键所在，优化基础管理应从 4 个方面予以努力。

① 设计工作规范化：如设计标准、施工工艺标准、验收标准等。

② 数据工作准确化：在施工工艺环节对于数据的要求必须严格。

③ 信息工作系统化：要有完善的信息管理系统和网络，在信息内部的管理上，整顿、完善各种原始凭证，反馈记录、台账、报表、各项统计分析制度。

④ 人才管理温馨化：人才是设计类企业的重要核心，所以务必建立一套以人为本的人才管理制度，为公司的大力发展提供足够的可靠人才。

（2）优化质量管理

① 强化质量意识。把质量意识教育作为大事，抓住不放、坚持不懈，尤其是设计项目的施工环节是重中之重。

② 落实质量责任制。将业绩考核与设计师的设计质量挂钩，与施工人员的施工质量挂钩，就能让员

工与质量紧密相连，从而完善管理。

（3）优化成本管理

成本管理即经济核算，它是企业提高自身效益的根本保证。

① 预测目标成本：预测项目的设计成本、施工人工成本、施工原料成本、项目资金成本等所有目标成本。

② 分解目标成本：实行成本的归口分级控制，把成本计划指标进行分解，化为单项指标分别下达到各有关对应部门。

③ 控制目标成本：建立目标成本管理体系，即由公司主管领导、财务部门主持工作，进行目标成本的全过程控制。

④ 分析目标成本：由主管领导定期召开经济活动分析会，审查目标成本完成情况，分析各项原因，确定经济责任。

（4）优化民主管理

企业的各项管理，归根到底是对人的管理，设计企业应坚持以“人”为中心，把理解人、尊重人、关心人作为根本原则，十分重视把做好的工作作为振兴和发展企业的内在动力与增加效益的不竭源泉。

① 不断增强企业全体员工民主意识，树立主人翁思想，加强主人翁责任感。

② 建立民主制度并使之成为企业内部相对稳定的具有相应效力的规定。

③ 关心职工利益，根据员工的不同实际、特点和要求，采取经济的、生活的、荣誉的、精神的各种激励形式，改善员工工作生活条件，尽可能帮助解决实际困难，免其后顾之忧，让员工一门心思为企业工作。

（5）优化职工素质

大面积地提高职工的素质是提高企业管理水平的关键。企业应把管人、育人、不断优化员工素质作为优化管理的重心来对待。

案例实务：设计项目管理案例

1. 项目背景

某高层商住楼工程由两栋20层商住楼组成，其中地下室2层、群楼3层、塔楼18层，总建筑面积48 734平方米。

项目投资方：某地产发展有限公司

工程造价：11 000万元

工程开工日期：2000年7月

项目的可行性研究和工程勘测工作已由项目业主另行委托完成。本项目业主委托我院从初步设计开始直至全部施工图设计完成，项目设计费为300万元。

按照业主要求，设计工作从2000年1月1日开始，必须在2000年5月31日前完成全部设计工作。

2. 项目目标

项目交付物：某高层商住楼设计

设计工期：2000 年 1 月 1 日至 2000 年 5 月 31 日

设计费用：人民币 300 万元

3. 设计里程碑

里程碑计划是编制项目进度计划的依据，是制订项目计划的一个重要工作。根据本项目的特点及可交付成果目标，运用头脑风暴法，经过团队分析，我们认为该项目重大里程碑事件应包括：

标识号	ⓘ	任务名称	12月下旬	2月中旬		4月上旬			5月下旬		7月中旬			9月上旬		10月下旬
				2-6	2-27	3-19	4-9	4-30	5-21	6-11	7-2	7-23	8-13	9-3	9-24	10-15
1		初步设计收口		◆ 2-14												
2		施工图审查						◆	5-17							
3		文件修改及交付							◆ 5-29							

项目团队组织结构：本项目采用矩阵式组织结构。

根据企业内部组织直线职能式组织结构的实际，按照项目管理的方法，为了充分发挥企业内部职能式纵向组织和项目式横向组织的优势，最大限度地利用企业资源，本项目采用强矩阵式组织结构。

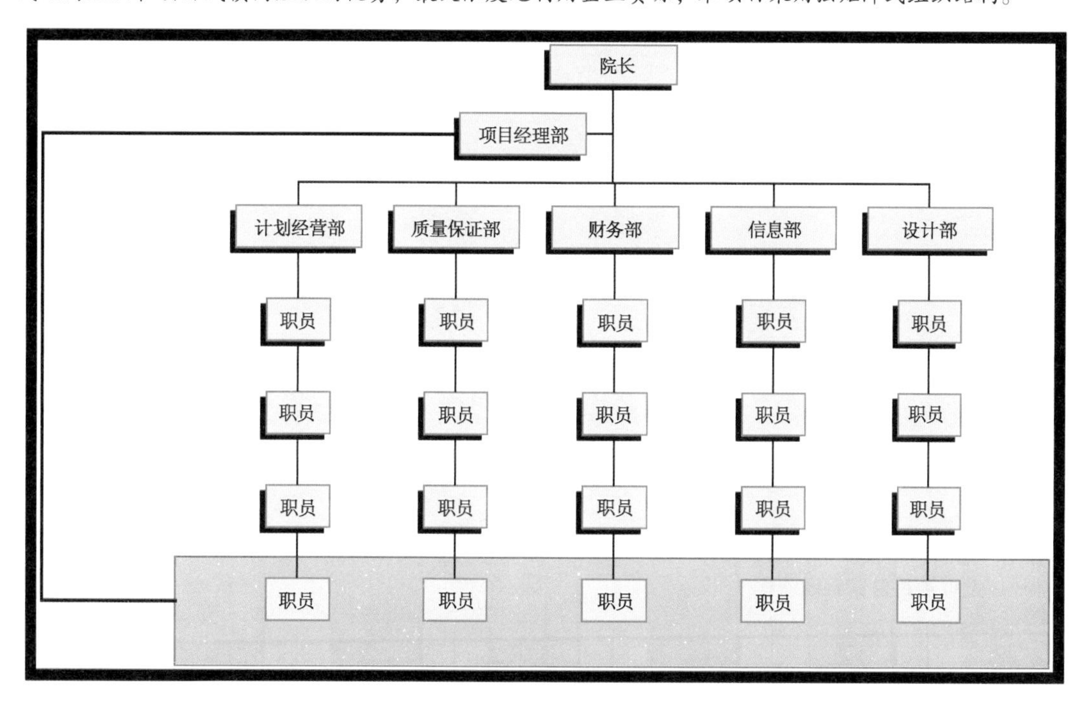

强矩阵式组织结构

WBS 编码	工作任务	项目经理 贾吉林	技术质量部 李东建	综合办公室 邹红	财务费用部 秦初升	计划部 杨东力	人力资源部 张玉柱	市场开发部 赵允发	设计部
1100	初步设计								
1110	初设调研、搜资	P	J	C	C	J		T	F
1120	方案确定								
1121	外观规划	P	J		C	J		T	F
1122	平面规划	P	J		C	J		T	F
1123	地基方案	P	J		C	J		T	F
1130	文件编制	P	J		C	J		T	F
1140	初设审查	F	J	C	C	J		C	C
1150	初设收口	P	J		C	J		T	F
1200	施工图设计								
1210	建筑设计								
1211	平面设计	P	J		C	J		T	F
1212	立面设计	P	J		C	J		T	F
1213	装修设计	P	J		C	J		T	F
1220	结构设计								
1221	结构计算	P	J		C	J		T	F
1222	基础设计	P	J		C	J		T	F
1223	主体设计	P	J		C	J		T	F
1230	工艺设计								
1231	给排水设计	P	J		C	J		T	F
1232	暖通设计	P	J		C	J		T	F
1233	消防设计	P	J		C	J		T	F
1234	电气设计	P	J		C	J		T	F
1300	审查验收								
1310	审查验收	F	C	C	C	C		C	C
1320	文件修改及交付	F	C	C	C	C		C	C
1400	项目管理	F	C	C	C	C	C	C	

项目责任分配矩阵

案例思考： 请根据以上内容进一步完善该项目其他管理环节。

第二节　设计项目营销管理流程

一、设计项目营销管理流程

（1）项目立项报告；

（2）项目可行性分析报告；

（3）项目初步构思；

（4）项目结构详细构思；

（5）项目设计可执行性分析报告；

（6）整体项目设计初稿；

（7）客户提出修改意见；

（8）修改整体项目设计初稿；

(9) 与客户共同确定整体项目设计方案；

(10) 按照设计方案予以实施；

(11) 解决并完善项目实施中的问题；

(12) 整体设计项目完工并由客户予以验收；

(13) 总结整体设计项目流程并将所有文件全部归档。

二、设计项目营销管理文档内容

一套具有适应性的项目营销管理规范文档具体内容包括：

(1) 项目设立流程及运作流程指引；

(2) 项目计划书（项目描述、目标、任务分解、关键路径、时间线路图等）；

(3) 项目控制书（文件、图表、信息、定期不定期的会议等）；

(4) 项目人员需求列表（能力、经验、专业等）；

(5) 项目进展报告（定期和不定期，项目计划与进展分析表，通过预测过程和实际进展状况的对比分析反映项目各阶段的财务、人力及成果情况）；

(6) 项目财务分析（财务预算与控制方法）；

(7) 项目风险控制（不可抗力列表，突发事件应对措施）；

(8) 经验总结报告（知识管理）。

三、设计项目营销管理分析研究内涵

如今客户都希望企业能够提供更符合他们各自的需求、喜好及生活方式的设计作品，现代设计企业需要掌握以下高价值的设计项目营销管理内涵。

1. 营销的可见度与价值衡量分析

随着营销工作的绝对数量与复杂性的提高，营销价值分析在整个设计企业中的价值衡量把握成为一项巨大挑战。

2. 洞察客户与市场先机分析

在传统的竞争分析、市场研究和客户调查手段之外，企业还必须有能力获取大量的客户与市场信息。这需要一套系统的数据收集与质量管理方法、对数据进行分析的技巧，以及通过数据看客户与市场动机的能力。此外还需要具有将获得的客户与市场机会运用到战略规划、战术项目开发及交互管理上的能力。

3. 基于客户价值的市场细分

关于细分的实践并不少见，但很多企业仍在很大程度上保持着以产品为中心的习惯，倚重人口统计数据或者公司统计的数据来进行市场细分并调整产品生产，而要调整存在潜在利益的资源就要求以客户为中心进行细分，其重点在于：第一，客户与企业间的关系；第二，与之相关的潜在终生价值。要完成这样的转型，就不能再仅仅专注于客户之于企业具有多少价值，而应该转向真正的以“客户为中心”，至少要对企业能给客户提供多少价值给予同样的关注程度。基于客户所获取价值的细分作为一种营销流程，其关键在于去了解客户是否会获取价值、何时会获取价值、怎样获取价值及企业能否有效地调配所拥有的资源来提供这些价值并获得预期的回报。

4. 基于用户需求的市场机会的把握分析

由于市场变化使得用户需求变得愈发难以预测，战略杠杆就要转向使企业具备“提前感知不可预测的变化”能力的营销流程上来，这样企业就可以做出及时的反应。从而营销传播流程就必须转变以往进行浪潮式宣传的思维定势，转而注重于对生活事件的把握和利用并推行交互驱动的营销战略战术。要想体会客户关系中的真实瞬间，还需要依靠与之配套的数据采集流程和质量管理，以及洞察市场与客户本质的能力，这些能力与合理的基于客户价值的市场细分一起成了支持交互营销流程的基本要素。

5. 多方合作的客户化进程分析

合作伙伴与企业的内部机构都需要得到合适的安排以适应发展中的客户需求、客户偏好与客户行为。设计类企业必须启动相应的设计营销管理流程从而进一步将所观察到的客户与市场情况应用到设计营销管理工作的创建、发展和实施当中，这些对设计规划、行业标准、整体流程的认定和使用也将变得更为重要。

6. 基于客户价值的网络管理分析

在这个网络化越来越普及的世界里，企业需要依靠公司网络中的合作伙伴接触到他们的客户，并为之提供服务。设计类企业需要在一个由合作伙伴的价值网络构成的环境当中把这些网络连接到一起产生价值。这种连接可以是一种长期稳定的模式，也可以采用一种相对而言更注重眼前利益的动态方式。要组成这样的网络要求对比较优势和角色互补的概念有深刻的理解，同时要清楚每个客户或客户分析的需求、偏好与行为。在这种情况下，设计类企业营销管理人员必须要开发并实施一些设计营销管理流程使资源调配及管理能够在扩展后的企业与价值网络中顺利运行。

案例实务：相关设计工作流程分析

一、广告平面设计工作流程

1. 双方沟通

（1）了解客户公司（甲方）各类状况、企业背景等，以此为本次设计工作的营销点。

（2）客户提出设计工作要求。

2. 达成合作意向

（1）确认服务项目、服务价格及设计服务周期。

（2）合作达成，签订设计合同。甲方向乙方支付合同总款的30%~50%作为设计预付款。

（3）甲方提供设计相关资料（包括相关图片、文字等）给乙方。

（4）乙方开始设计的准备工作。

3. 设计阶段

（1）根据前期沟通的信息及甲方要求进行设计策划。

（2）安排多个设计师进行初稿设计。

（3）内部评稿。

（4）根据内部评稿意见进行修改。

（5）初稿递交客户。

（6）客户审核确认。

（7）根据客户审核意见，安排具体设计师。

（8）修改或调整完成整体设计。

（9）提交客户最终审核。

4. 完成

（1）客户根据合同内容进行验收工作。

（2）验收合格，客户支付余款。

（3）设计提供源文件光盘，印刷提供印刷成品。

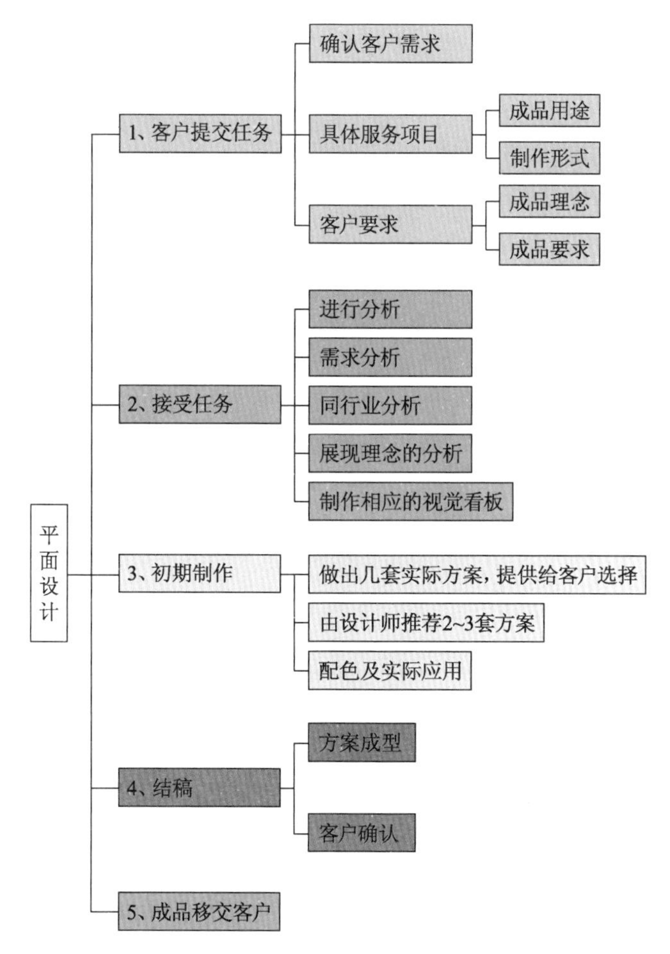

平面设计作品集创作流程

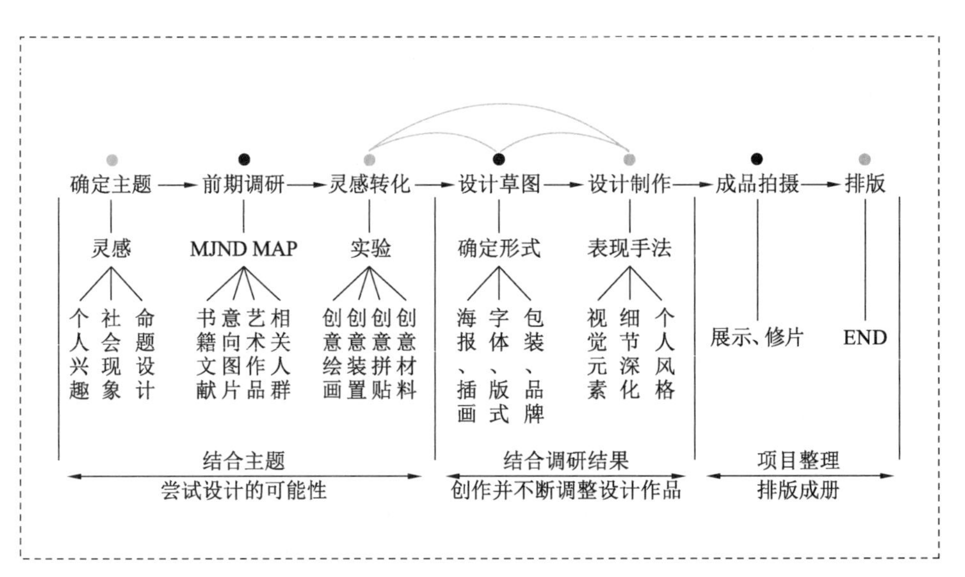

广告平面设计工作流程

二、产品设计工作流程

1. 需求分析

目的：根据产品需求和设计要求提供用户使用分析。

方式：访谈、焦点小组、提炼目标用户建立角色模型、竞争对手分析、提炼定性和定量的相关数据。

结论报告：根据分析目标用户的使用特征、情感、习惯、心理、需求等，提出用户研究报告和可用性设计建议。

合作人员：市场人员、产品需求客户、项目负责人。

2. 原型设计

目的：概念方案设计。制定产品的业务功能和界面规范。

方式：与开发队伍合作设计各种交互原型。同商业方面的专家、市场部沟通，确认设计并得到认可。

做角色模型设计和情景设计，通过情景的再现演示来总结和逐步细化用户使用中的各种交互需求，提出设计解决方案，并完成设计方案的演示、讨论、完善和最终定稿。

结论报告：制作交互设计原型。为用户界面和交互设计实施提供设计标准规格。

合作人员：项目负责人、开发团队、市场人员。

3. 原型测试

目的：产品概念测试，检测产品的业务逻辑。

方式：启发式评估、焦点小组做角色模型设计和情景设计，通过任务来测试用户完成度及效率。

结论报告：测试报告。针对问题所在，提出改进的建议。

合作人员：开发团队、测试志愿者。

4. 制作开展

目的：保证最终实施效果。

方式：与产品质量控制队伍合作，跟踪用户界面和交互设计开发的过程。同开发人员沟通，提供明确的定义和执行的方向。同质量控制部门沟通，提供在测试阶段需要的清晰理解。

结论报告：保证项目顺利进行。

合作人员：开发团队、项目经理、视觉设计师。

5. 视觉管理

目的：使界面设计更符合产品定位，用户使用习惯及规范布局，对实现功能进行正确有效地引导。

方式：主持用户研究进行界面视觉引导。设计窗口规范，图形化的布局。

结论报告：界面测试报告。

合作人员：视觉设计师。

6. 可用性测试

目的：通过观察，发现过程中出现了什么问题、用户喜欢或不喜欢哪些功能和操作方式，原因是什么。

方式：一对一用户测试。

结论报告：用户背景资料文档、用户协议、测试脚本、测试前问卷、测试后问卷、任务卡片、过程记录文档、测试报告。

合作人员：测试志愿者、市场相关人员。

7. 跟踪调查

目的：产品使用结果的反馈。

方式：用户访谈，用户反馈。

结论报告：根据反馈意见及实际调查并根据预期目的撰写产品反馈结果报告。包括值得肯定的设计及对修改的建议。

合作人员：产品用户、市场相关人员。

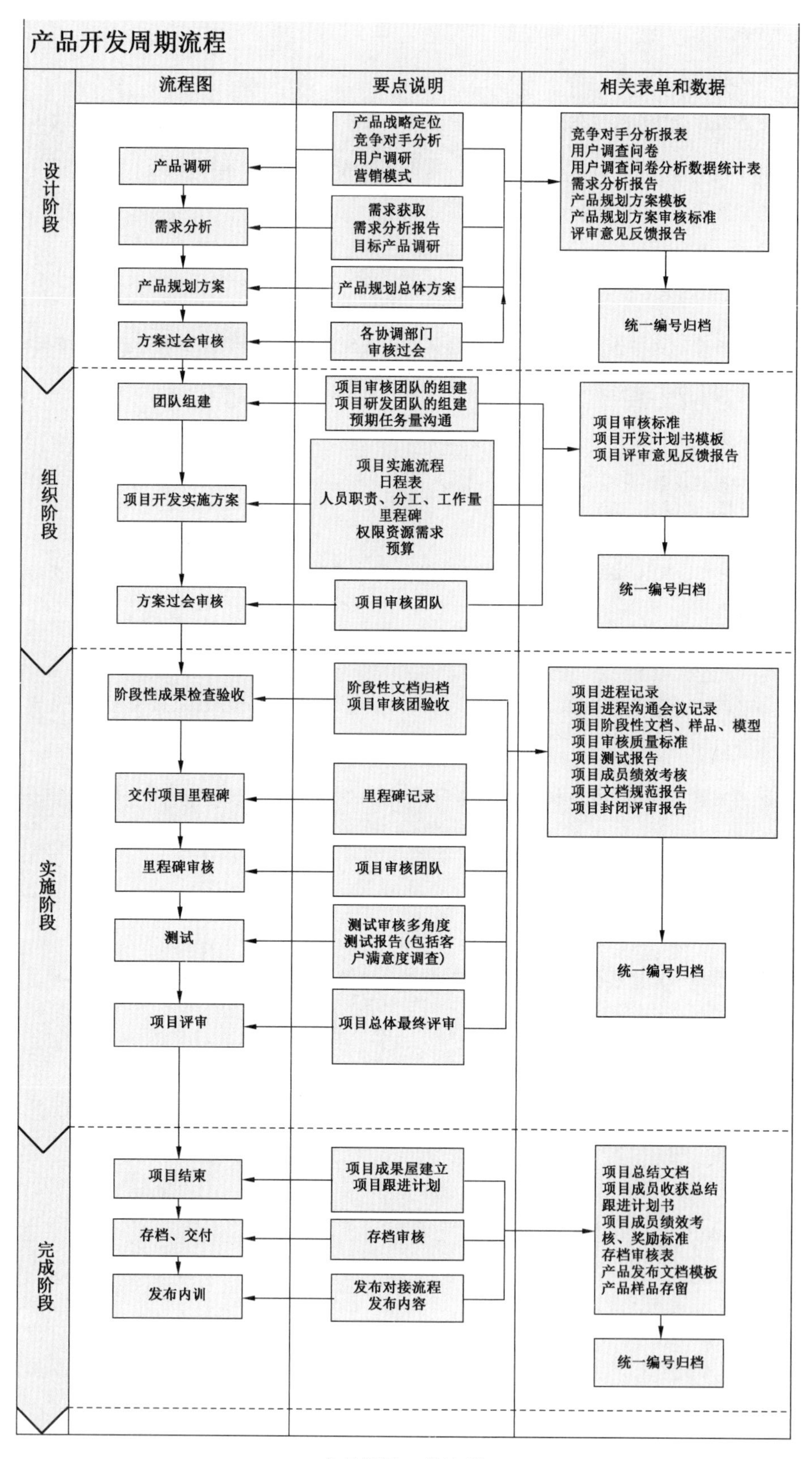
产品开发周期流程
流程图
要点说明
相关表单和数据
设计阶段
产品调研
需求分析
产品规划方案
方案过会审核
产品战略定位
竞争对手分析
用户调研
营销模式
需求获取
需求分析报告
目标产品调研
产品规划总体方案
各协调部门
审核过会
竞争对手分析报表
用户调查问卷
用户调查问卷分析数据统计表
需求分析报告
产品规划方案模板
产品规划方案审核标准
评审意见反馈报告
统一编号归档
组织阶段
团队组建
项目开发实施方案
方案过会审核
项目审核团队的组建
项目研发团队的组建
预期任务量沟通
项目实施流程
日程表
人员职责、分工、工作量
里程碑
权限资源需求
预算
项目审核团队
项目审核标准
项目开发计划书模板
项目评审意见反馈报告
统一编号归档
实施阶段
阶段性成果检查验收
交付项目里程碑
里程碑审核
测试
项目评审
阶段性文档归档
项目审核团验收
里程碑记录
项目审核团队
测试审核多角度
测试报告(包括客
户满意度调查)
项目总体最终评审
项目进程记录
项目进程沟通会议记录
项目阶段性文档、样品、模型
项目审核质量标准
项目测试报告
项目成员绩效考核
项目文档规范报告
项目封闭评审报告
统一编号归档
完成阶段
项目结束
存档、交付
发布内训
项目成果屋建立
项目跟进计划
存档审核
发布对接流程
发布内容
项目总结文档
项目成员收获总结
跟进计划书
项目成员绩效考
核、奖励标准
存档审核表
产品发布文档模板
产品样品存留
统一编号归档

产品设计开发流程

三、环艺设计工作流程

（1）分析客户的需求、目标及对方案的具体要求；

（2）融合了解到的情况与设计专业知识，形成创意；

（3）形成最初的设计理念适合顾客的要求、满足顾客功能和美学上的要求；

（4）通过适当的表现形式把最终的设计方案展现出来；

（5）绘制施工图纸并负责工艺的选材；

（6）负责结构、水电、暖通、植栽等相关技术人员之沟通协调；

（7）按照客户及公司的设计要求、进度完成设计方案。

四、数字媒体艺术交互设计工作流程

市场调查/用户研究/竞品分析

制定商业计划、开发计划、需求文档

界面设计、交互设计

编写代码、开发

测试、迭代

上线、维护、营销

用户研究、二次开发

案例思考：请结合自己所参与过或了解过的实际案例谈谈对设计工作流程管理的认识与体会，并针对设计流程管理提出相关建议。

第三节　设计项目营销管理实务

一、设计项目营销管理实操规范

1. 设计项目营销管理的架构

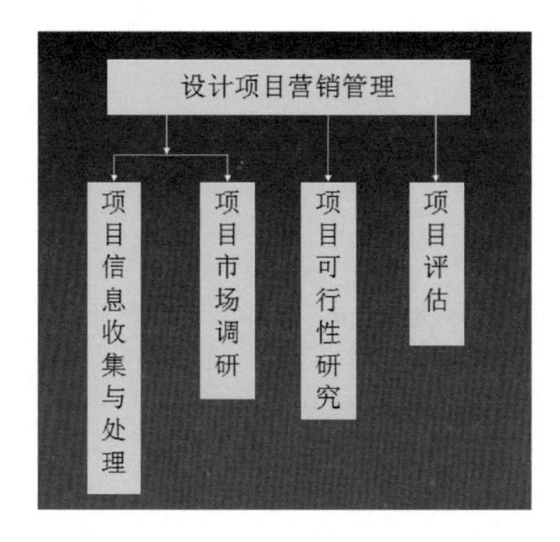

2. 设计项目客户关系管理系统模型

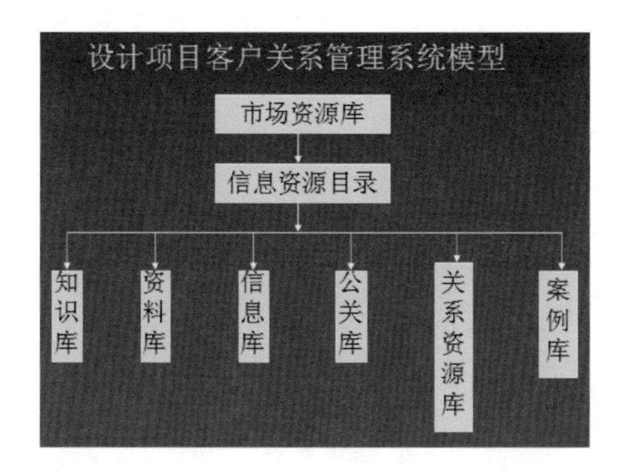

3. 设计项目营销管理调研程序

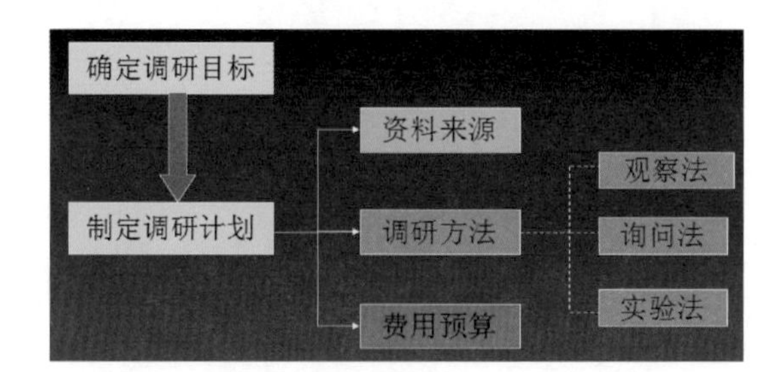

4. 设计项目营销管理项目可行性研究步骤

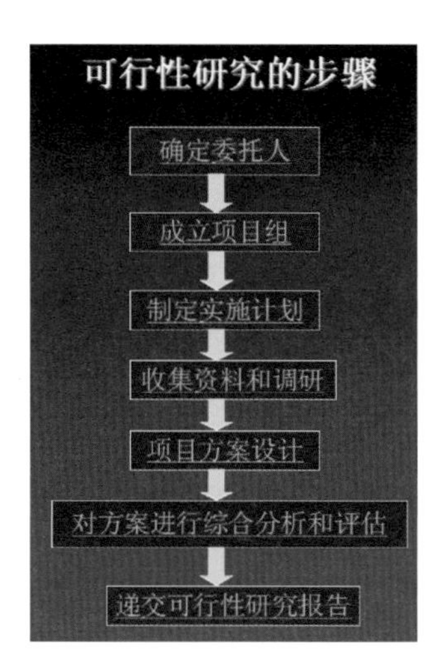

5. 设计项目研究评估报告

主要有15个方面的内容：

(1) 设计项目的可行性；

(2) 设计方案诉求核心点；

(3) 设计方案执行关键点；

(4) 设计项目整体规模情况；

(5) 设计项目各方面关联情况；

(6) 项目所需各种软硬件设施；

(7) 项目硬件类型和技术方案；

(8) 项目软件类型和技术组合；

(9) 设计项目完成的进度安排；

(10) 设计项目相关环节人力资源；

(11) 设计项目整体所需资金预算；

(12) 设计项目整体所需资金筹措；

(13) 设计项目整体经济效益评估；

(14) 设计项目整体社会效益评估；

(15) 其他内容，包括不足之处、潜在风险等。

二、设计项目营销管理实务分析

1. 设计项目营销管理不同于市场营销管理

一般情况下，市场营销管理是针对成批生产的工业产品进行的，而设计项目营销管理则是针对特定项目而言的。项目产品与一般的工业产品有很大的不同，项目产品是一种复杂的、非常正规的和一次性的努力，工业产品只是一种常规的、多次性的重复生产。项目受到时间、预算、资源及满足客户需要的性能、规格的限制。项目各个部分的工作是相互联系、相互促进、不可分割的。设计项目营销管理与工业产品的生产管理不同，它包括项目策划、项目产生、项目设计、项目实施到项目完成结束的全部过程，与外部环境密切相关。设计项目营销管理包括了项目的生产管理，因此设计项目营销管理内涵与市场营销管理有着本质区别。

（1）设计项目营销管理的实施侧重时间与市场营销管理不同。对一般工业品的市场营销管理人员来说，市场营销管理实施重点在产品生产出来之后，即如何把已生产出来的产品销售出去。而设计项目营销管理实施侧重在项目策划或建设之前，即如何把即将策划、产生或建设的项目承接到手。

（2）设计项目营销管理比市场营销管理复杂，涉及的人员部门多。工业产品的市场营销管理需要营销管理人员熟悉产品的性能、特点，它涉及用户、竞争者，以及少数的银行和政府。设计项目营销管理不仅要求营销管理人员熟悉设计项目的特点、用途，且还要求营销管理人员对设计项目所涉及的各种专业知识非常了解。因为一个设计项目是由多个专业协作完成的复杂“产品”，“产品”在营销时还没有形成实物，是一个虚拟的产品，顾客看不见、摸不着，这就要求营销管理人员对设计项目所涉及的各种专业知识非常了解，通过营销管理人员的努力，让顾客了解产品、认可产品、接纳产品。此外有些设计项目营销管理，如装饰设计项目管理还要涉及用户（业主）、银行、材料供应商、设计、施工、咨询、政府等部门，所以设计项目营销管理远比市场营销管理复杂。

2. 设计项目营销管理实务内涵分析

设计项目营销管理的主体随项目的不同而不同，设计项目营销管理的主体又随设计项目营销管理的主体不同而不同。以工程项目为例，可行性研究项目的设计项目管理主体是业主和从事可行性研究的咨询单位，那么设计项目营销管理就是对项目的构思、规划、设计、实施进行描述，通过定价、促销、谈判、签订合同，满足顾客（业主）和自己企业组织的目标，从而实现设计项目产品交换的过程。设计项目的项目管理主体是业主和从事设计的单位，那么设计项目营销管理重点就是对项目的规划、设计、便捷、特色等进行描述。施工项目的项目管理主体是业主和从事施工的建设单位，那么设计项目营销管理重点就是对项目的施工方法、施工组织设计、性能、投标报价、特色等进行描述，最后通过定价、投标、谈判、签订合同，实现业主和施工企业之间的“产品”交换，最终满足业主和自己企业组织的目标，实现双赢。

项目类型不同，设计项目营销管理的内涵也不同。如工程设计项目营销管理主要是对项目的可行性研究、咨询、设计、施工、监理等进行定价、促销、谈判、签订合同，满足业主和企业组织目标的交换。而软件开发设计项目营销主要是对项目的计算机程序、功能、特点及售后服务进行描述、定价、谈判的过程，从而取得客户的信任，满足顾客的要求，最终签订合同。

3. 设计项目营销管理实务主体内容分析

根据 Bernard Cova 的项目周期理论和项目营销框架，结合设计项目营销管理实践，设计项目营销管理内容可以用项目营销周期模型来描述。项目营销周期模型分为六个阶段：搜寻、准备、报价、谈判、实施、转变。

（1）项目搜寻阶段

“搜寻”是指根据设计类企业战略目标，分析自己的资源、实力和特色，结合政治经济环境，确定项目目标，寻找项目信息，选择营销的目标项目。

（2）项目准备阶段

“准备”就是指在选定营销的目标项目后，对即将营销的项目做好人员组织、机构组织和资金组织的准备工作，编制项目营销计划，确定提供的核心服务、创造性服务和个性化服务。

（3）项目报价阶段

“报价”就是根据项目拟提供的服务，选择拟完成项目的技术方法和管理措施，编制项目各子项的价格，最后确定项目的投标报价，并参与竞标的过程。

（4）项目谈判阶段

“谈判”是指开标前的信息跟踪和开标后成为中标候选人与业主就技术方法和报价的商议，以及合同谈判签订等过程。

（5）项目实施阶段

“实施”是指合同签订后，投标方根据合同要求，按时按质实施项目并完成项目生产的过程。项目营销的许多承诺都是通过项目实施得以实现的。

（6）项目转变阶段

“转变”是指项目按合同要求全部实施完成后的竣工验收、交底、结算过程。

案例实务：某地铁设计装饰工程项目营销管理案例

1. 地铁装饰设计标准化的特征

（1）简洁化。以简练的装饰造型，塑造投资造价经济又富现代美学，同时满足使用功能的地铁枢纽空间，满足客户的消费需求。

（2）系统化。以单一设计元素的延续重复，形成空间次序，营造交通枢纽空间顺畅、快捷的客户感观营销体验。

2. 项目设计装饰施工人员的素养要求

（1）看懂图纸，读懂设计

地铁装饰施工的最终目标是为业主打造具备社会审美价值的市政工程作品，施工人员注重工程技术的同时，需具备审美认识能力，读懂设计意图，以达成还原设计美感的施工目标。

（2）寻找规律，主动对接

地铁工程由众多专业共同完成，装饰施工人员既要了解各专业的规范和特性，同时要善于寻找各专业末端与装饰面层次序间可执行的模数设计规律，主动对接设计方及相关专业系统，贯穿落实模数规律，以共同完善大范围工作界面的专业交叉。

3. 模数化施工组织的特征

（1）现场放线与造型模块

通过施工现场立体放线，准确计算各装饰单元造型的尺寸，为材料下单提供数据，避免尺寸误差导致材料报废。

（2）材料模数与施工进度

降低现场材料的尺寸多样化，尽量统一模数尺寸，方便材料加工与补单，以保证施工进度。

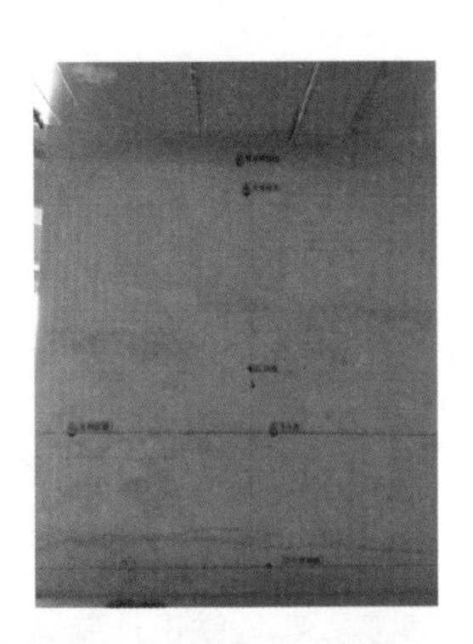

4. 城市地铁轨道交通装饰工程范围

（1）公共区站厅、站台、楼梯、出入口通道等的墙、地、顶的装修施工。

（2）站厅、站台立柱柱面的装修施工。

（3）站厅收费区与非收费区之间的分区栏杆的施工，站内楼梯出入口栏杆扶手的施工、站台设备区两端行车道旁的围护栏杆等安装施工。

（4）车站地面出入口内外墙面、平台地坪、踏步、出入口顶棚装饰工程、站前广场装饰施工。

（5）地面残疾人电梯坡道、坡道栏杆的装修施工。

（6）无障碍设施工程。

（7）卫生间、清扫间、茶水间装修工程。

（8）风道、风井装修工程，主要包括风道、风亭地面建筑等区域装修工程。

5. 天花设计装饰工程施工管理

地铁站天花吊顶装饰常见铝格栅天花吊顶，特点是层次感极强，安装和拆卸上都比较方便，这样方便客户的日后维护，尤其是方便地铁乘客的消费需求。

（1）施工流程

① 施工放线：根据格栅吊顶的平面图，弹出构件材料的纵横布置线、造型较复杂部位的轮廓线，以及吊顶标高线，同时确定并标出吊顶吊点。

② 吊顶的紧固处理：按设计要求采用金属膨胀螺栓或射钉固定吊顶连接，或直接固定钢筋吊杆吊件。

③ 格栅单体的组合与拼装：局部格栅的拼装，单体与单体、单元与单元或单条排例；作为格栅吊顶的富有韵律感的图案构成因素，必要时应尽可能在地面拼装完成，让客户享受韵律感的消费体验，更有利于地铁企业的销售业绩提升。

（2）注意事项

① 因站台面积较大，必须处理好金属格栅与墙、柱之间的垂直或平行关系，应将相关轴线引测到墙柱立面，按基准线拉线保证墙面均与轴线平行，并且两个相邻面相互垂直。

② 格栅吊顶内的各种管道都设有调节阀门，须在相应位置留置检查孔。

③ 消防喷淋头的平面位置不能与格栅条重合，且两个方向都应直顺，可在消防喷淋立管上端制成大于90°的蹬踏弯，以便微调喷淋头的平面位置。

④ 顶棚的各种管线、设备及通风道，消防报警、消防喷淋系统的水平控制。

⑤ 管道系统试水、打压完成工序。

⑥ 确定好通风口及各种明露孔口位置。

6. 地面设计装饰工程施工管理

（1）施工流程

① 进行经纬定位放出控制线及区域分区，先设置样板区试铺设。

② 合理划分施工单元：首先进行分块、分区域，将每一区域的四角坐标用全站仪确定，以设立区划控制线，色块轮廓线、排水沟处，并在相应区域单元根据设计图纸实地放样。

③ 设置控制基线：控制基线距离为5~10 m，人行部分根据对称的特点，中间区域先从中心对称线向两边推进，每行依次挂线控制。

④ 每个施工单元弹出十字中心线，根据十字中心线从中间向线两侧推进，每行依次挂线控制。

（2）注意事项

① 严格进行立体分区控制线的轴线分区点起铺；

② 场地余泥清除，刷浆；

③ 场地区域排铺核对规格尺寸及颜色纹理是否符合设计和排版图要求；

④ 再次进行切割的石材必须补刷防腐剂后再铺贴。

地面铺贴后的效果

(3) 地面石材铺后质量问题

① 石材接缝高低差超过规范要求，肉眼观察和脚感效果不好；

② 活动检修口基层内钢框及周边没有收口框；

③ 板材与地面之间的空鼓率高，超过规范要求；

④ 色差大、污染出现锈斑、水印，会引起乘客的反感。

活动检修口没有内钢框及盖口没收边

7. 栏杆及扶手安装工程设计施工管理

(1) 施工要求

① 栏杆及楼梯扶手安装位置应正确、牢固，扶手坡度与楼梯的坡度应一致，栏杆应垂直，间距正确；

② 栏杆立柱与扶手的接口应吻合，焊缝密实，焊口表面光洁度及颜色应与原材料一致；

③ 扶手弧形弯角无变形，直角接口严密无缝隙。

(2) 注意事项

① 所有栏杆及扶手转角必须是无锐的安全角；

② 栏杆及扶手必须有钢板基层预埋件；

③ 栏杆及扶手立柱底座必须与预埋件钢板锚固；

④ 栏杆与扶手高度必须符合安全高度；

⑤ 栏杆、扶手与电动扶梯传动带距离必须符合安全规范要求。

案例思考：

1. 请结合本案例讨论该项目在设计及施工方面都有哪些亮点？

2. 请结合本案例讨论该项目在设计及施工方面都有哪些可完善之处？

3. 请结合本案例讨论该项目投入运营后对客户的营销方面有哪些改进之处？

第八章　设计营销管理发展趋势

第一节　整合设计营销与管理

经济全球化的推动，资本、劳动力的全球化与跨国企业的全球发展格局，制造工业开发设计、研制、零部件生产、国际采购、整机组装、物流等借助国际互联网网络技术、计算机与数字化信息技术，使产品链已实现全球范围的有效运作，工业产品链的世界分工越来越明显，如汽车、飞机、大型电信设备等同时可以分布在几个乃至十几个国家生产，使得每个国家得以发挥其技术、劳动力成本等方面的优势，让最终产品成为“万国牌”的国际性产品，形成明显的技术和成本竞争优势。市场的全球化，使得需求与购买行为趋于统一，供需两方面的全球统一趋势，在世界领域组织产品链，这对产品进行整合设计与生产，将成为必然。

一、整合设计的含义

整合设计理论最早是由 Integral Design 国际设计学会的创立人和常任董事、德国斯图加特国立视觉艺术大学 George Teodorescu 教授创立的。按照他的定义，整合设计就是依据产品问题的认识分析判断，针对人类生活质量与社会责任，就市场的独特创新与领导性，对产品整体设计问题进行新颖独特的实际解决方法。整合设计的英文名称是 Integral Design，因此，我国设计界将“整合设计”又称为“整体设计”。

二、整合设计的属性——以工业设计来说明

世界工业设计的发展经历了不同阶段的不同设计模式，如造型设计、差异设计、概念设计、整合设计等，就整合设计这一新型设计模式与以往的设计模式相比较，可以看出整合设计产生出新的内容与方式，不同设计模式的比较见表 8-1 。

表 8-1　不同设计模式的比较

设计模式	设计教育	设计重点	设计目标	顾客期待	设计定位
造型设计	美化教育，样式表达	形式审美	美的外形	样式美观	市场辅助工具
差异设计	表达教育	外形创造性	美的形状和结构	外形的差距	市场工具
概念设计	现实教育，视觉创造力	问题解决	新颖独特的解决方式	真是解决问题的成效	研究参与合作
整合设计	需求教育、生活品质诊断、视觉思索、独特表达、程序管理。交叉文化与历史的个体行为研究	问题判断 趋势研究 语义转换 问题解决	生活品质提高 新型生活方式 人本精神实现 人文层面革新	市场独特性 创造并领导新的突出市场 独特竞争力的形成	创新 创造 规划 领导

不管是何种设计模式，美的外形设计目标与客户期待，是所有设计模式必须具备的基本，我国工业设计的发展已经迈过这一发展阶段，这里就不再将其纳入研究范围，而是就差异设计、概念设计、整合设计等设计模式展开研究。

整合设计是设计发展的较高阶段，包含产品差异设计、产品概念设计、产品整合设计。整合设计因设计要求的不同而产生不同的设计需求：产品改进设计、产品研发设计、产品发展设计。这是整合设计的功能与需求的基本。整合设计在技术手段层面，将产品所有组成部分看作一个整体系统，在面对设计内涵与设计需求的同时，不同的设计技术手段将对应不同的设计水准，这就是从外在到内部、从局部到整体的设计水准递进途径。整合设计因设计技术手段的不同而形成不同的设计水准：造型整体解决、局部设计解决、整体设计解决。

整合设计在最终设计目标作用层面，为现有需求及产品设计问题的不同解决，提供了更为广阔的设计空间。按照矩阵计算，整合设计可以提供 27 种产品设计服务，能够在全球范围内，为不同工业化水准、不同的产品设计需求和不同的设计能力的国家及地域，指明设计服务内容与服务方式，从而实现不同客户的期待目标及期望。

三、整合设计营销管理的特征

1. 整合设计营销管理的目的性

当今的市场机制是以消费者为导向的市场机制，相应的产品设计就应该基于用户需求进行设计，企业产品必须是满足消费者不断变化的需求的产品。这种产品超越以往产品的实用功能、物质价值和一般服务，代之以大力倡导和推动实用与审美、使用与体验、物品与人品、现实与虚拟、生活与艺术、物质性价值与精神性价值、经济提供物的多样化与个性化、一切市场参与者之间的审美互动与人格生成有机统一的产品。所以企业想在日益激烈的市场竞争中立于不败之地，必须以更短的新产品上市时间（Time）、更优的产品质量（Quality）、更低的产品成本（Cost）、更好的服务（Service）和满足环保要求（Environment）的“TQCSE”五要素去赢得用户和更大的市场份额。新世纪产品设计是在满足以上五方面内容的基础上进行设计的。

这就意味着企业若想创造一个有竞争优势的新产品，必须首先了解谁是用户。用户研究方法应该是交叉的、多元的。研究用户需求有两类研究方法，分别是定量研究和定性研究的方法。定量研究一般是通过调查问卷获得的，倾向于寻找现有方法中的错误及人们使用产品和服务的过程中可能受到的潜在伤害。该方法主要关注人们的生理和认知过程。这种方法的使用可以确定帮助人们明确减少疲劳、减轻压力、避免伤害，或简化操作程序所必须要注意的地方。定性研究是以人机工程学为基础的用户研究，可以帮助设计师、企业、用户更好地理解使用产品的模式和偏好，以便确定产品的属性。人种志研究方法是产品设计用户研究的新趋势，它是通过对用户的观察、访谈、情景预演、任务分析、动作分析等手段进行的。这种研究方法倾向于明确用户情感和表达方面的期望值，它所关注的是产品可能的样式。两种分析方法都有自身的价值。最好的产品通常超越了用户原有的期望值，并且能够立刻满足他们原本未知的某种需求。

2. 整合设计营销管理的超前性

在整合设计中能运用各种预测手段，对产品方向进行预测，对技术方向进行分析，能够从复杂多变的市场变化和日新月异的技术进步中，寻求能在当前及今后的市场上占主导地位的产品和技术方向，发现新产品缺口和市场机遇，以创造出有突破的产品。整合设计的这种预测和判断能力是非常重要的，这种预测、分析、判断和决策来自科学的方法，如德尔菲法、萃智理论的产品进化路线等。

萃智理论是一种预测产品技术成熟度的理论。该理论技术系统的进化法则可以帮助市场调查人员和设计人员从进化趋势确定产品的进化路径，引导用户提出基于未来的需求，实现市场需求的创新。设计是规划未来，设计师有必要了解基于未来的需求，二者在需求研究方面不谋而合。该方法可以使企业立足于未来，抢占领先位置，成为行业的引领者。

在这些工具的帮助下，具有整合设计思想的企业在开发新产品时能想到别人想不到的方面，更加长远地预测整个市场形势，做出比别人更好的战略性布局和决策。

3. 整合设计营销管理的整合性

（1）整合设计营销管理的整合性主要体现于商业模式的协同联合性

其思维模式是充分利用各种研发手段、计算机技术、通信技术和现代管理技术，对设计研发团队多专业组合，对产品设计及其相关过程（包括设计过程、制造过程和支持过程）进行并行、一体化设计的一种系统化的工作（商业）模式。

在这种模式中，产品的设计过程整合了用户域、功能域、物理域及工程域四个不同的域间的交互过程。通信及计算机网络技术的发展，使供应商、用户等参与产品的开发成为可能。Clark 等人定义了由制造商与供应商组成的协同设计网络为设计链，他们进一步拓展了设计链的概念，将由制造商、供应商和客户组成的团队称为协同产品设计链。协同产品设计链是整合设计的核心，它是一个系统，由一个群体组织合作开发产品或服务，以满足用户需要。首先，用户的需求信息能从下游逐渐传递到上游的子供应商，各层供应商依据分配到的用户需求设计或组装产品，整个产品设计链中的每个环节都在执行与产品开发有关的活动，每个参与者都在经历从概念设计直至产品投放市场的整个过程，这个过程就是整合设计的过程。它统筹了产品研发、设计、制造、营销、维修及回收全过程，打破传统的部门分割和封闭的组织模式，强调多功能团队的协同联合工作，重视产品设计开发过程的交叉、重组和优化。

（2）整合设计营销管理的整合性还体现在跨越地域和时空的特性

由于设计链中的成员可以分散在不同的地域，这使设计链的产品设计具有分布式协同设计的特点。通过计算机网络，处于设计链中不同地点的产品设计合作伙伴可进行产品信息的共享和交换，能够及时实现对异地 CAX 等软件工具的访问、调用、方案的讨论及设计结果的修改等，以避免不必要的损失，使得产品设计周期缩短，产品开发成本大大降低。

（3）对市场的应变能力也是整合设计营销管理整合性的体现

由于客户对产品的需求会随着空间、时间、技术的发展及消费条件的变化而改变，客户需求具有多样性和多变性的特点。一般来说，用户对需求的描述模糊而笼统，存在冗余，需要经过约束（整理、筛选和分析）才能形成一些对设计有用的、切实可行的产品的描述。这需要将用户需求转换和映射为产品质量特征（如用功能质量屋），再逐步分解、转化和落实到产品设计的各个阶段，最终通过各个零部件的形状、尺寸、位置关系、精度要求和材料要求等体现出来。这样，为每个设计伙伴（供应商）建立一个基于约束的产品需求描述结构，制造商通过质量屋的方式转换一映射产品需求描述并生成设计任务，以保证设计出的产品能满足顾客的需要；当用户的需求发生变化时，只需与制造商协商，通过与 CAD 系统集成的协同设计软件修改相应的描述结构，即可使产品设计适应顾客的需求变化。

四、整合设计营销管理的阶段化——以室内设计为例

多维设计事务所设计总监张晓莹在《不关风格，只关需求》中将设计分为前设计、中设计和后设计。其中，前设计包括客户群分析、品牌分析、产品分析。客户群分析是研究客户需求，采用定性定量的方法，而对于产品分析则要采取一些战略性的分析、预测、判断和决策。

1. **前设计**（Pre-design）

前设计就是在设计工作开展的前期所应完成的相关任务，除掉传统意义上的“室内设计”部分外，主要包括：

（1）项目可行性分析空间渗透；

（2）核心理念延展；

（3）客户群定位分析；

（4）客户群行为模式分析和客户群需求行为空间物化；

（5）物化过程的数据推理分析过程（设计数据化）。

2. **中设计**（Middle-design）

中设计就是在前设计的基础上，根据相关客户需求模式、客户群定位、客户数据等内容展开设计工作，及时按照相关要求完成设计任务的过程，主要包括：

（1）设计项目的具体设计实施和施工实施；

（2）客户需求和相关理念在项目设计中的美好展现；

（3）物化数据在设计过程中的应用及理性调整和完善。

3. 后设计（Latter-design）

（1）空间内平面设计部分的延展和控制；

（2）家具陈设软饰搭配实现方法控制系统；

（3）目使用跟踪调整方法，被称为后设计回访；

（4）数据统计；

（5）热点分析；

（6）数据与销售状况类比分析；

（7）设计调整。

前设计和后设计的核心部分，就是室内设计的商业商数研究理论。室内设计师往往更注重商业室内设计的艺术商数或美学商数，但基本不会商业商数分析和运用。但商业空间往往是不但叫好还叫座的法宝。

案例实务一：金螳螂设计的国际化发展之路

苏州金螳螂设计研究总院常务副院长姜樱

2013年11月6日是苏州金螳螂设计院成立20周年的日子。金螳螂的设计师团队从1993年成立之初的不到10人，经过20年的发展，到今天已成为一个拥有5个资深设计大师工作室和23个专业化设计院，共计超过2 500多名设计师的大团队。其中有67位全国有成就的资深室内建筑师，169位获得全国杰出中青年室内建筑师的荣誉称号。

2012年，为了加快金螳螂设计的国际化步伐，金螳螂又和全球著名的HBA酒店设计公司合作联营，加上HBA全球的1 100多名设计师，共计拥有3 600多名设计师。2012年金螳螂设计完成设计产值超过8.5亿元，2013金螳螂的设计产值预计将完成10.5亿元，如再加上HBA的设计产值，2013总计设计产值将超过18亿元人民币，业已成为目前全球规模最大的专业化室内设计机构。

1. 国际化的人才发展战略

重视设计是金螳螂的一贯方针。回顾20年的发展历程，金螳螂深深地体会到作为一家轻资产装饰企业，人才是装饰行业中最为重要的先驱环节和竞争力，是最为核心的资产，而设计师更是一笔不可或缺的无形资产。20年来金螳螂通过强化设计的作用，在装饰企业中已形成了自己独特的竞争优势。

自设计总院成立以来，就把引进和培养优秀设计人才放在一个非常重要的位置，并十分重视设计人才的国际化发展方向。除了不断加强自身设计队伍的建设外，还积极寻找合适的外部机会，强化引进国际化的人才机制。期间先后引进了多家境外著名设计公司的资深室内建筑师、高级软装和灯光设计师及一批与国际酒店管理公司长期合作的境外优秀设计师团队，这些新鲜血液的引进，有效地提升了金螳螂设计师的整体水平和国际化竞争力。此外，总院每年都会组织各院设计骨干去美国、意大利、英国等国家的著名设计学院或设计机构进行学术交流和访问，境外培训机构根据金螳螂提供的实际设计项目，为其研发相应的培训课程，内容包括背景研究、文化与潮流、创造性美感、设计策略和工艺，极大地开阔了设计师们的眼界和思想，提升了金螳螂设计师的国际化设计能力及经验。

与此同时，公司还积极参与和国内外著名高校合作办学活动。2008年起与苏州大学合作创办了“苏州大学金螳螂建筑与城市环境学院”，该学院为一本院校，为公司后备人才的培养奠定了基础，成为公司进一步发展的“助推器”。至2012年，该学院已经有了第一批毕业生，其中90%进入了公司从事设计技术工作。另外，公司还每年定期与意大利多莫斯设计学院、上海交通大学、中国人民大学合作，开设了各类设计艺术学在职研究生培训班。金螳螂还进一步联系英国切尔西设计学院和美国罗德岛设计学院等国际一流的设计学院，进一步探索国际化设计人才的培训模式，为实施金螳螂设计走向国际化战略做了良好的铺垫。

2. 国际化的设计项目管理

设计的国际化不是一句空洞的口号或一款时髦的装饰品。设计国际化，首先就是要摒弃粗放式的、过于随性的设计项目的管理模式，学习和消化国际上各项严谨科学的规范和标准。

为此，早在10多年前，金螳螂设计就在业内率先引进ISO 9001国际质量认证体系，在质量体系监管上与国际接轨。又率先在行业内探索出了一套成熟的设计项目50/80管理系统和现代信息化管理系统ERP，并在ERP的基础上自主研发了更加先进的信息化管理工具：商务智能（BI）系统。确保了设计项目的各项控制和管理达到预期目标，大大提升了金螳螂整体管理效率，还形成了一系列相应的设计质量体系控制和管理文件。此外，金螳螂还每年定期组织各方面的专家和相关人员对各设计院进行设计项目的综合检查，并及时公布检查结果，对不合格的设计项目开具整改意见书并限期改进。

近年来“BIM”一词在建筑行业俨然已成最热门的词汇。金螳螂敏锐地捕捉到这一趋势，迅速成立了BIM技术研发和推广部门，一方面负责BIM技术的推广，另一方面为各部门的BIM实施提供软硬件支持。目前已在上海中心、南京青奥中心、青岛阜外医院等多个设计项目中广泛应用了BIM技术。

3. 支撑和服务的管理模式

金螳螂设计研究总院体系下有两大中心：技术管理中心和综合管理中心。这两大中心是金螳螂设计的核心管理部门。技术管理中心是技术上的最高管理机构，此外，还成立了“设计专家委员会”，并分设酒店类、样板房类、会所类、幕墙类、艺术品、软装设计等八个专家组，其组成人员既有总院的资深设计师，也有外聘的高级工程师及行业著名专家，他们负责重要项目的方案评审、技术评估和咨询工作，同时还协助总院从专业化角度对各院进行技术评估，进一步促进金螳螂各设计院的专业化发展。

最有效的管理就是打造更好的服务平台，以支撑各个设计院的发展。弱化表面的管控、强化支撑和服务，这就是设计总院管理中心的工作目标。一个项目从方案设计到最终完成，需要各方面强大支撑和服务系统才可以顺利推进，而其中软装、灯光、材料等配套设计是非常重要的环节。为此，总院成立了新材料、新技术研发推广部门，并建立了现代化信息技术共享平台，积极开展新材料研发和资源整合工作，形成了金螳螂设计竞争力又一个核心优势。

总院综合管理中心还设有培训部，对新人进行专人专职专项的系统培训。在培训、考核等方面都形成了良好的机制，让各级设计师们在职业化、专业化发展中得到更加快速成长的学习环境。

案例思考：根据案例谈谈你对整合设计营销管理的理解和体会。

案例实务二：城市整合设计营销管理机制案例

改革开放以来，我国城市建设高速发展，城市呈现出一片欣欣向荣的景象。然而人们回过头来，发现很多地方整体环境质量并不如意，主要表现在城市要素之间不够协调，城市文化与自然特质没有充分表现，城市特色渐渐消失。我国的城市规划对社会经济发展、土地资源的利用，以及交通、生态等建设发挥了巨大的作用，但对优化城市环境却显得力不从心。规划与工程设计（建筑、景观和市政交通）之间存在着一段很大的真空。当城市建设从追求数量到进入追求质量（或质量、数量并重）的阶段，人们越来越多地开始关注整体形态的完善、环境品质的优化、城市活力的提升和特色的塑造，城市设计也逐步得到重视。长期以来，我国的城市规划将规划与设计视为一体，规划过程中虽然也在不同程度上考虑形态设计，所谓城市设计贯穿于城市规划的始终，城市设计没有独立的操作体制，然而对于一些重要的城市或城市地区，规划、建筑界逐渐意识到切合我国建设需要的城市设计操作是有益的、必要的，从学术界、政府主管部门和开发机构也都接受了这个事实。上海浦东陆家嘴 CBD、深圳福田中心区，还有其他很多大学城、滨河区域等都进行了城市设计国际竞赛或咨询。

1. 城市设计是时代发展的需要

工业革命前，社会经济的发展状况使城市发展保持在一个比较稳定的水平上，弗兰普顿把处于这种发展阶段的城市称为“有限城市”。在“有限城市”阶段，城市功能不复杂，环境建设的相关工程简单，专业工种没有细分，建筑师往往承担城市建设中的各项设计工作，例如文艺复兴时期的米开朗基罗，既是建筑师，又是雕塑家，还能设计广场和道路。设计师的注意力集中在城市整体视觉形象的控制上，使当时的城市环境形态得以保持良好的秩序，体现出一种和谐性和整体性。

18 世纪工业革命以后，城市发生了史无前例的巨变，城市建设的各个系统在技术与理论上不断发展，形成相应的专业与学科，包括建筑学、景观学、道路工程、市政工程、交通工程、桥梁工程和地下工程等。专业的分工和发展还促使管理系统的分离，城市各系统越来越独立，甚至形成各自为政的权力范围。建筑设计专业局限在基地红线范围内设计建筑，景观专业仅对城市开放空间从事景观与园林设计，至于道路、桥梁、市政和地下工程等专业设计更是以其工程技术目标为单一的价值取向。这些专业设计所建成的城市构成要素往往无视整体环境，各自为政的专业设计组合只能使城市环境形态成为无序、混乱的拼凑，当然与环境的和谐、统一相距甚远。

现代主义以“雅典宪章”为代表的规划思想是工业时代追求理性、强调学科专业分工主流思想的产物，追求严格的功能分区、树状分级结构等。虽然这种思想和方法对于当时解决城市发展诸多问题起了十分重要的作用，但随着社会的发展，进入后工业时代，人们追求学科的综合、交叉和渗透的思想逐渐为科学界所接受，对于过细的学科专业化的分离质疑。

实际上，真实世界生活中的所有课题，都是处于相互重叠的复合状态，城市也一样，是一个错综复杂的复合体，既有确定的有序的一面，也有随机和无序的另一面，既有可度量的因素，也有很多无法度量的因素，系统中的各要素是互相渗透、混合重叠的。由不同专业设计的城市要素，无法实现城市这个复杂系统的有序运转，也不能满足城市生活的多样性和环境和谐统一性的追求。城市规划是二维的，无法全面地将三维的不同专业的工程设计进行整合，为此现代城市设计的发展势在必行，可以从观念层次形成各专业共享的环境价值观，从操作层次成为二维的城市规划向三维的专业工程设计过渡的桥梁。

2. 城市设计营销管理机制——城市要素三维形态整合

城市设计是“对城市体形环境所进行的设计”，“是对城市环境形态所做的各种合理处理和艺术安排”。城市设计研究城市形态（实体和空间）已为大家所共识，但对城市设计的内容和如何操作等许多问题，还存在着不同的理解，很多人将城市设计与景观规划设计等同起来，仅以美学为依据进行形态设计，在实际操作中，城市规划与城市设计界限不清，以为将规划中的建筑请建筑师做深入一些就是城市设计。以上各看法的差异是由于每个人所处的背景不同，政府主管、规划师、建筑师和景观设计师从各自的目标和工作经验出发，得出不同理解是必然的。

城市设计作为一种观念、思想、原则应该贯穿于城市规划的各个阶段，城市设计作为一个操作层次，与规划阶段有一定联系，但具有独立性的认识已逐渐受到重视。城市设计的操作如何与详规、建筑群设计、景观设计区分开来，是城市设计学科发展的重要课题。这就得研究城市设计的实质，即城市设计的机制。

机制的概念，原是指机器的构造和动作的原理，后来生物学、医学通过类比借用了这个词。现在关于机制的概念已扩大到各个领域，它是指事物内在工作方式，包括事物结构组成的互相关系。阐明事物的机制，意味着对其认识从现象的描述进入本质的说明。研究城市设计的机制应建立在实践的基础上，在研究国内外实践的同时特别要注意国内的设计实践。

目前实践中的城市设计工作过程，一般分三个阶段：① 背景研究，理解作为设计重要依据的城市规划，对设计范围及其周边进行现状调查、分析，特别要寻找基地的环境资源；② 确定城市设计目标，根据设计目标，结合城市经济、社会发展的需要、城市行为、自然生态、技术条件和视觉艺术理论等建立城市形态，这是个创作过程；③ 依据经过论证确定的城市形态发展模式，制定设计准则或者导则，以指导下一层次的工程设计，包括建筑设计、景观设计和市政、交通设计。

在这三个阶段中，最核心的是第二阶段，是城市设计特殊性的所在，这阶段创作过程的关键是城市要素的三维形态整合。美国伊利诺大学张庭伟教授在《城市高速发展中的城市设计问题：关于城市设计原则的讨论》一文中提出："从某种程度而言，城市设计的精髓就是处理互相的关系。"

城市这个复杂的大系统是由各种城市要素组成的，每个要素都有其社会、经济、文化、生活等存在的意义，不会像雕塑作品可由艺术家畅想创作，城市设计的创作主要建立在要素的关系组合上，城市的多样性、有序性、和谐性来源于要素的组合。因此研究城市要素及其之间的关系，必然成为城市设计的创作机制。早在 1953 年，英国 F・吉伯德在《市镇设计》（Town Design）中指出："城市设计的基本特征是将不同物体联合，使之成为新的设计，设计者不仅必须考虑物体本身的设计，而且要考虑一个物体与其他物体之间的关系。"这里所指的物体即城市要素。美国城市设计学者 Gerald Crarle 在《城市设计的实践》中也指出："城市设计是研究城市组织中各主要要素互相关系的那一级设计"。

城市设计强调三维整合，这是因为城市要素的存在是三维的，城市设计涉及和指导的工程设计也呈三维的。当城市尺度很大时，二维性就被突显，例如总体城市设计、大范围的局部城市设计，可能二维形态的研究占主要地位，但是对其节点和重点区域进行三维设计仍还是重要的组成部分。二维是三维的一种特殊形式，属于三维形态整合的一部分。

3. 整合设计营销管理机制的层次

整合是个宽泛的概念，城市要素在复杂的大系统中形成不同层次的整合关系，一般可分为实体要素整合、空间要素整合和城市区域整合。

（1） 实体要素整合

城市实体要素包含建筑、市政工程物（如桥梁、道路、天桥、堤坝和风井等）、城市雕塑、绿化林木、自然山体等。它们之间的关系处理对城市的景观有着极大的影响。城市要素是城市功能的需要，不能回避，使其整合。要素本身对于景观来说，不存在优劣好坏，正如色彩一样，没有一种色彩是难看的，关键在于要素存在的形态和如何处理它们之间的关系。目前我国各城市为了优化交通建造了很多高架路、天桥，的确绝大部分与周围建筑和环境不相协调，但不能认为天桥、高架路必然破坏景观，这是因为我国的天桥等都是由市政部门设计的，没有经过城市设计预先进行整合设计，世界上高架路、天桥与建筑、环境协调统一的例子很多，例如日本新宿的高架路成为立体化城市的有机组成，给人以耳目一新的感觉。日本北九州火车站前广场的二层步行系统和三层轻轨高架良好地整合，也形成了优美的城市环境。这些都是城市实体要素三维形态整合的结果。

（2） 空间要素整合

城市空间要素是人们赖以生存、进行生活和社会活动的环境。空间要素包含街道、广场、绿地、水域等，要素的整合涉及地上与地下空间、自然与人造空间、历史传统与新建环境、建筑与公共空间、建筑与交通空间等。空间要素整合以城市公共行为为主要取向，当然也受经济、生态和美学等因素的影响。公共行为是城市活动的总称，是城市空间整合的主要内因与依据，正像美国城市设计理论家林奇所说："城市设计的关键在于如何从空间安排上保证城市各种活动的交织"。

巴黎市中心的中央商场地区改造城市设计是一个地下与地上空间整合的佳例。20 世纪 60 年代，由于该地区的市场衰败，环境差乱，政府决定进行综合改造。基地东北侧有中世纪的教堂，地下有两条地铁交汇的枢纽。城市设计将地面留作绿色广场，避免对古教堂的干扰，地下开发四层商场，与地铁枢纽站连接；在东侧中间设计了一个 3 000 m^2、深 13.5 m 的下沉广场，作为地面与地下联系的公共空间，既是地下商场的主入口，又解决了商场的自然采光问题。建成后这里成为集交通、商业、文化娱乐和休闲于一体的城市中心区。城市设计很好地整合了地上和地下空间，十分关键的手段是运用了作为地下公共空间的下沉广场。在这个改造设计中还进行了新环境与老建筑环境、人工环境与自然环境的整合。

(3) 区域整合

这里主要针对城市内的区域，它是指在功能或形态方面具有某种特质，由若干物质与空间要素构成的复合体，是扩大了的城市空间。区域整合包括区域与区域之间的整合、区域与城市整体的整合。

当前由于对生态的重视，很多城市十分关心水域环境的保护与开发，人们逐渐意识到，以景观为目的规划朝综合取向的城市设计转变更有利于城市的发展。在滨水环境的城市设计中，注重堤坝与市民活动空间的整合，促使防洪与亲水休闲功能的兼顾，强调绿化与人工设施的整合，力求在保证江滨公共使用的基础上增加支持活动，提高活力，重视桥梁与周边建筑和环境的整合，避免自成体系的通病。以上这些都是实体要素和空间要素的整合，实践中的很多设计往往遗漏了区域的整合，把河流、水体看成一个封闭的系统，没有考虑水环境作为城市的一部分，与周边区域建立联系、进行整合，以使自然生态资源的开发促进周边地区繁荣。

21 世纪初刚刚建成的柏林联邦政府区城市设计是区域整合的典范，德国政府为了迁都，决定在原来古典主义的国会大厦周围建设新的政府区，1993 年的国际竞赛，从 800 多个方案中选出了舒尔特斯(Axel Sohultex) 和弗兰克 (Charlotte Frank) 合作的方案作为实施方案。基地位于施普雷河湾、东西柏林的交界处，设计将总理府、议会办公和大会堂等功能组合成宽 100 m、长 1 500 m 的建筑群，跨越河流，称为"联邦纽带"，象征联系东、西柏林的桥，整合曾被历史分离的东、西柏林，整合被河道分割了的城市区域。

整合的层次是相对的，在具体的设计中都是各种层次整合的综合，当然会有主有次。柏林联邦政府区的城市设计，重点是区域整合，同时进行了新老建筑的整合，将新建筑群围绕国会大厦建造，国会大厦输入玻璃圆顶等现代元素，促使互相协调，另外，设计中还将建筑群自由地融入城市中心绿地，使人工环境和自然环境有机整合。

4. 整合设计营销管理机制的运作

城市整合设计营销管理机制主要包含四方面内容：深入研究要素；让要素开放，促使要素互相渗透结合；寻求要素的整合方式；结合点设计。

（1）深入研究要素

分析要素在城市中的定位、功能和形态的可能性，是要素整合的基础。美国著名城市建设学家乔纳森·巴奈特认为“城市设计是设计城市，而不是设计建筑”，这里的不设计建筑不等于不研究建筑。为了整合城市要素之间的关系，必须要对相关要素，包括建筑在内进行分析，预测其功能的可能性和形态的可能性。在步行商业街的城市设计中，应对街道、界面建筑、服务后街、出入口和绿化广场等每个要素进行研究。以建筑为例，首先要研究商店的业态特征与分布，以及适应业态变化的建筑布局。同时，还要探讨适应房产市场需要的上部建筑功能，符合街道空间良好比例与尺度的建筑高度；商店进货与顾客分离，以保护传统建筑为目的的新老建筑结合；入口处建筑形式，以及丰富街道空间并拓展商业经营面的界面处理；等等。只有在对建筑要素进行上述分析后，才能研究与其他要素的整合方式。

（2）让要素开放，促使要素之间相互渗透结合

城市的要素，无论是建筑、公共空间或道路等，本来就是开放的，互相联系的。自从城市建设的专业细化，设计要素的专业都将自己设计内容的周边条件封闭起来。城市绿地、建筑用地和道路用地之间均以红线为界，井水不犯河水，只求自身的完整性；滨水绿带为了避免公共性被侵不准建设功能性的建筑；天桥只能作为步行交通使用，不允许建筑功能介入；等等。然而信息社会的现代化城市正在冲击这种封闭，越来越趋向开放的网络系统演变，各要素之间的相互开放反映在空间形态上要素与要素之间互相渗透、要素与城市空间互相渗透，这已成为现代城市形态发展的一种重要趋势。

城市广场建到建筑屋顶上，建筑中庭成为城市广场，火车站厅与城市广场融于一体，城市过街天桥的楼梯与建筑中庭大踏步共用，建筑架空作为城市的公共空间，至于建筑敞廊作为滨水灰色公共空间更是常见。以上现象在当今的很多城市中已屡见不鲜，这些城市空间的互渗也是城市设计师、规划师和建筑师进行城市要素整合的结果。

城市设计面对城市空间发展的趋势，首先要促使要素开放自己的界限，为空间渗透创造条件，当然这过程会冲击原来各要素及其专业的传统研究和设计内容，甚至会涉及相关的规范，例如土地的“空权”问题。同时城市设计应在要素开放的基础上推进它们之间的相互结合、相互渗透，以达到城市机能的高效性和景观的宜人性。要素的开放和渗透还反映在要素所处的用地上，在可能的条件下，在城市设计范围力求空间重叠，如上海静安寺广场与静安公园分属两个业主，经城市设计与双方协商，将广场作为地下商场的屋顶，让公园绿地延伸到其上，堆土成丘，使公园绿化增加了 0.4 hm^2，无论对公园还是广场的景观都有增无减，达到了双赢；要素开放、渗透还表现在用地的各种指标，包括容积率、绿化率和覆盖率等，在城市设计范围内统一平衡，不强调每块用地平衡。无论静安公园与静安寺广场红线界限模糊，还是用地范围指标统一平衡，都是为了城市环境的大手笔创造。

（3）寻求要素的整合方式

系统论认为，系统是由很多子系统组成的，子系统的不同形式组合能产生无限的多样性和可能性。城市作为有机的大系统，要获得 1 +1 >2 的效果，必须研究要素之间的组合方式。要素的整合依据来源于城市的公共行为，包括认知行为和活动行为，认知行为在景观整合中研究较多，涉及环境的和谐统一

性；活动行为是指市民各种活动方式，例如通勤、购物、旅游、休闲、广场文化活动、节日庆典、交通流动、服务供应等，涉及环境的效率。整合是创作过程，也是多种方案比较过程，既有逻辑思维，又有形象思维。

（4）结合点设计

城市设计在整合过程中，要素之间的结合点设计极为重要，它是城市要素统一、渗透、结合的节点处理，也是城市设计能否实现的关键所在。结合点设计必须对节点的相关要素或系统进行可能性的分析研究，必须深入要素的内部，例如在城市密集的CBD区域，要建立二层步行系统，城市设计就得研究步行系统所涉及的建筑，研究建筑第二层的功能特征，促使它公共化、开放化，根据跨路天桥的布置位置确定连接点的位置和标高，以及垂直交通可能布置的方式。如果已明确业主，可以与建筑师详细研究；如果没有业主对象，就得凭城市设计师的职业实践经验，对城市发展的综合分析预测。结合点设计必须是三维的，在保证系统建立的基础上应有弹性，最后还得变成建筑设计和市政设计共同遵守的准则。结合点的选定应根据城市设计的范围而区别，局部地区城市设计可能是上述二层步行系统与建筑的结合点，也可能是地铁站枢纽的综合体、滨水区堤坝与公共活动广场的结合点、新老建筑环境结合的过渡区、作为地下与地上空间联系的下沉广场等；总体城市设计的结合点是以城市系统的结合点的方式出现，往往是城市的节点，例如区域中心，与周边地区密切联系的商业街，重要的城市广场，交通枢纽等，这一层次的结合点往往是局部地区城市设计的对象。

5. 城市整合设计营销管理机制下的核心内容

城市设计内容通常也称城市设计要素，它区别于城市要素。国内外的城市设计论著有不同的说法，目前我国的实践中一般都根据美国城市设计师哈米德·胥瓦尼在《都市设计程序》（The Urban Design Process）一书中提出的城市设计八要素进行操作：

（1）土地使用（Land use）；

（2）建筑形式与体量（Building form and massing）；

（3）流动与停车（Circulation and Parking）；

（4）人行步道（Pedestrian ways）

（5）开放空间（Open space）；

（6）标志（Signage）；

（7）保存维护（Preservation）；

（8）活动支持（Activity support）。

这八要素作为城市设计内容能将城市设计与城市规划区分开来。

6. 城市整合设计营销管理内容（要素）的五个方面

根据前文对整合机制三个层次的概括，可以认为空间要素扮演着承上启下的角色，实体要素在空间要素内组合，空间要素是实体要素的载体，同时空间要素的组合又形成区域，为此以空间要素层次组织城市设计的基本内容能较全面地、更确切地实现城市设计的整合机制。在这个概念下，结合多年的实践和研究，可以将城市整合设计营销管理内容（要素）归纳为五个方面：

（1）空间使用体系，包括三维的功能布局和使用的强度。

（2）交通空间体系，包括车行交通、轨道交通、步行交通、停车、换乘等。

（3）公共空间体系，包括广场、公共绿地、滨水空间、步行街、二层步行系统、地下公共空间、室内公共空间等。

（4）空间景观体系，包括空间结构、城市轮廓线、高度控制、地形塑造、建筑形式、地标、对景、城市（或区域）人口处理等。

（5）自然、历史资源空间体系。自然资源包括自然山体、自然水体和自然林木等。历史文化资源包括历史建筑、历史场所和历史街区等。

以上概括的城市设计内容，对于具体的设计项目而言，不一定所有内容都要进行设计，应根据项目的特征和城市设计的目标、取向，对设计内容进行取舍。

当前，我国城市设计的发展趋势大好，我们应该在不断实践的基础上，坚持理论研究，为建立适应国情的城市设计体系添砖加瓦。

案例思考：结合自己成长的地方叙述下家乡的城乡设计规划是如何开展的，成效如何？

捷成世纪智慧城市全景图

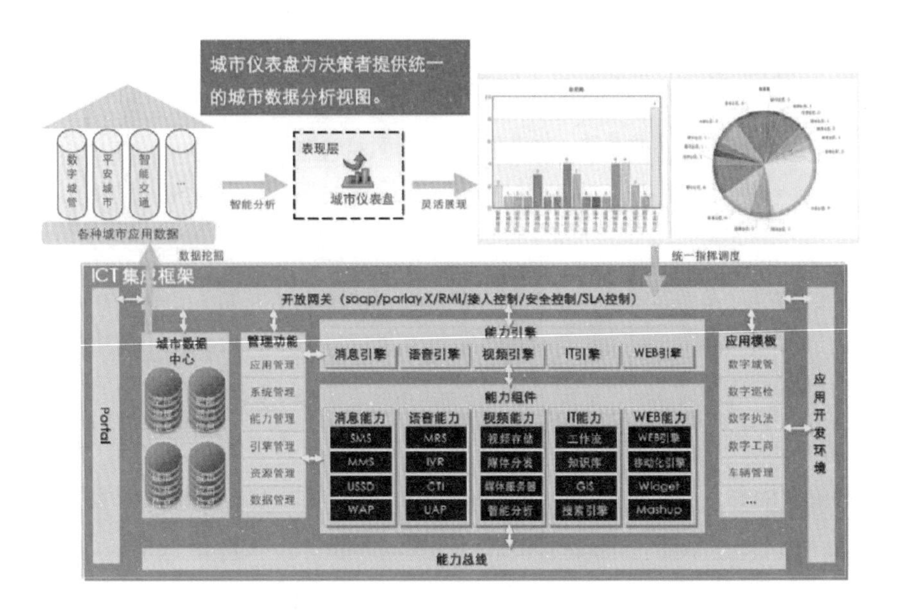

智慧城市平台——数据统一分析能力

第二节　绿色设计营销与管理

绿色设计（Green Design）也称生态设计（Ecological Design）、环境设计（Design for Environment）、环境意识设计（Environment Conscious Design）。在产品整个生命周期内，着重考虑产品环境属性（可拆卸性、可回收性、可维护性、可重复利用性等），并将其作为设计目标，在满足环境目标要求的同时，保证产品应有的功能、使用寿命、质量等要求。绿色设计的原则被公认为“3R”的原则，即 Reduce、Reuse、Recycle，减少环境污染、减小能源消耗，产品和零部件的回收再生循环或者重新利用。

一、绿色设计的发展历史

绿色设计思想最早是在 20 世纪 60 年代提出的，美国设计理论家威克多・巴巴纳克（Victor Papanek）在他出版的《为真实世界而设计》（Design for the Real World）一书中，强调设计应该认真考虑有限的地球资源的使用，为保护地球的环境而服务。当时还引起了很大的争议。之后，随着科技的发展及人类物质文明和精神文明的不断提高，人类意识到生存的环境日益恶化，可利用的资源日趋枯竭，经济的进一步发展受到了严重制约，这些问题直接影响到人类文明的繁衍，从而提出了可持续发展的战略。20 世纪 80 年代末，首先在美国掀起了“绿色消费”浪潮，继而席卷了全世界。绿色冰箱、环保彩电、绿色电脑等绿色产品不断涌现，广大消费者也越来越崇尚绿色产品。绿色设计在 20 世纪 90 年代成为现代设计技术研究的热点问题。

简单来说，绿色设计就是在质量合格的前提下，产品高效节能而且在使用过程中不对人体和周围环境造成伤害，在报废后还可以回收利用。譬如，环保冰箱是指无 CFC、节能和低噪声达标的产品，彩电要求辐射低于 0.07 mR/hr，空调和洗衣机要节能和低噪声，环保微波炉的指标主要是指在距离微波炉外表面 5 cm 和 5 cm 以外的任何点，微波功率密度不得超过 10 W/m^3。国际经济专家认为，几年后，所有的产品都将进入绿色设计家族，可回收、易拆卸，部件或整机可翻新和循环利用，绿色产品有可能成为世界主要商品市场的主导产品，而绿色产品的设计也将成为工业生产行为的规范，如不实行绿色设计，产品进入国际市场的资格将被取消。

二、绿色营销管理的内涵

绿色营销管理是绿色产品及绿色消费（Green Consumption）的基础和后盾。绿色营销管理除了考虑"用户至上"和采取科学的营销管理方式等之外，还包括绿色售后服务（Green Service），即做好废旧弃物的回收和处理，并引导消费者增强环保意识，自觉进行绿色消费。在现代企业营销管理中，绿色营销管理是一个非常重要的观念，即要树立以用户为中心、为用户服务的思想。为用户服务就是要使产品和服务尽量满足用户的要求，以用户的满意程度为标准。这里所说的"用户"，不仅包括企业产品出厂后的直接用户，也包括企业内部上下工序、前后工段或车间之间及相互协作加工企业之间的关系，还包括从事买卖的中间商人或销售者及任何一件工作的执行者与受用者之间的关系，更包括有可能受到产品质量不好或生产过程不佳等产生环境污染的全社会。通过绿色营销管理的实施，可广泛引导和推行绿色消费。

绿色消费是现代产品生存的基础和前提。绿色消费观是建立在生态系统观基础之上的消费观。人类和环境需要一个不可分割的整体和系统。人类的生活也应包含在自然生态系统的循环过程之中。近年来许多组织都提出人类应放弃过高的经济增长、放弃过于贪欲物质的生活方式，重新过一种与自然界生态平衡相适应的物质生活，重新建立一种与人类生态安全及社会责任和精神价值相适应的健康的生活方式。

事实上，产品在生产、贮存、运输、销售等过程中便会给人类的健康带来危害。在消费时选择未被污染而有助于人类健康的绿色产品，并在消费过程中注重对垃圾的处置，不污染环境，从而使消费观念朝着崇尚自然、追求健康方向转变。

现代企业要推行绿色技术，生产绿色产品，就必须实施"绿色营销管理"，即：

（1）把环境保护纳入企业的决策之中，加强绿色观念、增强绿色意识。

（2）实行以环境和资源保护为核心的绿色设计。

（3）"清洁生产"，采用新技术、新工艺，减少有害废物的排放，杜绝生产过程中的各种污染，节能、低耗和静音。

（4）采用洁净、安全、无毒、低耗、易分解、少公害的包装材料进行产品的绿色包装。

（5）做好绿色营销管理及售后服务，对废旧产品进行回收处理、循环利用。

(6) 实施“绿色核算”，将自然资源保护和环境污染、垃圾消纳、对人体健康危害等需投巨资解决的内耗成本或“环境成本”纳入会计成本，进行企业生产经营和经济、社会、生态效益的核算。

(7) 通过技术措施使普通产品变为绿色产品，力争取得“环境认证”“环境标志”或“绿色标志”等通行证。

(8) 积极参与社区的环境整治，树立“绿色企业”的良好形象。

三、绿色设计营销管理的三大需求

资源、环境、人口是当今人类社会面临的三大主要问题，特别是环境问题正对人类社会生存与发展造成严重的威胁。随着全球环境问题的日益恶化，人们愈来愈重视对于环境问题的研究。近年来的研究和实践使人们认识到：环境问题决非是孤立存在的，它和资源、人口两大问题有着根本性的内在联系，特别是资源问题，它不仅涉及人类世界有限资源的合理利用，而且它又是环境问题的主要根源。

绿色设计（Green Design），利用并行设计等各种先进的设计理论，使设计出的产品具有先进的技术性、良好的环境协调性及合理的经济性的一种系统设计方法。绿色设计着眼于人与自然的生态平衡关系，在设计过程的每一个决策中都充分考虑到环境效益，尽量减少对环境的破坏。对工业设计而言，绿色设计的核心是“3R”，即 Reduce、Recycle 和 Reuse，绿色设计不仅要尽量减少物质和能源的消耗、减少有害物质的排放，而且要使产品及零部件能够方便地分类回收并再生循环或重新利用。

1. 绿色设计营销管理之环境需求——产品环保化

在不少国家和地区，交通工具不仅是空气和噪声污染的主要来源，而且消耗了大量宝贵的能源和资源。因此交通工具，特别是汽车的绿色设计备受设计师们的关注。新技术、新能源和新工艺的不断出现，为设计出对环境友善的汽车开辟了崭新的前景。不少工业设计师在这方面进行了积极的探索，在努力解决环境问题的同时，也创造了新颖、独特的产品形象。绿色设计不仅成了企业塑造完美企业形象的公关策略，而且迎合了消费者日益增强的环保意识。

减少污染排放是汽车绿色设计最主要的问题。以技术而言，减少尾气污染的方法主要有两个方面，一是提高效率从而减少排污量，二是采用新的清洁能源。

2004 款 Prius 将是第一台装备新的高压/高量的混合协同驱动系统的丰田车。完全混合动力系统的优势是非常明显的，更重要的是在某些情况下汽车可以完全用电能驱动，这在燃料消耗及排放的减少上意义非常。混合协同驱动系统的排放比当前已经非常环保的 Prius 还要低 30% ，比普通的内燃机引擎尾管排出的废气物质低了近 90% 。另外，非常重要的一点是，Prius 彻底打破了环保与性能不可兼得的定论。

2. 绿色设计营销管理之时代需求——产品简洁化

远古的人类，磨石为刀，削木成箭，抓住了造物的本质。通过应用、感觉，进而使之得心应手，却从不去雕饰形态。“舍”得大胆，“取”得精简。即使有些装饰，也都给予深刻的内容，且服务于功能结构。随着工业的发展，包豪斯创始人格罗佩斯打破了洛可可和文艺复兴的建筑模式，适合现代世界对功能的严格要求和尽量节省材料、费用、劳动力和时间，提出设计师的脑力劳动的贡献表现在井然有序的平面布置和具有良好的比例的体量，而不在于多余的装饰。

绿色设计正是这种并不十分注意美学表现或狭义的设计语言，但绿色设计强调尽量减少无谓的材料消耗。在绿色设计中，“小就是美”“少就是多”具有了新的含义。从 20 世纪 80 年代开始，一种追求极端简单的设计流派兴起，将产品的造型化简到极致，这就是所谓的“简约主义”（Minimalism）。简约设计不仅是功能上达到了设计的目的，而最为重要的就在于材料的节省与加工的方便。芬兰设计大师卡伊·弗兰克说：“我不愿意为外形而设计，我更愿意探究餐具的基本功能——用来做什么？我的设计理念与其说是设计，不如说是基本想法。”这种注重产品功能，以“为大众提供人人都觉得好”的设计宗旨正是“绿色设计”与“艺术”的完美体现。芬兰设计中最经典的杰作——白瓷餐具系列体现了北欧设计哲学的精髓：好的设计就是没有设计。看似不起眼的餐具，却是最以人为本的设计。造型简洁，没有多余装饰的现代设计产品不仅适宜于大批量生产，而且大大降低了生产成本，使多数人能够承担。现代主义的设计经典 MT8 金属台灯是包豪斯的代表作之一。这个台灯充分利用了材料的特性：乳白的透明玻璃灯罩，金属质地的支架，同时其几何造型零部件十分适用于大批量工业生产。这个现代主义风格的经典作品在市场上十分成功，直到今天依然在生产。

3. 绿色设计营销管理之未来需求——产品绿色化

时代在前进，人类生活水准在提高，生活节奏在加快，生产效率在突飞猛进，但同时面临能源的短缺、工业垃圾日益增加等诸多困惑。这些都要求伴随人类生活和工作的产品应该简洁明快，新颖亲切，具有一种与信息时代相关联的现代感，包涵一种同现代生活相符合的精神。

随着环境与生产矛盾的日益突出及绿色观念的盛行，再加上生产技术成熟程度、普及率的提升，如电视机作为人们常用的大型家电之一，其传统模式的生产与销售面临着重重压力。为提高产品竞争力和市场占有率，宜采用可持续发展的绿色设计观，研制出健康、宜人的绿色电视。可持续发展的绿色设计观要求产品设计要综合考虑环境、材料、工艺、造型、使用环境、消费者心理等各种因素，而以环境亲和性、使用合理性、消费者心理的满足性为开发重点。

四、绿色设计营销管理的相关要求

“绿色设计”不能只看作是一种设计风格的表现。成功的“绿色设计”的产品来自于设计师对环境问题的高度意识，并在设计和开发过程中运用设计师和相关组织的经验、知识和创造性结晶。

设计师是连接产品与消费者之间的纽带。他们能引导并改变人们使用产品的方式，同时对这些产品和服务负有责任。绿色设计需要设计人员将产品设计与环境保护融为一体，使产品从功能、材料上满足环保要求，并与包装材料的视觉效果及保护功能等方面结合起来。

（1）使用天然材料，以“未经加工的”形式在家具产品、建筑材料和织物中得到体现和运用。

（2）怀旧的简洁的风格，精心融入“高科技”的因素，使用户感到产品是可亲的、温暖的。

（3）实用且节能产品能更有利于市场销售工作的开展。

（4）强调使用材料的经济性，摒弃无用的功能和纯装饰的样式，创造形象生动的造型，回归经典的简洁。

（5）多种用途的产品设计，通过变化可以增加乐趣的设计，避免因厌烦而替换的需求；它能够升级、更新，通过尽可能少地使用其他材料来延长寿命；使用“附加智能”或可拆卸组件。

（6）产品与服务的非物质化能提升产品的服务内涵。

（7）组合设计和循环设计能有利于产品的市场运营周期。

五、绿色设计营销管理的主要内容

绿色设计营销管理的内容包括很多，在产品的设计、经济分析、生产、管理等阶段都有不同的应用，这里将着重分析设计阶段的主要内容。

1．绿色材料选择与管理

所谓绿色材料，是指可再生、可回收，并且对环境污染小，低能耗材料。因此，在设计中应首选环境兼容性好的材料及零部件，避免选用有毒、有害和辐射特性材料。所用材料应易于再利用、回收、再制造或易于降解提高资源利用率，实现可持续发展。另外，还要尽量减少材料的种类，以便减少产品废弃后的回收成本。

2．产品的可回收性设计

可回收性设计就是在产品设计时要充分考虑到该产品报废后回收和再利用的问题，即它不仅应便于零部件的拆卸和分离，而且应使可重复利用的零件和材料在所设计的产品中得到充分的重视。资源回收和再利用是回收设计的主要目标，其途径一般有两种，即原材料的再循环和零部件的再利用。鉴于材料再循环的困难和高昂的成本，目前较为合理的资源回收方式是零部件的再利用。

3．产品的装配与拆卸性设计

为了降低产品的装配和拆卸成本，在满足功能要求和使用要求的前提下，要尽可能采用最简单的结构和外形，组成产品的零部件材料种类尽可能少，并且采用易于拆卸的方法，拆卸部位的紧固件数量尽量少。

4．产品的绿色包装营销管理设计

产品的绿色包装营销管理设计主要有以下几个原则：

材料最省，即绿色包装在满足保护、方便、销售、提供信息的功能条件下，应是使用材料最少而又文明的适度包装。

尽量采用可回收或易于降解、对人体无毒害的包装材料。例如纸包装易于回收再利用，在大自然中也易自然分解，不会污染环境。因而从总体上看，纸包装是一种对环境友好的包装。

易于回收利用和再循环。采用可回收、重复使用和再循环使用的包装，提高包装物的生命周期，从而减少包装废弃物。

六、绿色设计营销管理影响因素

1．综合因素

（1）材料。选环境兼容性好的材料及零部件，避免选用有毒、有害和辐射特性材料。如选用可完全回收的聚碳酸酯类材料，配以木质外壳，若技术所限，部分有毒有害材料可集成于模块之中以方便后续处理。

（2）结构工艺。通过可拆卸、可回收的模块化设计，使整个产品成为利于拆卸的几个部分，方便装配、拆卸、维修、回收。

（3）生产加工。注重生产过程的环境、资源属性，如对木质材料浅加工。

（4）运输与销售。提高运输效率，适度扩大生产网点；货到后可立即拆去包装，回收再利用。

（5）使用。杜绝辐射污染，采用新技术节能节点。

（6）维修与服务。模块化生产零部件，可考虑易拆卸结构，尽量遍布服务网点，为消费者创造优秀的服务。

（7）回收处理。优先重用回收零部件，尽量提高材料回收利用率，革新废弃物的处理工艺，减弱其对环境的影响。

2. 人体生理因素

尽量采用诸如液晶（LCA）等先进无辐射技术，保证人体健康；还可设定产品摆放高度、倾斜度、视距等参考值；另外，类似鼠标、遥控器、按键等产品可按人机工程学设计，并保证较大自由度，方便抓握、使用。

3. 人体心理因素

在产品绿色设计过程中，还应考虑人们的绿色心理需求，尽量使得产品能满足消费者的绿色心理消费需求。

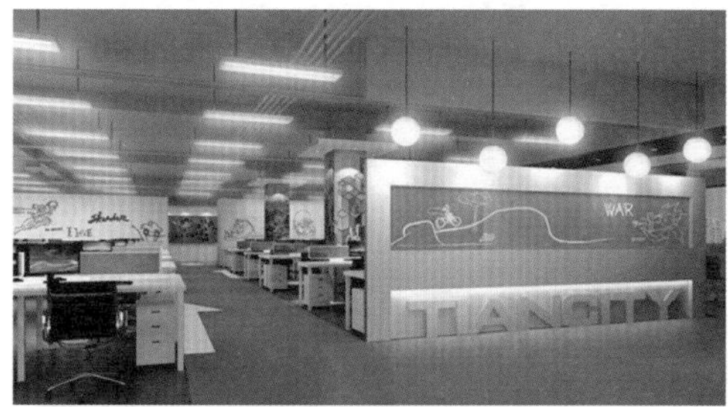

绿色办公环境，满足办公消费群体的绿色心情需求

绿色楼顶花园，满足家居群体的绿色遐想生活

七、绿色设计营销管理的意义

“绿色设计的话题其实非常重要，”清华美院工业设计系主任蔡军说，在中国现阶段是非常缺少绿色设计意识的，这是一个新的问题。社会可持续发展的要求预示着“绿色设计”将成为 21 世纪工业设计的热点之一。为了减少环境问题，设计师要对产品进行环保性能的改进，要对环境问题和其影响有很好的了解，这就得要比以往对科学和技术有更多的了解，同时需要创造性、新思维和富于想象力。

目前工业设计的商业价值日益受到众多厂家的认同和重视，设计师在不少公司的研发部门被委以重任，这一切使得设计师有机会展示他们对环保问题处理的能力。“实际上我觉得中国产业结构的发展已经走到了这样的阶段——必须在环保方面做重新的调整，这实际上是产业结构的升级和环境意识强化的问题。这也是和我们提倡的可持续设计相通的。在社会层面，在大学层面，真正的可持续设计做得比较少。尤其对中国来讲，企业关注的是生产低成本、大批量的产品，要达到这样的市场情况，在环保上必须要付出。”

“绿色设计”给工业设计带来了更多的挑战，也带来了更多的机会。一场“绿色革命”已经到来，在环保成为世界发展趋势的情况下，绿色设计正起着前所未有的重要作用。

绿色设计应运而生当属“绿色节能”。2007 年，绿色节能引起了全社会共同关注——生存环境日益恶化，可利用资源日趋枯竭，经济进一步发展受到了严重制约，这些问题甚至直接影响到人类文明的繁衍，令人们再也无法忽视。一方面，制造业企业不断消耗自然资源，不断开发新产品，淘汰旧产品，产生大量废弃物，污染环境。为此人们不得不改变传统的生产模式，实行可持续发展模式，即合理地利用资源，最大限度地减少对环境的破坏和污染，使人类和环境协调地发展。相关的法规也开始逐步被制定出来，2006 年 7 月 1 日，欧盟《电气、电子设备中限制使用某些有害物质》（RoHS）指令正式生效，这将对全球的电子制造厂商进行约束。另一方面，在产品同质化越来越明显的当下，设计被奉为产品竞争中求得差异化的法宝，财富创造的主要源泉已经不仅仅来源于工业化生产，越来越多的生产厂商以创造流行为己任，诱导人们购买更新、更流行的商品。这种趋势之下，每款产品的寿命越来越短，更新换代频率大大加快，许多完好的商品迅速被更时尚的产品所取代，而回收环节的缺失使得大量过时产品被废弃，导致了危及地球环境的许多问题。

绿色设计营销管理正是在绿色设计和绿色消费的驱动下产生的，所谓绿色设计营销管理，是指企业以环境保护观念作为其经营哲学思想，以绿色文化为其价值观念，以消费者的绿色消费为中心和出发点，在产品设计上力求满足消费者绿色消费需求的营销管理策略。

绿色设计营销管理是传统营销管理的延伸及发展，就营销过程而言，二者并无差异，都包括市场营销调研、目标市场选择、制订企业战略计划及营销计划、制定市场营销组合策略等。但如果抛开营销，对二者进行深入剖析，将会发现二者研究的焦点、输入的营销信息、目标顾客的需求及四大市场营销策略等方面，均显现出不同的特征。

市场营销是企业的一种市场经营活动，即企业从满足消费需求出发，综合运用各种的市场经营手段，把商品和服务整体地销售给消费者。面对环境不断恶性化的今天，人们对环境和资源的忧虑逐渐转化为消费过程中的一种自律行为，更加倾向于适度、无污染、保护环境的消费，绿色需求在世界范围内已经或正被逐渐唤起。这一点在经济发达国家表现得尤为突出，并且已形成了绿色需求—绿色设计—绿色生产—绿色产品—绿色价格—绿色市场开发—绿色消费这种以“绿色”为主线的消费链条。因此，从根本上讲，是绿色需求决定了绿色设计营销管理的产生、规模、运作模式和发展趋势。

具体来说，绿色设计营销管理的主要意义如下：

1. 绿色设计营销管理可促进社会可持续发展战略的实施

可持续发展战略是指社会经济发展必须同自然环境及社会环境相联系，使经济建设与资源、环境相协调，以保证社会、经济、环境发展实现良性循环。为了治理社会经济发展带来的资源浪费、生态失衡、环境污染等社会问题，从20世纪70年代开始，西方国家提出了可持续发展的问题并对其进行了比较深入的研究，现在保护生态环境，推行可持续发展的战略，已经成为各国制定其经济发展战略的重要因素。

2. 绿色设计营销管理有利于企业的国际化经营

在国际贸易上，保护环境越来越成为一个重要准则。凡是不符合环境标准的物品不能进口和出口，如珍稀野生动植物，有害物质含量过高的农副产品和各种饮料、食品及污染环境的工业产品，已在国际上受到严格限制，许多产品被排斥于国际市场之外。在乌拉圭回合谈判结束后，一些发达国家为了保护本国贸易，利用世界日益高涨的绿色高潮，构筑非关税的“绿色壁垒”，以限制或禁止外国商品的进口。我国企业只有积极开发绿色产品，争取“绿色标志”，全面开展绿色营销活动，才能打破某些国家的“绿色壁垒”，扩大产品的出口额和国际市场占有率，进一步推进企业的国际化经营。

3. 绿色设计营销管理可营造绿色文明，促进企业塑造绿色文化

绿色设计营销管理可以推动新型的绿色文明的发展，绿色文明是一种以追求环境与人类和谐生存和发展的新型文明。与以往的文明体系相比，绿色文明代表着一种更高级的效率目标，也代表了一种更深远的公平理想，它既保证当代人之间的环境权利公平，又保证后代人生存权、发展权的公平体系。通过绿色设计营销管理的活动，可以协调“企业—保护环境—社会发展”的关系，使经济发展既能满足当代人需要，又不至于对后代人的生存和发展构成危害和威胁，促进社会文明的进步。企业通过实施绿色设计营销管理使全体员工树立绿色营销观念，并在此观念指导下实施绿色产品的研发和生产，在企业内部营造清洁、绿色、环保、安全的工作环境，有利于保护企业职工身心健康，更有利于培育企业“绿色文化”。

参考文献

[1] 胡宇辰，李良智：《企业管理学》，经济管理出版社，2001 年。

[2] [美] 菲利普・科特勒：《营销管理》，中国人民大学出版社，2001 年。

[3] [美] 施密特・西蒙森：《视觉与感受：营销美学》，上海交通大学出版社，1999 年。

[4] 胡俊红：《设计策划与管理》，合肥工业大学出版社，2011 年。

[5] [日] 邹昭日希：《企业战略分析》，经济管理出版社，2001 年。

[6] 耿弘：《企业战略管理理论的演变及新发展》，《外国经济与管理》，1996 年第 6 期。

[7] 项保华，李庆华：《企业战略理论综述》，《经济学动态》，2000 年第 7 期。

[8] 尹定邦：《设计的营销与管理》，湖南科学技术出版社，2003 年。

[9] 赵真：《工业设计市场营销学》，北京理工大学出版社，2008 年。

[10] [美] 格仑・厄本，约翰・豪泽：《新产品的设计与营销》，华夏出版社，2002 年。

[11] 卫军英：《整合营销传播中的观念变革》，《浙江大学学报（人文社会科学版）》，2006 年。

[12] 穆荣兵，谭嫄嫄：《产品设计与营销》，合肥工业大学出版社，2011 年。

[13] 李彦亮：《文化营销理论发展及其必然趋势》，《中国市场》，2006 年第 2 期。

[14] 徐二明，王智慧：《企业战略管理理论的发展与流派》，《首都经济贸易大学学报》，1999 年第 10 期。